■ 宁波植物丛书 ■

丛书主编　李根有　陈征海　李修鹏

宁波植物图鉴

第四卷

李修鹏　徐绍清
章建红　冯家浩　等　编著

科学出版社

北京

内 容 简 介

本卷记载了宁波地区野生和习见栽培的被子植物（山柳科—菊科）37科295属631种（其中2杂交种）12亚种49变种10变型5品种群35品种，每种植物均有中文名、学名、属名、形态特征、生境与分布（地理分布）、主要用途等文字说明，并配有特征图片。

本书可供从事生物多样性保护、植物资源开发利用等工作的技术人员、经营管理者，以及林业、园林、生态、环保、中医药、旅游等专业的师生和植物爱好者参考。

图书在版编目（CIP）数据

宁波植物图鉴. 第四卷 / 李修鹏等编著. —北京：科学出版社，2022.2
(宁波植物丛书 / 李根有，陈征海，李修鹏主编)
ISBN 978-7-03-070848-9

Ⅰ. ①宁… Ⅱ. ①李… Ⅲ. ①植物－宁波－图集 Ⅳ. ① Q948.525.53-64

中国版本图书馆CIP数据核字（2021）第261670号

责任编辑：张会格 白 雪 / 责任校对：郑金红
责任印制：肖 兴 / 封面设计：刘新新

科学出版社 出版
北京东黄城根北街16号
邮政编码：100717
http://www.sciencep.com

北京汇瑞嘉合文化发展有限公司 印刷
科学出版社发行 各地新华书店经销
*
2022年2月第 一 版 开本：889×1194 1/16
2022年2月第 一 版 印张：34 1/2
字数：1 112 000

定价：548.00 元
（如有印装质量问题，我社负责调换）

“宁波植物丛书”编委会

主要外业调查人员

综合组（全市）：李根有（组长） 李修鹏 章建红 林海伦 陈煜初 傅晓强

浙江省森林资源监测中心组（滨海及四明山区域为主）：陈征海（组长）陈 锋 张芬耀 谢文远 朱振贤 宋 盛

第一组（象山、余姚）：马丹丹（组长）吴家森 张幼法 杨紫峰 何立平 陈开超 沈立铭

第二组（宁海、北仑）：金水虎（组长）冯家浩 何贤平 汪梅蓉 李宏辉

第三组（奉化、慈溪）：闫道良（组长）夏国华 徐绍清 周和锋 陈云奇 应富华

第四组（鄞州、镇海、江北）：叶喜阳（组长）钟泰林 袁冬明 严春风 赵 绮 徐 伟 何 容

其他参加调查人员

宁波市林业局等单位人员（以拼音为序）

蔡建明 柴春燕 陈芳平 陈荣锋 陈亚丹 崔广元 董建国 范国明 范林洁 房聪玲 冯灼华 葛民轩 顾国琪 顾贤可 何一波 洪丹丹 洪增米 胡聚群 华建荣 皇甫伟国 黄 杨 黄士文 黄伟军 江建华 江建平 江龙表 赖明慧 李东宾 李金朝 李璐芳 林 宁 林建勋 林乐静 林于倢 娄厚岳 陆志敏 毛国尧 苗国丽 钱志潮 邱宝财 仇靖少 裘贤龙 沈 颖 沈生初 汤社平 汪科继 王立如 王利平 王良衍 王卫兵 吴绍荣 向继云 肖玲亚 谢国权 熊小平 徐 敏 徐德云 徐明星 杨荣曦 杨媛媛 姚崇巍 姚凤鸣 尹 盼 余敏芬 余正安 俞雷民 曾余力 张 宁 张富杰 张冠生 张雷凡 郑云晓 周纪明 周新余 朱杰旦

浙江农林大学学生（以拼音为序）

柴晓娟 陈 岱 陈 斯 陈佳泽 陈建波 陈云奇 程 莹 代英超 戴金达 付张帅 龚科铭 郭玮龙 胡国伟 胡越锦 黄 仁 黄晓灯 江永斌 姜 楠 金梦园 库伟鹏 赖文敏 李朝会 李家辉 李智炫 郦 元 林亚茹 刘彬彬 刘建强 刘名香 陆云峰 马 凯 潘君祥 裴天宏 邱迷迷 任燕燕 邵于豪 盛千凌 史中正 苏 燕 童 亮 王 辉 王 杰 王俊荣 王丽敏 王肖婷 吴欢欢 吴建峰 吴林军 吴舒昂 徐菊芳 徐路遥 许济南 许平源 严彩霞 严恒辰 杨程瀚 俞狄虎 臧 毅 臧月梅 张 帆 张 青 张 通 张 伟 张 云 郑才富 朱 弘 朱 健 朱 康 竺恩栋

《宁波植物图鉴》（第四卷）编写组

主要编著者

李修鹏　徐绍清　章建红　冯家浩

其他编著者

张幼法　李金朝　马丹丹　陆云峰　徐沁怡　沈　波

黄增芳　李东宾　杨紫峰　余敏芬　陈开超　卞正平

审　稿　者

李根有　陈征海　刘　军

摄　影　者（按图片采用数量排序）

马丹丹　李根有　陈征海　林海伦　李修鹏　徐绍清　叶喜阳

刘　军　王军峰　张芬耀　胡冬平　王毓洪　张幼法　李金朝

冯家浩　谢文远　丁炳扬　吴棣飞　陈贤兴　徐绒娣　闫道良

何贤平　陈开超　吴兵甫　朱遗荣　陈煜初　李东宾　俞文华

樊树雷　来燕学　沈　波　龚　宁　徐志豪

主编单位

宁波市林场（宁波市林业技术服务中心）　慈溪市林特技术推广中心

宁波市林业局

参编单位

浙江农林大学暨阳学院　浙江省森林资源监测中心

宁波城市职业技术学院

作者简介

李修鹏
正高级工程师

李修鹏，男，1970 年 7 月出生，浙江宁海人。1992 年 7 月毕业于浙江林学院森林保护专业，2003 年 12 月毕业于北京林业大学农业推广（林科）专业。现任职于宁波市林场（宁波市林业技术服务中心）；兼任浙江省林学会森林生态专业委员会常委，宁波市林业园艺学会副理事长兼秘书长。长期从事林木引种驯化、林业种苗和营林技术研究与推广工作，先后主持或主要参加并完成省、市重大科技专项、重大（重点）科技攻关项目 20 余项；发表学术论文 50 余篇，参编著作 11 部；制订行业及省、市地方标准 9 项，获授权发明专利 9 件。获市级以上科技成果奖励 20 余项次，其中林业部科技进步奖三等奖 1 项，浙江省科技进步奖三等奖 3 项，梁希林业科学技术奖二等奖、三等奖各 2 项，以及全国绿化奖章、浙江省农业科技成果转化推广奖、浙江省“千村示范、万村整治”工程和美丽浙江建设个人三等功、浙江省林业技术推广突出贡献个人、宁波市第九届青年科技奖、宁波市最美林业人等。入选宁波市领军和拔尖人才培养工程第一层次培养人选。

徐绍清
正高级工程师

徐绍清，男，1965 年 10 月出生，浙江慈溪人。1987 年 7 月毕业于浙江林学院经济林专业。现任慈溪市林特学会秘书长。主要从事植物资源利用与林特技术推广研究工作，先后主持或参与完成植物资源调查、湿地生态修复、近自然林促成、古树名木复壮、有害生物防控、优新苗木扩繁、果树高效培育、油用牡丹引种等科研项目 30 余项；主编或参编出版专著 5 部；获授权专利 10 件；发表学术论文 40 余篇。获各类科技成果奖励 20 余项，其中省部级科学技术奖二等奖 1 项、三等奖 3 项，以及浙江省优秀林技推广员、慈溪市延长山林承包期工作先进个人等荣誉。

章建红
博士，正高级工程师

章建红，男，1976年2月出生，浙江兰溪人。1997年6月毕业于浙江林学院经济林专业，2021年6月毕业于新疆农业大学园艺学专业，获博士学位。现任宁波市农业科学研究院林业研究所所长；兼任中国林学会青年工作委员会常务委员、浙江省林学会理事、浙江省植物学会理事、宁波市林业园艺学会副理事长。主要从事资源植物利用研究工作，先后主持宁波市重点研发专项2项、宁波市重大（重点）项目2项、一般攻关项目2项，以前5完成人参与市级项目20余项；参编专著3部；以前3发明人获授权发明专利5件；获植物新品种权9项；以第1作者发表学术论文13篇。获省部级科学技术奖三等奖4项、市厅级二等奖4项，以及浙江省农业科技成果转化推广奖、浙江省林业科技标兵、宁波市青年科技奖等。入选浙江省“151”人才培养工程第三层次、宁波市领军和拔尖人才培养工程第一层次培养人选。

冯家浩
林业工程师

冯家浩，男，1975年11月出生，浙江宁海人。1996年7月毕业于浙江林学院木材加工专业。现任宁海县农业农村局办公室主任。曾在宁海县五山林场、宁海县林特技术推广站从事林业工作多年，主持或参与完成植物资源调查、经济林高效栽培、有害生物防控、古树名木复壮、林业标准化等项目10余项；参与《宁海常见动植物》编写。获各类科技成果奖励5项，其中浙江省科技兴林奖三等奖2项，以及浙江省平原绿化先进个人、宁海生态县建设先进个人、宁海县优秀共产党员等荣誉。

丛书序

植物是大自然中最无私的“生产者”，它不但为人类提供粮油果蔬食品、竹木用材、茶饮药材、森林景观等有形的生产和生活资料，还通过光合作用、枝叶截留、叶面吸附、根系固持等方式，发挥固碳释氧、涵养水源、保持水土、调节气候、滞尘降噪、康养保健等多种生态功能，为人类提供了不可或缺的无形生态产品，保障人类的生存安全。可以说，植物是自然生态系统中最核心的绿色基石，是生物多样性和生态系统多样性的基础，是国家重要的基础战略资源，也是农林业生产力发展的基础性和战略性资源，直接制约与人类生存息息相关的资源质量、环境质量、生态建设质量及生物经济时代的社会发展质量。

宁波地处我国海岸线中段，是河姆渡文化的发源地、我国副省级市、计划单列市、长三角南翼经济中心、东亚文化之都和世界级港口城市，拥有“国家历史文化名城”“中国文明城市”“中国最具幸福感城市”“中国综合改革试点城市”“中国院士之乡”“国家园林城市”“国家森林城市”等众多国家级名片。境内气候优越，地形复杂，地貌多样，为众多植物的孕育和生长提供了良好的自然条件。据资料记载，自19世纪以来，先后有R. Fortune、W. M. Cooper、F. B. Forbes、W. Hancock、E. Faber、H. Migo等31位外国人，以及钟观光、张之铭、秦仁昌、耿以礼等众多国内著名植物专家来宁波采集过植物标本，宁波有幸成为大量植物物种的模式标本产地。但在新中国成立后，很多人都认为宁波人口密度高、森林开发早、干扰强度大、生境较单一、自然植被差，从主观上推断宁波的植物资源也必然贫乏，在调查工作中就极少关注宁波的植物资源，导致在本次调查之前从未对宁波植物资源进行过一次全面、系统、深入的调查研究。《浙江植物志》中记载宁波有分布的原生植物还不到1000种，宁波境内究竟有多少种植物一直是个未知数。家底不清，资源不明，不但与宁波发达的经济地位极不相称，而且严重制约了全市植物资源的保护与利用工作。

自2012年开始，在宁波市政府、宁波市财政局和各县（市、区）的大力支持下，宁波市林业局联合浙江农林大学、浙江省森林资源监测中心等单位，历经6年多的艰苦努力，首次对全市的植物资源开展了全面深入的调查与研究，查明全市共有野生、归化及露地常见栽培的维管植物214科1173属3256种（含540个种下等级：包括257变种、39亚种、44变型、200品种）。其中蕨类植物39科79属191种，裸子植物9科32属89种，被子植物166科1062属2976种；野生植物191科847属2183种，栽培及归化植物23科326属1073种（以上数据均含种下等级）。调查中还发现了不少植物新分类群和省级以上地理分布新记录物种，调查成果向世人全面、清晰地展示了宁波境内植物种质资源的丰富度和特殊性。在此基础上，项目组精心编著了“宁波植物丛书”，对全市维管植物资源的种类组成、区域分布、区系特征、资源保护与开发利用等方面进行了系统阐述，同时还以专题形式介绍了宁波的珍稀植物和滨海植物。丛书内容丰富、图文并茂，是一套系统、详尽展示我市维管植物资源全貌和调查研究进展的学术丛书，既具严谨的科学性，又有较强的科普性。丛书的出版，必将为我市植物资源的保护与利用提供重要的决策依据，并产生深远的影响。

值此“宁波植物丛书”出版之际，谨作此序以示祝贺，并借此对全体编著者、外业调查者及所有为该项目提供技术指导、帮助人员的辛勤付出表示衷心感谢！

宁波市林业局局长 许议平

2018年5月25日

前 言

《宁波植物图鉴》是宁波植物资源调查研究工作的主要成果之一，由全体作者历经6年多编著而成。

本套图鉴科的排序，蕨类植物采用秦仁昌分类系统，裸子植物采用郑万钧分类系统，被子植物按照恩格勒分类系统。

各科首页页脚列出了该科在宁波有野生、栽培或归化的属、种及种下分类等级的数量。属与主种则按照学名的字母进行排序。

原生主种（含长期栽培的物种）的描述内容包括中文名、别名、学名、属名、形态特征、生境与分布、主要用途等，并配有原色图片；归化或引种主种的描述内容为中文名、别名、学名、属名、形态特征、原产地、宁波分布区和生境（栽培的不写）、主要用途等，并配有原色图片；为节省文字篇幅，选取部分与主种形态特征或分类地位相近的物种（包括种下分类群、同属或不同属植物）作为附种作简要描述。

市内分布区用“见于……”表示，省内分布区用“产于……”表示，省外分布区用“分布于……”表示，国外分布区用“……也有”表示。

本图鉴所指宁波的分布区域共分10个，具体包括：慈溪市（含杭州湾新区），余姚市（含宁波市林场四明山林区、仰天湖林区、黄海田林区、灵溪林区），镇海区（含宁波国家高新区甬江北岸区域），江北区，北仑区（含大榭开发区、梅山保税港区），鄞州区（2016年行政区划调整之前的地理区域范围，含东钱湖旅游度假区、宁波市林场周公宅林区），奉化区（含宁波市林场商量岗林区），宁海县，象山县，市区（含2016年行政区域调整前的海曙区、江东区及宁波国家高新区甬江南岸区域）。

为方便读者查阅及避免混乱，书中植物的中文名原则上采用《浙江植物志》的叫法，别名则主要采用通用名、宁波或浙江代表性地方名及《中国植物志》、*Flora of China* 所采用的与《浙江植物志》不同的中文名；学名主要依据 *Flora of China*、《中国植物志》等权威专著，同时经认真考证也采用了一些最新的文献资料。

本套图鉴共分五卷，各卷收录范围为：第一卷［蕨类植物、裸子植物、被子植物（木麻黄科—苋科）］、第二卷（紫茉莉科—豆科）、第三卷（酢浆草科—山茱萸科）、第四卷（山柳科—菊科）、第五卷（香蒲科—兰科）。每卷图鉴后面均附有本卷收录植物的中文名（含别名）及学名索引。

本卷为《宁波植物图鉴》的第四卷，共收录植物37科295属631种（其中2杂交种）12亚种49变种10变型5品种群35品种，共计742个分类单元，占

《宁波维管植物名录》该部分总数的89.18%；其中归化植物42种（含种下等级，下同），栽培植物174种；作为主种收录430种，作为附种收录312种。

本卷图鉴的顺利出版，既是卷编写人员集体劳动的结晶，更与项目组全体人员的共同努力密不可分。本书从外业调查到成书出版，先后得到了宁波市和各县（市、区）及乡镇（街道）林业部门与部分林场、宁波市药品检验所主任中药师林海伦先生、浙江大学刘军先生、温州大学丁炳扬先生和陈贤兴先生、华东药用植物园王军峰先生、宁波市农业科学研究院王毓洪先生和徐志豪先生、宁波市鄞州区人力资源和社会保障局胡冬平先生、温州市园林绿化管理中心吴棣飞先生、杭州天景水生植物园主任陈煜初先生、金华市武义县西联乡大溪口村朱遗荣先生、宁波植物园徐绒娣女士、绍兴市自然资源和规划局龚宁女士、宁波市林特科技推广中心来燕学先生、宁波市林场（宁波市林业技术服务中心）吴兵甫先生等单位和个人的大力支持和指导，在此一并致以诚挚谢意！

由于编者水平有限，加上工作任务繁重、编撰时间较短，书中定有不足之处，敬请读者不吝批评指正。

编著者

2020年1月1日

目录

一 山柳科（桤叶树科）Clethraceae*

001 华东山柳 华东桤叶树 髭脉桤叶树

学名 **Clethra barbinervis** Sieb. et Zucc. 属名 山柳属

形态特征 落叶灌木或小乔木，高1～6m。树皮褐色或褐灰色，薄片状剥落，树干斑驳光滑；当年生枝常有锈色星状毛。叶集生于小枝顶端；叶片常倒卵状椭圆形或倒卵形，3～13cm×1.2～5.5cm，先端渐尖或尾状渐尖，基部楔形，下面脉上具伏贴长硬毛，脉腋间有簇毛，边缘具尖锐锯齿，齿端具硬尖；侧脉10～16对。总状花序3～6分枝集成圆锥花序，顶生；花序梗与花梗密被锈色糙硬毛或星状毛；花瓣白色。蒴果小，近球形。花期7—8月，果期9—10月。

生境与分布 见于宁海；生于山地疏林中、路边或林缘。产于杭州、金华、丽水及开化、天台、温岭等地；分布于华东、华中等地；朝鲜半岛及日本也有。

主要用途 树皮斑驳光滑，树姿优美，可供绿化观赏；鲜根入药，具清热解毒之功效；嫩叶可食。

* 本科宁波有1属1种。本图鉴予以收录。

二　鹿蹄草科 Pyrolaceae*

002 球果假沙晶兰 假水晶兰

学名 **Monotropastrum humile** (D. Don) Hara　属名 假沙晶兰属

形态特征　多年生腐生草本，高6～15cm。根与共生菌交结成鸟巢状菌根；茎、叶肉质；全株无叶绿素，白色，半透明，干后变黑色。叶互生；叶片鳞片状，自下而上从宽卵形渐变为长圆形，先端圆钝，基部较狭，全缘或具微齿；无柄。花单生于茎顶，俯垂，钟形，白色，直径10～15mm；花瓣3～5；花药淡黄色至棕黄色，横裂；花柱极短，柱头肥大，漏斗状，铅蓝色。浆果近卵球形或椭球形，弯垂。种子多数，具网纹。花期4—5月，果期6—7月。

生境与分布　见于鄞州、宁海；生于海拔300～600m的山坡阔叶林下腐殖质丰富处。产于建德、开化、庆元、永嘉、泰顺等地；分布于东北及台湾、湖北、云南、西藏等地；东南亚、南亚、东北亚也有。

主要用途　全草入药，具补虚止咳之功效；形态奇特，具特殊观赏价值。

* 本科宁波有2属2种。本图鉴全部收录。

003 普通鹿蹄草

学名 **Pyrola decorata** H. Andr. 属名 鹿蹄草属

形态特征 多年生常绿草本，茎高15～30cm。根状茎细长，有分枝。叶3～6片，近基生；叶片卵状椭圆形或卵状长圆形，3～7cm×2～3.5cm，先端钝，基部楔形或宽楔形，下延于叶柄，边缘有细锯齿，常反卷，上面沿脉具白色网纹，下面带紫红色。总状花序；花序梗带紫红色；花俯垂，直径1～1.5cm；萼片卵状长圆形，先端急尖；花瓣带淡粉色。蒴果扁球形。花期6—7月，果期8—9月。

生境与分布 见于余姚、北仑、奉化；生于海拔600m以上的山地林下。产于杭州、温州、湖州、绍兴、衢州、台州、丽水及桐乡、岱山、浦江等地；分布于秦岭以南地区。

主要用途 全草入药，具祛风湿、强筋骨、止血之功效。

三　杜鹃花科 Ericaceae*

004 毛果珍珠花 毛果南烛

学名 **Lyonia ovalifolia** (Wall.) Drude var. **hebecarpa** (Franch. ex Forb. et Hemsl.) Chun　属名 南烛属

形态特征　落叶灌木或小乔木，高达5m。树皮细纵条裂。嫩枝淡红褐色，老枝灰褐色；顶芽缺，冬芽长卵形，顶端圆钝。叶互生；叶片卵状长圆形或卵状椭圆形，4～12cm×2～5.5cm，先端短渐尖，基部圆形、楔形或浅心形，全缘，下面脉上有柔毛，网脉明显。总状花序腋生，基部常有数片小叶；花冠壶状，白色，下垂。蒴果近球形，红褐色，直径约3mm，密被灰白色短柔毛。花期6—7月，果期9—10月。

生境与分布　见于北仑、鄞州、奉化、宁海、象山；生于山坡、山谷疏林中、林缘及灌丛中。产于全省山区、半山区；分布于长江流域及以南各地；南亚也有。

主要用途　花洁白繁密，嫩叶红艳，可供观赏；根、叶可入药，主治跌打损伤等症；嫩叶可食。

* 本科宁波有3属16种1杂种3变种1变型1品种群，其中栽培6种1杂种1品种群。本图鉴收录3属11种1杂种3变种1变型1品种群，其中栽培2种1杂种1品种群。

005 云锦杜鹃 天目杜鹃

学名 **Rhododendron fortunei** Lindl.　　属名 杜鹃花属

形态特征　常绿灌木或小乔木，高 2～7m。小枝粗壮，淡绿色，轮伞状分枝；幼枝、幼叶背面中脉、幼叶柄、花器（除雄蕊外）均有腺体。叶簇生于枝顶；叶片厚革质，长圆形至长圆状倒披针形，7～18cm×2.5～6cm，先端急尖或圆钝，基部宽楔形至微心形，全缘，无毛，上面有皱纹，下面苍绿色，网脉明显。伞形总状花序顶生；花芳香；花冠漏斗状钟形，7 裂，粉红色或白色而略带粉红色。蒴果近圆柱形，表面粗糙。花期 5—6 月，果期 10—11 月。

生境与分布　见于余姚、鄞州、奉化、宁海；生于海拔 400m 以上的山坡、沟谷林中、林缘或山顶灌草丛中。产于杭州、温州、衢州、丽水及安吉、上虞、诸暨、磐安、武义、天台、临海等地；分布于长江以南各地。模式标本采自宁波（鄞州）。

主要用途　花大而艳丽，供观赏；根、叶、花入药，根具散淤止痛之功效，叶、花具清热解毒、敛疮之功效。

006 华顶杜鹃

学名 **Rhododendron huadingense** B.Y. Ding et Y.Y. Fang 属名 杜鹃花属

形态特征 落叶灌木，高1～4m。树皮深纵裂；当年生枝绿色。叶常4或5片集生于枝顶；叶片卵形、卵状椭圆形或椭圆形，6～10cm×3～6cm，先端急尖，基部宽楔形或圆形，边缘具细锯齿和粗缘毛，幼时两面疏被紧贴的金黄色短柔毛，老时近无毛，中脉、侧脉均密被灰色短茸毛；叶柄长1cm，被毛。花2～4朵簇生成伞状，顶生，花梗密被腺毛；花冠淡紫色或紫红色，上方3裂片基部有紫色斑点。蒴果卵球形，黄色，光滑无毛。花期4月，果期9月。

生境与分布 见于余姚、奉化、宁海；生于海拔700～900m的针阔混交林中。产于天台（华顶山）、临海、磐安（大盘山等地）、婺城（北山）。

主要用途 浙江特有种，浙江省重点保护野生植物。花美丽，树皮独特，供观赏。

007 满山红 三叶杜鹃

学名 **Rhododendron mariesii** Hemsl. et Wils.　　属名 杜鹃花属

形态特征　落叶灌木，高达3m。小枝轮生；枝、叶幼时被毛，老时无毛或近无毛。叶2或3片集生于枝顶；叶片纸质，卵形、宽卵形或卵状椭圆形，3.5～7.5cm×2.5～5.5cm，先端急尖，基部圆钝至近平截，全缘或上半部有细圆锯齿，中脉、侧脉在上面下陷；叶柄长4～10cm。花1或2(3)朵簇生于枝顶；花冠淡紫红色或玫红色，上方裂片有红色斑点。蒴果卵状椭球形，密被毛。花期3—4月，果期9—10月。

生境与分布　见于余姚、北仑、鄞州、奉化、宁海、象山；生于山地疏林下、林缘或灌草丛中。产于全省丘陵山区；分布于长江中下游以南各地。

主要用途　优良花灌木；根、叶、花入药，根具活血、止血、祛风止痛之功效，叶具清热解毒、止血之功效，花具活血调经、祛风湿之功效。

附种　**白花满山红** form. ***albescens***，叶片较狭小，厚纸质；花冠白色，上方裂片无红色斑点。见于余姚（四明山）；生于山坡路旁灌丛中。

白花满山红

008 羊踯躅 闹羊花 黄花杜鹃

学名 **Rhododendron molle** (Bl.) G. Don 属名 杜鹃花属

形态特征 落叶灌木，高1～2m。小枝轮生；幼枝、叶柄有短柔毛和柔毛状刚毛，老枝无毛。叶常集生于枝顶；叶片长圆形或长圆状倒披针形，6～12cm×2～3.5cm，先端急尖或钝，具短尖头，基部楔形，边缘密被刺毛状睫毛，两面均被短柔毛，下面尤密。伞形总状花序顶生，具5～10花，花叶同放；花冠黄色，内面上方有浅绿色斑点。蒴果长圆柱形。花期4—5月，果期8—9月。

生境与分布 见于慈溪、余姚、北仑、鄞州、奉化、宁海、象山；生于山麓、山坡至山顶灌丛中或林缘。产于杭州、温州、绍兴、金华、台州、丽水及长兴、德清等地；分布于长江以南各地。

主要用途 花色金黄艳丽，供观赏；根、花、果入药，成熟果具活血散淤、镇痛、定喘、止泻之功效，花具祛风除湿、舒筋活血、镇痛止痛之功效，根具祛风、止咳、散淤、止痛之功效，但均有大毒，须慎用；根、茎、叶作土农药，可杀虫。

009 钝叶杜鹃 夏鹃

学名 **Rhododendron obtusum** (Lindl.) Planch. 属名 杜鹃花属

形态特征 常绿灌木，高达1m。小枝纤细，分枝常呈假轮生状；全体被糙伏毛。叶常簇生于枝顶；叶片椭圆形至椭圆状卵形或长圆状披针形至倒卵形，1～2.5cm×0.4～1.2cm，先端钝尖或圆形，有时具短尖头，基部宽楔形，边缘被纤毛；冬季叶色常呈紫红色。伞形花序具2或3花；花冠漏斗状钟形，红色至粉红色或淡红色，有1裂片具深色斑点；雄蕊5，与花冠近等长。蒴果圆锥形至宽椭球形。花期5—6月，果期10月。

地理分布 原产于日本，品种极多。全市各地普遍栽培。

主要用途 供绿化观赏。

010 马银花

学名 **Rhododendron ovatum** (Lindl.) Planch. ex Maxim.　属名 杜鹃花属

形态特征　常绿灌木，高 1～4m。小枝轮伞状分枝；幼枝、叶柄、叶上面中脉均被短柔毛，有时杂以腺毛。叶常聚生于枝顶；叶片卵形、卵圆形或椭圆状卵形，3～6cm×1.2～2.5cm，先端急尖或钝，有凹口，中间有骨质短尖头，基部圆形，全缘。花单生于枝顶叶腋；花冠淡紫色，上方裂片内有紫色斑点。蒴果宽卵形，包围于宿萼内。花期 4—5 月，果期 8—9 月。

生境与分布　见于全市丘陵山区；生于山坡、山岗、山谷林中、林缘或灌丛中。产于全省山区、半山区；分布于长江以南各地。

主要用途　枝叶稠密，花艳丽，供观赏；花可食；根入药，具清热利尿之功效，但有毒，须慎用。

011 锦绣杜鹃 春鹃 毛鹃

学名 **Rhododendron** × **pulchrum** Sweet　属名 杜鹃花属

形态特征　常绿灌木，高 1.5～2.5m。枝、叶、花萼、子房、果均被棕色、棕褐色至淡黄褐色糙伏毛。春叶椭圆状长圆形，2.5～5(7)cm×1～2.5cm，先端钝尖或急尖，基部楔形，边缘反卷，全缘；夏叶较小，椭圆状披针形或长圆状倒披针形。伞形花序顶生，具 1～5 花；花色因品种而异，有玫瑰紫色、淡粉色、白色、杂色等，具深红色斑点。蒴果长圆状卵球形。花期 4—5 月，果期 9—10 月。

地理分布　文献记载本种原产于我国，但未见野生记录。全市各地普遍栽培。

附种　白花杜鹃（毛白杜鹃）***Rh. mucronatum***，幼枝、叶、花萼、子房均被褐色粗长毛和腺毛；花序具 1～3 花；花冠纯白色，有时有玫瑰色或红色条纹，也有玫瑰紫色、半重瓣等品种。全市各地有栽培。

白花杜鹃

012 映山红 杜鹃

学名 **Rhododendron simsii** Planch.　　属名 杜鹃花属

形态特征　半常绿灌木，高可达3m。小枝、叶、叶柄密被棕褐色扁平糙伏毛。春叶卵状椭圆形至卵状狭椭圆形，2.5～6cm×1～3cm，先端急尖或短渐尖，基部楔形，全缘；夏叶较小，长1～1.5cm，倒披针形，冬季通常不凋落。花2～6朵簇生于枝顶；花冠鲜红色或深红色，上方1～3裂片内有紫红色斑点；雄蕊10。蒴果卵球形，被糙伏毛。花期(3)4—5(6)月，果期9—10月。

生境与分布　见于全市丘陵山区；生于山顶、山坡灌草丛、疏林、林缘及路边。产于除偏远岛屿外全省山区、半山区；广布于长江流域各地；越南、泰国也有。

主要用途　酸性土指示植物。花色鲜艳，供观赏，亦可盆栽；花可食；根、叶、花入药，根具活血、止血、祛风止痛之功效，叶具清热解毒、止血之功效，花具活血调经、祛风湿之功效。

附种　**普陀杜鹃** var. ***putuoense***，花冠紫色，雄蕊(6)8～10。滨海植物，见于除市区外全市各地；生于滨海山坡次生灌丛中、疏林下、林缘及岩质海岸灌草丛中。

普陀杜鹃

013 乌饭树 南烛

学名 **Vaccinium bracteatum** Thunb.　**属名** 越橘属

形态特征　常绿灌木，偶小乔木状，高1～4m。小枝被脱落性细柔毛；芽圆钝，芽鳞先端相互紧贴。叶互生；叶片革质，椭圆形、长圆形或卵状椭圆形，3.5～6cm×1.5～3.5cm，先端急尖，基部宽楔形，边缘具细锯齿，下面中脉上有等距瘤状小刺突，网脉明显。总状花序腋生，被短柔毛，叶状苞片宿存；花冠白色，卵状圆筒形。浆果球形，被细柔毛或白粉，熟时紫黑色。花期6—7月，果期10—11月。

生境与分布　见于全市丘陵山区；生于山坡、沟谷林下、林缘或灌丛中。产于全省山区、半山区；分布于长江以南各地；朝鲜半岛及日本、越南、泰国也有。

主要用途　嫩叶红色，花色素雅，供观赏；果可生食，叶可榨汁做乌米饭，嫩叶可做野菜；根、果、叶入药，根具散淤、消肿、止痛之功效，叶具益精气、强筋骨、明目、止泻之功效，果实具益肾固精、强筋、明目之功效。

附种　**淡红乌饭树** var. ***rubellum***，花冠淡红色，花冠筒狭卵形。见于慈溪、奉化；生于海拔100～200m的山坡灌丛中。

淡红乌饭树

014 蓝莓

学名 **Vaccinium cvs.** 属名 越橘属

形态特征 常绿或半常绿灌木。叶互生；叶片宽椭圆形至卵形，先端急尖至钝尖，基部宽楔形至圆形，全缘或有锯齿，上面深绿色、灰绿色或亮绿色，下面常有腺体，密生茸毛或光滑。总状花序，花冠短壶形，淡粉红至白色。浆果近球形，熟时黑色、暗黑色或紫黑色。花期4—5月，果期5—7月。

地理分布 原产于美国。全市各地有栽培，主栽品种有南高丛系列的‘奥尼尔’（‘O’Neal’）、‘薄雾’（‘Misty’），兔眼系列的‘杰兔’（‘Premier’）、‘园蓝’（‘Gardenblue’）、‘灿烂’（‘Britewell’），北高丛系列的‘布里吉塔’（‘Brigitta’）等。

主要用途 枝叶紧密，花繁多，供观赏；果供鲜食或加工，具良好的保健作用。

015 江南越橘 米饭花

学名 **Vaccinium mandarinorum** Diels　　属名 越橘属

形态特征 常绿灌木至小乔木，高可达5m。嫩枝、叶上面中脉和叶柄常有短柔毛；芽鳞先端尖锐而开张。叶互生；叶片卵状椭圆形、卵状披针形或倒卵状长圆形，4～10cm×1.5～3cm，先端渐尖至长渐尖，基部宽楔形至圆形，边缘有细锯齿。总状花序无毛，苞片早落；花冠白色，筒状坛形，先端5浅裂。浆果球形，熟时红色至深红色，无毛，无白粉。花期4—6月，果期9—10月。

生境与分布 见于除江北外全市丘陵山区；生于山坡、沟谷林下、林缘或灌丛中。产于全省山区、半山区；分布于长江以南各地。

主要用途 树姿扶疏，花美，供观赏；嫩叶、果可食；果、叶入药，可治消化不良，果具消肿之功效。

附种 **刺毛越橘** ***V. trichocladum***，小枝密被红棕色腺刚毛；叶片边缘密生刺芒状细锯齿；花序轴、花梗、花萼、花丝均被柔毛。见于慈溪、奉化、宁海；生于山坡、沟谷林下、林缘或灌丛中。

刺毛越橘

四　紫金牛科 Myrsinaceae*

016 矮茎紫金牛 九管血

学名 **Ardisia brevicaulis** Diels　　属名 紫金牛属

形态特征　常绿小灌木，高 15～20cm。茎通常不分枝，有匍匐根状茎；幼枝、叶下面、叶柄及花梗具微柔毛。叶常聚生于枝顶；叶片长圆状椭圆形或椭圆状卵形，7～18cm×2.5～6cm，先端急尖或渐尖，基部宽楔形至近圆形，全缘或疏具浅圆齿，两面有腺点，侧脉 12～15 对，在边缘上弯，连成不规则边脉。伞形花序顶生；花冠白色略带粉红色。果紫红色，有疏散黑腺点。花期 6—7 月，果期 10—12 月。

生境与分布　见于宁海、象山；生于海拔 300～800m 的林下阴湿处。产于温州、衢州、丽水及东阳、仙居等地；分布于华东、华中、西南及广东、广西等地。

主要用途　株型低矮紧凑，果色艳丽，作林下地被或盆栽；根或全株入药，具清热解毒、祛风湿、通经补血之功效。

* 本科宁波有 5 属 13 种 1 变种。本图鉴收录 5 属 12 种 1 变种，附记 1 种。

017 朱砂根

学名 **Ardisia crenata** Sims 属名 紫金牛属

形态特征 常绿灌木，高0.4～1.5m。全体无毛；根肥壮，肉质，外皮微红色。叶常聚生于枝顶；叶片椭圆形、椭圆状披针形至倒披针形，6～14cm×2～4cm，先端渐尖或急尖，基部楔形，上面深绿色，下面浅绿色，边缘皱波状，具圆齿，齿缝间有黑色腺点，两面具点状突起的腺体，侧脉12～18对，连成不规则的边脉。伞形花序或聚伞花序；花梗略带紫色至紫色；花萼、花冠白色，散生黑褐色小点。果球形，鲜红色。花期6—7月，果期10—11月，可延至翌年花期。

生境与分布 见于全市丘陵山区；生于阴湿林下、林缘或灌丛中。产于全省山区、半山区；分布于长江以南各地；东南亚、印度、朝鲜半岛及日本也有。

主要用途 株型矮小，果色艳丽，适于作林下地被及盆栽观赏；根或全株入药，具清热解毒、活血祛淤之功效。

附种1 红凉伞 var. ***bicolor***，叶背面、花梗、花萼均呈紫红色。生境与分布同朱砂根。

附种2 大罗伞树 ***A. hanceana***，叶片椭圆状披针形或长圆状披针形，近全缘或具稀疏、不规则排列的波状圆齿，齿尖具腺点；花冠白色或带淡红色。见于余姚、鄞州、奉化、宁海；生于海拔360m以上的山坡、沟谷林下阴湿草丛中。

红凉伞

大罗伞树

018 百两金

学名 **Ardisia crispa** (Thunb.) A. DC. 属名 紫金牛属

形态特征 常绿灌木，高0.5～1m。茎常不分枝，有匍匐根状茎。叶常集生于枝顶；叶片狭长圆状披针形或椭圆状披针形，7～22cm×1.5～3.5(4)cm，先端长渐尖，基部楔形，全缘或略呈波状，边缘腺点明显，侧脉8～10对，不连成边脉。花序近伞形，通常生于无叶的花枝顶端；花冠白色或略带红色，5深裂。果球形，鲜红色。花期5—6月，果期10—12月。

生境与分布 见于余姚、鄞州、宁海；生于海拔300～400m的沟谷阴湿林下。产于温州、丽水及安吉、临安、淳安、武义、仙居等地；分布于长江流域及广东、广西等地；日本、印度尼西亚也有。

主要用途 果实鲜红，枝叶清秀，供观赏；果可食；全株入药，具祛痰止咳、活血消肿等功效；种子榨油可制肥皂。

019 紫金牛 老勿大

学名 **Ardisia japonica** (Thunb.) Bl.　　属名 紫金牛属

形态特征　常绿小灌木，高 10～30cm。具匍匐茎；茎不分枝；幼枝密被脱落性短柔毛。叶、花冠、雄蕊及果实均具腺点。叶对生或轮生，常 3 或 4 片聚生于枝顶；叶片狭椭圆形至宽椭圆形，或椭圆状倒卵形，4～7cm×1.5～4.5cm，先端急尖，基部狭楔形至楔形，边缘有锯齿，两面无毛，侧脉 5 或 6 对，细脉网结。花序近伞形，腋生；花冠白色或带粉红色。果鲜红色。花期 5—6 月，果期 9—11 月。

生境与分布　见于全市丘陵山区；常小片状生于林下阴湿处、林缘及灌草丛中。产于全省山区、半山区；分布于秦岭、淮河以南各地；朝鲜半岛及日本也有。

主要用途　株型矮小，果实红艳，可作林下地被或盆栽观赏；全株入药，具止咳化痰、祛淤解毒、利尿、止痛之功效。

附种　九节龙 ***A. pusilla***，茎蔓生，上部有分枝；幼枝、叶背、叶柄、花序均被褐色卷曲分节毛；侧脉 6～9 对，直达齿尖或近边缘连结为不明显的边脉。见于余姚、北仑、鄞州、奉化、宁海、象山；生于低海拔沟谷林下及潮湿灌丛中。

九节龙

020 多枝紫金牛 东南紫金牛

学名 **Ardisia sieboldii** Miq. 属名 紫金牛属

形态特征 常绿灌木至小乔木，高 1～6m。树皮灰白或灰褐色；茎多分枝，幼枝疏生褐色鳞片；顶芽具锈色茸毛。叶集生于枝顶；叶片倒卵形、倒卵状椭圆形，6～10(13)cm×2.5～5cm，先端钝或近圆形，基部楔形，全缘，背面被褐色鳞片，侧脉多数，连成不明显的边脉。花序复伞形或复聚伞状，多个腋生于近枝顶；花梗被锈色鳞片和微柔毛；花冠白色。果球形，熟时紫褐色。花期 6 月，果期 12 月至翌年 2 月。

生境与分布 见于象山（韭山列岛）；生于岩质海岸海湾岬角潮上带林缘。产于温州、台州沿海各县（市、区）及普陀；分布于福建、台湾；日本也有。

主要用途 枝叶密集，花序洁白，可供绿化观赏；根入药，具消炎止痛之功效。

021 堇叶紫金牛 锦花紫金牛

学名 **Ardisia violacea** (Suzuki) W.Z. Fang et K. Yao　属名 紫金牛属

形态特征　常绿矮小半灌木，高 2.5～7(9)cm。叶近基生，略呈莲座状；叶片卵状狭椭圆形或狭长卵形，2～6.5cm×0.6～2cm，先端渐尖，基部钝圆或微心形，边缘具不规则波状浅圆齿，上面常具绿白色斑纹，下面淡紫色，脉上被细微柔毛，两面具稀疏腺点，下面较密，侧脉至近边缘上弯。伞形花序具 2 或 3 花；花冠白色。果球形，红色。花期 6—7 月，果期 10—11 月。

生境与分布　见于宁海、象山；生于海拔 200～300m 的毛竹林或阔叶林下。产于杭州及定海、缙云等地；分布于台湾。

主要用途　浙江省重点保护野生植物。植株低矮，叶色美丽，红果鲜艳，可供盆栽观赏。

网脉酸藤子 密齿酸藤子

学名 **Embelia vestita** Roxb.　　**属名** 酸藤子属

形态特征　常绿攀援灌木。一年生枝具疣，密布皮孔，无毛；叶背、花冠及果实具腺点。叶互生；叶片长圆状椭圆形、长圆形或卵形，5～9(10) cm×1.8～4cm，先端渐尖或急尖，基部钝或圆，边缘具不规则锯齿，中脉上面凹陷，下面隆起，侧脉直达齿尖，背面网脉清晰。总状花序腋生，长1～3cm；花冠黄绿色，具缘毛。果红色。花期10—11月，果期翌年4—9月。

生境与分布　见于宁海、象山；生于海拔300～400m的林下或林缘灌丛中，常攀援于树干或岩石上。产于衢州、台州、丽水等地；分布于华东、华南、西南及湖南。

主要用途　可供公园、庭园石景点缀绿化；根、藤具清热解毒、滋阴补肾之功效，果具强壮、补血之功效。

023 杜茎山

学名 **Maesa japonica** (Thunb.) Moritzi. ex Zoll.　属名 杜茎山属

形态特征　常绿披散灌木，有时攀援状。全株无毛；小枝绿色，疏生皮孔；花冠、果有具腺条纹。叶互生；叶片椭圆形、椭圆状披针形或长圆状倒卵形，2～6.5cm×0.6～2cm，先端渐尖、急尖或钝，基部楔形、钝或圆形，全缘或近中部以上有疏锯齿，下面中脉明显隆起，侧脉5～8对，直达齿尖。总状花序1～3个腋生；花冠白色或淡黄色。果球形，近白色。花期3—4月，果期10月至翌年2月。

生境与分布　见于余姚、镇海、北仑、鄞州、奉化、宁海、象山；生于海拔500m以下的山坡林下阴湿处、沟谷边及路旁灌丛中。产于全省山区、半山区；分布于长江以南各地；日本、越南也有。

主要用途　可供地被绿化；全株入药，具祛风湿、消肿解毒之功效。

光叶铁仔

学名 **Myrsine stolonifera** (Koidz.) Walker 属名 铁仔属

形态特征 常绿灌木，高0.6～2(3)m。茎匍匐或披散；枝、叶无毛。小枝浅棕褐色或紫褐色；叶缘、花萼、花冠、花药背部具腺点。叶互生；叶片椭圆状披针形或长椭圆形，3～8(10)cm×1.5～3(4)cm，先端长渐尖或渐尖，基部楔形，全缘或中部以上具1或2对锯齿。花3～6朵簇生或腋生；花冠白色或粉红色，内面密生乳头状突起。果球形，红色。花期4—6月，有时10—11月也开放，果期10—11月。

生境与分布 见于余姚、宁海；生于海拔250m以上的山坡林下阴湿处、沟谷灌丛中。产于丽水及临安、桐庐、武义、天台、文成、泰顺等地；分布于华东、华南、西南；日本也有。

主要用途 可作地被；根或全株入药，具清热、利湿、收敛止血之功效。

附记 根据《浙江植物志》记载，宁波产铁仔 *M. africana*，分布于鄞州福泉山海拔500m以下的疏林中或林缘和向阳干燥处，但本次调查组多次赴实地调查，均未见到该物种，可能已被当地开垦茶园所毁。

025 密花树

学名 **Rapanea neriifolia** (Sieb. et Zucc.) Mez　属名 密花树属

形态特征 常绿灌木或小乔木，高4～7m。树皮灰褐色，小枝紫褐色；除萼裂片具缘毛外，全体无毛。叶互生；叶片长圆状披针形或倒披针形，5～17cm×1.5～3.5cm，先端钝或急尖，基部下延成楔形，全缘，中脉上面凹陷，侧脉不明显，边缘有红色腺点。伞形花序具3～7花，簇生于叶腋；花冠白色带淡红色，开展或反折，密生乳头状突起。果近球形，暗红色至紫黑色，有长条纹和腺点。花期4—5月，果期10—12月。

生境与分布 见于奉化、宁海、象山；生于海拔500m以下的林下、沟谷溪边林缘或灌丛中。产于温州、台州、舟山、丽水等地；分布于华东、华中、华南、西南等；缅甸、越南、日本也有。

主要用途 根入药，煎水服，可治膀胱结石；根皮、叶入药，具清热解毒、凉血、祛湿之功效；树皮可提取栲胶；枝叶浓密，叶色亮绿，可供观赏。

五　报春花科 Primulaceae*

026 蓝花琉璃繁缕

学名 **Anagallis arvensis** Linn. form. **coerulea** (Schreb.) Baumg.　属名 琉璃繁缕属

形态特征　一或二年生草本，高 10～30cm。茎基部多分枝，具 4 棱，有狭翅。叶互生；叶片卵形或狭卵形，5～15cm×3～7mm，先端急尖或近钝形，基部圆形，全缘，下面常散生褐色腺点，中脉明显，侧脉 1 或 2 对近基出。花单生于叶腋；花冠蓝色或蓝紫色，辐状，裂片散生黑色细线条，先端蚀齿状。蒴果球形，盖裂。花期 4—5 月，果期 5—7 月。

生境与分布　见于宁海、象山；生于滨海山坡路旁、田边及荒地中。产于舟山、台州、温州沿海各县（市、区）及兰溪；分布于福建、台湾、广东；全世界温带和热带地区也有。

主要用途　花色美丽，可供观赏；全草入药，具祛风通络、化腐生肌之功效。

* 本科宁波有 5 属 25 种 1 变型 1 品种，其中栽培 1 种 1 品种。本图鉴收录 5 属 21 种 1 变型 1 品种。

027 点地梅

学名 **Androsace umbellata** (Lour.) Merr.　　属名 点地梅属

形态特征 一或二年生草本。无茎；全株密被多节的细柔毛。基生叶集成莲座状；叶片近圆形至卵圆形，直径 0.5～1.5cm，边缘具粗大的三角状牙齿。花葶通常数条由基部抽出，高 5～15cm；伞形花序；苞片轮生，卵形至披针形，长 4～7mm；花冠白色，高脚碟状。蒴果近球形，顶端 5 裂。花期 3—4 月，果期 5 月。

生境与分布 见于慈溪、余姚、北仑、鄞州、奉化、宁海、象山；生于低海拔草地、林缘、路旁及滨海山坡沙土上。产于金华及长兴、安吉、临安、诸暨、嵊州、岱山、衢江、临海、温岭、莲都、遂昌等地；广布于南北各地；东南亚、印度、朝鲜半岛及日本也有。

主要用途 全草入药，具清凉解毒、消肿止痛之功效。

028 泽珍珠菜

学名 **Lysimachia candida** Lindl. **属名** 珍珠菜属（过路黄属）

形态特征 多年生草本，高15～40cm。全体无毛；茎直立，肉质，粗壮，基部常带红色，单一或基部分枝，稀上部分枝；叶两面、苞片、花萼均散生黑色或暗红色腺点及短腺条。基生叶匙形，3～4.5cm×1～1.5cm，具带狭翅的长柄，花时枯萎；茎生叶条状倒披针形至条形，2～3cm×0.3～1cm，先端钝，基部下延成短柄。总状花序顶生，初时呈伞房状，后伸长；花萼5深裂；花冠白色，5裂至近中部；花柱细长，稍伸出花冠外，果时比蒴果长。蒴果球形。花果期4—5月。

生境与分布 见于全市各地；生于水沟边、路旁潮湿处及水稻田中。产于全省各地；分布于华东、华南、西南及陕西、山西等地；朝鲜半岛及日本、马来西亚、印度也有。

主要用途 全草入药，具解毒、活血、止痛之功效；嫩茎叶可食；花洁白繁茂，可供平原及湿地绿化观赏。

附种1 小叶珍珠菜 ***L. parvifolia***，茎柔弱，多少匍匐状，常有伸长、下弯、不孕的鞭状侧枝；花序狭窄，花稀疏；花果期5—7月。见于鄞州；生于溪边或湿地草丛中。模式标本采自宁波（鄞州）。

附种2 狭叶珍珠菜 ***L. pentapetala***，一年生草本；叶片2～5.5cm×0.2～0.4cm，先端渐尖或长渐尖，背面常有红褐色腺点，叶柄极短或近无；花萼5中裂，基部1/3～1/2合生；花冠5深裂至近分离；花期8月，果期9—10月。见于鄞州、奉化；生于丹霞地貌海拔约100m的路边草丛中。

小叶珍珠菜

狭叶珍珠菜

029 细梗香草

学名 **Lysimachia capillipes** Hemsl. 属名 珍珠菜属（过路黄属）

形态特征 多年生草本，高60～80cm。全株干后有浓郁香气。茎直立，常2至多条簇生，具4棱，棱上常有狭翼。叶互生；叶片卵形或卵状披针形，2～7cm×0.6～2.5cm，先端急尖或渐尖，基部楔形，全缘或稍波状，中部叶最大，向两端渐小；叶柄长0.1～1cm。花单生于叶腋；花梗丝状，长1～3cm；花冠黄色，5深裂至近基部；花丝极短，花药孔裂。蒴果球形，5瓣裂。花期7—8月，果期9—12月。

生境与分布 见于鄞州、奉化、宁海、象山；生于中低海拔山坡林下、溪边湿地。产于临安、普陀、衢江、开化、遂昌、龙泉、泰顺等地；分布于华东、华中、西南及广东、广西等地。

主要用途 全草入药，具祛风、止咳、调经之功效；茎、叶可提取芳香油。

030 过路黄

学名 **Lysimachia christiniae** Hance　　属名 珍珠菜属（过路黄属）

形态特征 多年生匍匐草本，茎长可达80cm。全体无毛或疏生短毛；叶、花萼、花冠均散布显著透明腺条，压干后为黑色腺条；茎节常生不定根。叶互生；叶片心形或宽卵形，2～4cm×1～3.5cm，先端急尖，稀圆钝，基部浅心形，全缘。花单生于叶腋；花梗常与叶等长或长于叶；花萼5深裂；花冠黄色，裂片先端稍凹入，基部3～4mm合生。蒴果球形，疏生黑色腺条。花期5—7月，果期8—9月。

生境与分布 见于全市各地；生于沟边、林下阴湿处及路旁。产于全省各地；分布于长江以南各地；日本也有。模式标本采自宁波。

主要用途 花艳丽，供观赏；全草入药，具清热、利湿、通淋消肿之功效；嫩茎叶可食。

附种1 点腺过路黄 ***L. hemsleyana***，茎先端鞭状伸长；茎、叶密被短毛；叶、苞片、花萼、花冠均散生红色或黑色腺点；花梗长0.5～1cm，短于叶，果时伸长、下弯；花冠裂片先端尖锐。见于余姚、北仑、鄞州、奉化、宁海、象山；生于山谷溪涧边、沟边、路边、岩缝及荒地中。

附种2 金叶过路黄 ***L. nummularia* 'Aurea'**，叶片金黄色，霜后变为暗红色，卵圆形；花冠裂片尖端向上翻成杯形。原产于欧洲与美国。全市各地公园有栽培。

附种3 红毛过路黄 ***L. rufopilosa***，全体密被长1～2mm的红色多节毛；花冠裂片先端圆钝；花梗长0.5～1cm；蒴果疏生红色腺条。见于余姚、鄞州、奉化、宁海；生于海拔400m以上的林缘及山坡草丛中。

点腺过路黄

金叶过路黄

红毛过路黄

031 珍珠菜 矮桃

学名 **Lysimachia clethroides** Duby　　属名 珍珠菜属（过路黄属）

形态特征　多年生草本，高45～100cm。茎直立，上部被棕色多节卷毛。叶两面、花萼疏生黑色腺点。叶互生；叶片椭圆形或长椭圆形，6～13cm×2～5.5cm，先端渐尖或长渐尖，基部楔形渐狭成短柄，幼时上面被贴伏短毛，下面脉上毛较长。总状花序顶生、粗壮，花密，果时伸长；花梗长约5mm，果时可伸长至1cm；花萼5深裂；花冠白色，长6～9mm，基部合生；花柱粗短，内藏，通常仅达花冠裂片中部，果时比成熟蒴果短或近相等。蒴果球形，直径约2.5mm，具宿存花柱。花期6—7月，果期8—10月。

生境与分布　见于慈溪、余姚、北仑、鄞州、奉化、宁海、象山；生于山坡林下、林缘、路旁及灌草丛中。产于全省山区、半山区；分布于华东、华中、华南、西南、华北、东北；朝鲜半岛及日本也有。

主要用途　根或全草入药，具活血调经、利水消肿之功效；嫩茎叶可食；花洁白，可供观赏。

附种　星宿菜（红根草）***L. fortunei***，具伸长的红色匍匐枝；茎、花萼散生黑色腺点及腺条；花梗长2～3mm；花冠长3～4mm。见于全市各地；生于山坡路旁、溪边草丛中或林缘。

星宿菜

032 金爪儿

学名 **Lysimachia grammica** Hance　　属名 珍珠菜属（过路黄属）

形态特征 多年生草本，高10～35cm。全株密被淡黄色多节柔毛；叶两面、花萼均密布长短不一的暗紫红色或黑色的腺条。茎自基部分枝呈簇生状，膝曲直立。下部叶对生，偶3叶轮生，上部叶互生；叶片宽卵形或菱状卵形，稀三角状卵形，0.7～3.8cm×0.8～2cm，先端急尖或短渐尖，基部宽楔形或截形，骤狭成0.4～1.2cm的翼柄。花单生于叶腋；花梗纤细，较叶长或近等长，花后下弯；花萼5深裂几达基部；花冠黄色，基部2～3mm合生；花丝基部合生成0.5～1mm的浅环。蒴果球形，直径约4mm，具淡褐色毛。花期4—7月，果期5—9月。

生境与分布 见于余姚、宁海、象山；生于山脚阴湿地、溪旁、河岸、路边及疏林下。产于杭州等地；分布于华东、华中及陕西等地。

主要用途 全草入药，具止血、解热、理气、活血、拔毒消肿、定惊止痛之功效；花色艳丽，可供观赏。

附种1 疏头过路黄 ***L. pseudohenryi***，茎粗壮、直立；叶两面及花冠裂片散生粒状透明腺点；总状花序常缩短成亚头状；花丝基部合生成长2～3mm的狭筒。见于奉化、宁海、象山；生于山地林下或灌丛中。

附种2 疏节过路黄 ***L. remota***，茎下部节间较短，向上渐长，可达5cm；叶对生；叶片两面、花萼及花冠裂片上端散生粒状透明腺点；花冠基部约1.5mm合生。见于北仑；生于山地林下或灌丛中。

疏头过路黄

疏节过路黄

033 黑腺珍珠菜

学名 **Lysimachia heterogenea** Klatt　属名 珍珠菜属（过路黄属）

形态特征 多年生草本，高 40～70cm。全株无毛；茎四棱形，棱具狭翅；叶两面、苞片、花萼等密布黑色腺点。叶对生；基生叶宽椭圆形，1～6cm×0.6～3.8cm，先端圆钝，基部下延成翼柄；茎生叶披针形至椭圆状披针形，2～10cm×1～3.2cm，基部耳垂形抱茎。花单生，组成总状花序，再组成圆锥状花序；花冠白色；花药顶端增厚成胼胝体。蒴果球形，直径 3～4mm。花果期 5—10 月。

生境与分布 见于全市丘陵山地；生于海拔 200m 以上的溪沟边、田塍边及山谷潮湿处。产于温州、丽水及临安、德清、安吉、天台、诸暨、开化、武义等地；分布于华东、华中及广东等地。

主要用途 全草入药，具行气破血、消肿解毒之功效；嫩茎叶可食。

034 小茄

学名 **Lysimachia japonica** Thunb.　　属名 珍珠菜属（过路黄属）

形态特征　多年生草本，高7～25cm。全株被灰色向下柔毛；茎细弱，丛生，基部分枝，初匍匐倾斜，后披散伸长。叶对生；叶片宽卵形至近圆形，0.5～1.6cm×0.4～1.3cm，先端急尖或圆钝，基部圆形，略下延，两面密生半透明腺点，干后呈粒状突起；叶柄长3～5mm。花单生于叶腋；花梗长3～8mm，果时下弯；花冠黄色，基部2～3mm合生，5裂，裂片先端锐尖或钝。蒴果球形，直径约3mm，褐色，上部疏被长柔毛。花期4—5月，果期6月。

生境与分布　见于除市区外全市各地；生于田埂、路旁及阔叶混交林下。产于全省各地；分布于江苏、台湾、海南；东南亚、朝鲜半岛、大洋洲北部及日本、印度也有。

主要用途　全草入药，具祛淤、消肿之功效；花色艳丽，株型小巧，可供绿化观赏。

附种　**聚花过路黄**（临时救）***L. congestiflora***，叶片1.5～3.5(4)cm×0.7～2cm，近等大，有时沿脉呈紫红色，叶柄长0.6～1.5cm；花通常2～4(8)朵集生于茎顶或枝顶成亚头状；叶缘及花冠上部均具红色腺点。见于余姚、北仑、鄞州、奉化、宁海；生于山坡路边、溪边及空旷地潮湿处。

聚花过路黄

035 长梗过路黄 长梗排草

学名 **Lysimachia longipes** Hemsl.　　属名 珍珠菜属（过路黄属）

形态特征 多年生草本，高40～90cm。全体无毛；茎常单一，圆柱形；叶两面、花萼、花冠上部散生暗红色或紫黑色腺点及短腺条。叶互生；茎中、上部叶片卵状披针形，4～9cm×0.8～3cm，先端长渐尖或近尾尖，基部圆形；叶柄极短。花4～11朵排成疏散的伞房状总状花序；花序梗纤细，长3.5～5cm；花梗丝状，常水平开展；花冠黄色，基部1.5～2mm合生，裂片先端急尖；花丝长5～6mm，花药侧裂。蒴果球形。花果期5—7月。

生境与分布 见于余姚、北仑、鄞州、奉化、宁海、象山；生于海拔800m以下的山坡林下、山谷溪边及岩石旁阴湿处。产于温州、绍兴、金华、丽水及杭州市区、安吉、开化等地；分布于华东地区。模式标本采自宁波。

主要用途 全草入药，具定惊、止血之功效。

036 滨海珍珠菜 滨海珍珠草

学名 **Lysimachia mauritiana** Lam.　**属名** 珍珠菜属（过路黄属）

形态特征　二年生草本，高10～30cm。茎通常自基部分枝成簇生状，基部稍木质化；全株无毛；叶两面、苞片、花萼均具黑色腺点。基部叶集成莲座状，叶片匙形，4～4.7cm×1.3～1.7cm，花时常不存在；茎下部叶匙形或倒披针形，具短柄；茎上部叶椭圆形，1.5～4(6)cm×0.5～1.7cm，先端急尖至钝，基部渐狭，近无柄。总状花序顶生；花冠白色，上部常有暗紫色短腺条。蒴果卵球形，直径4～4.5mm。花果期5—8月。

生境与分布　见于除江北及市区外全市各地；生于岩质海岸潮上带的岩石缝中及滨海沙滩潮上带。产于舟山、台州、温州沿海各县（市、区）；分布于华东及辽宁、广东等沿海各地；朝鲜半岛及日本、菲律宾也有。

主要用途　叶浓绿光亮，花洁白繁密，株型优美，可供观赏；嫩茎叶可食。

037 巴东过路黄

学名 **Lysimachia patungensis** Hand.-Mazz.　属名 珍珠菜属（过路黄属）

形态特征　多年生匍匐草本，茎长10～40cm。全株密被棕黄色多节腺毛；叶、花冠压干后具透明或带淡红色粗腺条。叶对生，但在茎及分枝顶端常2大2小密集成轮生状；叶片宽卵形或近圆形，1～2.6(3.7)cm×0.8～2(3.5)cm，先端圆钝，基部楔形、截形或圆形，侧脉不明显。花2～4朵集生于茎、枝顶叶腋，无苞片；花梗长0.8～2cm，不伸长；花冠近辐状，黄色，基部带橘红色，裂片先端圆钝。蒴果球形。花期6月，果期7—8月。

生境与分布　见于余姚、北仑、鄞州、奉化、宁海、象山；生于海拔500m以上的山谷溪边、林下岩石旁等阴湿处。产于全省各地；分布于华东、华中及广东等地。

主要用途　同过路黄。

038 堇叶报春 毛茛叶报春 裂叶报春

学名 **Primula cicutariifolia** Pax　　属名 报春花属

形态特征 二年生柔弱小草本，高3～10cm。基部有时有匍匐枝。叶基生；叶片羽状分裂，2～6cm×0.5～1.7cm，顶裂片较大，倒卵圆形至近心形，先端钝圆，基部楔形下延，具缺刻状锯齿，侧裂片渐次变小，具锯齿，叶背、叶轴被锈色短腺条；叶柄扁平。花葶1至数条；伞形花序具2～4花；花冠淡紫色，高脚碟状。蒴果球形，顶端开裂。花期3—6月，果期6—7月。

生境与分布 见于余姚、北仑、鄞州、奉化、宁海；生于海拔800m以下的阴湿岩石上及林缘。产于杭州、绍兴、金华、衢州及安吉、天台、景宁、永嘉等地；分布于安徽、江西、湖南、湖北等地。

主要用途 全草入药，具清热解毒之功效；花美丽，可供观赏。

039 假婆婆纳

学名 **Stimpsonia chamaedryoides** Wright ex Gray　属名 假婆婆纳属

形态特征　一年生小草本，高 10～20cm。茎单一或基部分枝；全体被开展的多节腺毛，基部带淡紫色。基生叶卵形或卵状长圆形，1～2.5cm×0.7～1.3cm，先端急尖或圆钝，基部平截或圆形，具圆锯齿或浅锯齿，两面具毛及锈色腺点或短腺条；茎生叶近圆形或宽卵形，有缺刻状锯齿，上部叶逐渐变小成苞片状。花单生于上部叶腋；花冠白色。蒴果球形。花期 4—6 月，果期 5—10 月。

生境与分布　见于慈溪、余姚、北仑、鄞州、宁海、象山；生于山坡草丛中、沟边湿地。产于杭州、温州、湖州、绍兴、台州、金华、衢州、丽水等地；分布于华东及广东、广西、湖南等地；日本也有。

主要用途　全草入药，具活血、消肿止痛之功效。

六　蓝雪科（白花丹科）Plumbaginaceae*

040 中华补血草 补血草

学名 **Limonium sinense** (Girard) Kuntze　**属名** 补血草属

形态特征　多年生草本，茎高20～60cm。主根粗壮；全株无毛。叶基生，莲座状；叶片匙形、倒卵状披针形至长圆状披针形，5～10cm×0.8～2.2cm，先端圆钝，常有小尖头，基部楔形下延为宽叶柄，边缘具微齿而稍反卷，3出脉；叶柄基部鞘状。花常2或3朵组成聚伞花序，再排成圆锥状花序，花序轴具棱槽；花萼白色，漏斗状，具5棱；花冠黄色，5深裂。蒴果圆柱形。花期5—7月，果期7—9月。

生境与分布　见于奉化、宁海、象山；生于岩质海岸高潮线附近、泥质海岸及滨海围垦区低湿的重盐土上。产于温州、台州沿海及定海、普陀；分布于我国大陆东部沿海地区及台湾；日本、越南也有。

主要用途　盐碱地指示植物。花小巧悦目，可供观赏；全草入药，具清热、祛湿、止血之功效；嫩叶可食。

* 本科宁波有2属2种，其中栽培1种。本图鉴收录1属1种。

七　柿树科 Ebenaceae*

041 浙江柿 粉背柿 粉叶柿

学名 **Diospyros glaucifolia** Metc.　　属名 柿属

形态特征　落叶乔木，高 5～25m。树皮不规则鳞片状或长方块状纵裂；小枝亮灰褐色，近无毛，灰白色皮孔显著；顶芽缺，侧芽钝，具毛。叶互生；叶片宽椭圆形、卵形或卵状椭圆形，6～17cm×3～8cm，先端急尖或渐尖，基部截形至浅心形，下面灰白色。花冠坛状，先端深红色。果球形，直径 1.5～2cm，熟时黄色；果萼 4 浅裂；果梗极短。花期 5—6 月，果期 8—10 月。

生境与分布　见于慈溪、余姚、北仑、鄞州、奉化、宁海、象山；散生于山谷、溪边、山坡阔叶林或灌丛中。产于杭州、温州、金华、台州、丽水及安吉、诸暨、开化、江山等地；分布于华东。

主要用途　用材树种；供绿化观赏；叶、宿萼入药，温中下气；果实入药，具消渴、祛风湿之功效；幼果供化工用。

* 本科宁波有 1 属 5 种 2 变种，其中栽培 1 种。本图鉴全部收录。

042 柿

学名 **Diospyros kaki** Thunb.　　属名 柿属

形态特征　落叶乔木，高4～10m。树皮条状或长方块状纵裂；老枝灰白色，有长圆形皮孔；小枝粗壮，与叶柄疏被毛；顶芽缺。叶互生；叶片宽椭圆形、长圆状卵形或倒卵形，5.5～16cm×3.5～10cm，先端急尖或凸渐尖，基部宽楔形或近圆形，上面有光泽，下面疏生褐色柔毛。雌雄异株或杂性同株；雄花3朵集成短聚伞花序；雌花单生于叶腋，萼筒有毛；花冠坛状，乳白色，4深裂；子房无毛。果卵球形或扁球形，直径3.5～8cm，橙黄色或橘红色，具光泽；果萼4深裂；果梗粗壮，长8～10mm。花期4—5月，果期8—10月。

地理分布　原产于我国长江流域。全市各地有栽培。

主要用途　果供食用；根、树皮、叶、花、果实、柿饼、柿霜、柿蒂、果皮、柿漆均可入药，具开窍辟恶、行气活血、祛痰、清热凉血、润肠之功效；柿漆供化工用；用材树种；供绿化观赏。

附种1　野柿 var. ***silvestris***，小枝及叶柄密生黄褐色短柔毛；叶长6～10cm，比柿叶小而薄，少光泽，两面有柔毛；子房有毛；果较小，直径3～5cm。见于全市丘陵山区；生于山坡、山岗、沟谷阔叶林下或灌丛中。

附种2　红花野柿 var. ***erythrantha***，树皮具瘤状突起；花红色；果较小，直径3～3.5cm。见于宁海、象山；生于沟谷、山岗阔叶林中。为本次调查发现的新变种，模式标本采自宁海（茶山）。

红花野柿

043 罗浮柿

学名 **Diospyros morrisiana** Hance　　属名 柿属

形态特征　常绿灌木或小乔木状，高3～4m。小枝近无毛，密生小圆形皮孔。叶互生；叶片椭圆形或长椭圆形，3.5～12cm ×2～5cm，先端急尖或尾尖而钝，基部楔形或宽楔形，中脉和侧脉在上面下陷，下面隆起。花冠坛状，白色或淡黄色。果实球形，直径1.2～1.8cm，浅黄色，具白霜；果萼4浅裂，裂片宽三角形。花期5—6月，果期8—11月。

生境与分布　见于北仑、鄞州、宁海、象山；生于海拔300～700m的山坡阔叶林下。产于温州、台州、丽水及定海、普陀、武义、衢江、常山等地；分布于华东、西南及湖南、广东、广西等地。

主要用途　供绿化观赏；果实可提取柿漆；树皮、叶、果入药，具消炎、解毒、收敛之功效。

044 华东油柿 油柿

学名 **Diospyros oleifera** Cheng　　属名 柿属

形态特征 落叶乔木，高达15m。树皮灰白色，不规则片状剥落；小枝具脱落性灰色或灰黄色茸毛。叶互生；叶片长圆形、长圆状倒卵形或倒卵形，7～19cm ×3～9cm，先端渐尖或尾尖，两面密生茸毛，老时仅下面有黄褐色毛。花冠坛状，黄白色。果卵球形或扁球形，黄绿色，直径4～7cm，老时有黏胶物渗出；果萼4中裂。花期5月，果期10—11月。

生境与分布 见于余姚、北仑、鄞州、奉化、宁海；生于低海拔山坡林中、村宅旁；常见栽培。产于杭州、衢州、丽水及长兴、诸暨、婺城、天台、仙居、泰顺等地；分布于华东。

主要用途 果可食；可作柿树的砧木；树皮斑驳，可供观赏；果实入药，具清热润肺之功效。

045 老鸦柿

学名 **Diospyros rhombifolia** Hemsl. 属名 柿属

形态特征 落叶灌木，高1～3m。树皮褐色，有光泽；枝具刺，幼时被脱落性短毛，无顶芽。叶互生；叶片卵状菱形或倒卵形，3～7cm×(1)2～4cm，先端急尖或钝，基部楔形，全缘，常皱波状，沿脉被脱落性黄褐色短柔毛，叶背毛较长。花单生于叶腋；花冠坛状，白色至绿白色。果近球形，直径2～2.5cm，熟时棕红色；果萼4，披针形，长2～3cm；果梗长1.5～2cm。花期4—5月，果期9—11月。

生境与分布 见于全市丘陵山区；生于山坡与沟谷林下、林缘、石缝、灌草丛中及村庄四旁（村旁、宅旁、路旁、水旁）。产于全省各地；分布于华东地区。模式标本采自宁波。

主要用途 供绿化观赏，亦可制作盆景；果实供化工用；根、枝入药，具清热利肝、凉血活血之功效。

八 山矾科 Symplocaceae*

046 黄牛奶树

学名 **Symplocos acuminata** (Bl.) Miq. 属名 山矾属

形态特征 常绿乔木，高4～12m。当年生枝绿色转褐色，髓心片状分隔，老枝中空；芽、幼枝、花序轴、苞片均被灰褐色短柔毛。叶互生；叶片椭圆形、狭长椭圆形或倒卵状椭圆形，5.5～16cm×2.5～7cm，先端渐尖至长渐尖，基部楔形或宽楔形，边缘有稀疏的细小钝锯齿，中脉在上面凹下。穗状花序基部有分枝；花冠白色。核果球形，稍扁，宿萼开展或近直立。花期6—8月，果期9—10月。

生境与分布 见于余姚、北仑、鄞州、宁海、象山；生于低山与丘陵林中。产于丽水、温州等地；分布于华南；越南、印度也有。

主要用途 枝繁叶茂，花白色，供观赏；种油作润滑剂；树皮入药，具散寒清热之功效。

* 本科宁波有1属14种，其中栽培1种。本图鉴收录1属13种，其中栽培1种。

047 山矾 山桂花

学名 **Symplocos caudata** Wall. ex G. Don　　属名 山矾属

形态特征　常绿小乔木，高达7m，常呈灌木状。幼枝褐色，被微柔毛，老枝深褐色至黑色。叶互生；叶片卵形、卵状披针形或椭圆形，4～8cm×1.5～3.5cm，先端尾状渐尖，基部宽楔形，边缘具稀疏浅锯齿，中脉在正面2/3以下部分凹陷，1/3以上部分凸起，两面无毛，网脉清晰，干后黄绿色。总状花序；花序轴、花梗均被褐色柔毛；花冠白色。核果坛状，蓝黑色，顶端缢缩，宿存萼裂片内弯或脱落，外果皮脆而薄；核无纵棱。花期3—4月，果期6月。

生境与分布　见于全市丘陵山区；生于海拔800m以下的山坡、沟谷林中、林缘及灌丛中。产于全省山区、半山区；分布于长江以南各地；印度也有。

主要用途　花繁叶茂，可供绿化观赏；种子、叶供化工用；根、叶、花入药，根具清湿热、祛风、凉血之功效，叶具清热、收敛之功效，花具理气化痰之功效；根烧灰代白矾作媒染剂。

附种1　薄叶山矾 *S. anomala*，顶芽、幼枝被褐色短茸毛；花序轴、花梗、苞片及小苞片背面均被黄色平伏短柔毛；叶片狭椭圆状披针形，中脉在上面隆起，两面网脉均凸起；核果褐色；花期8月。见于余姚、北仑、鄞州、奉化、宁海、象山；生于海拔200m以上的阔叶林中。

附种2　光叶山矾 *S. lancifolia*，芽、嫩枝、嫩叶下面脉上、花序均被黄褐色柔毛；叶片光亮，宽披针形、狭卵形或椭圆形，边缘常波状，干后红褐色，中脉上面平整；花冠淡黄色；核果球形。见于余姚、北仑、鄞州、奉化、宁海、象山；生于丘陵与低山山坡阔叶林中。

薄叶山矾

光叶山矾

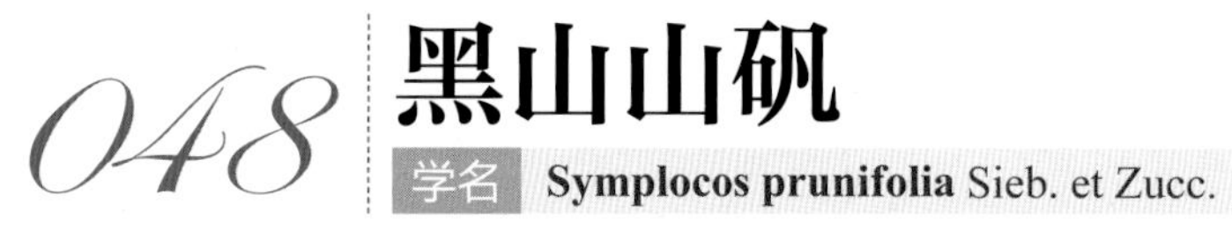

048 黑山山矾

学名 **Symplocos prunifolia** Sieb. et Zucc.　　属名 山矾属

形态特征　常绿灌木或乔木，高3～15m。当年生小枝浅棕褐色，具黑色皮孔。叶片常聚集于枝的上端，薄革质，椭圆形或倒披针状椭圆形，6～13cm×2.5～4cm，先端骤窄呈尾状渐尖，基部楔形，全缘或中部以上具浅波状齿，上面有光泽，下面淡绿色，中脉在上面凹陷，干后橄榄绿色。总状花序腋生；花序轴、花梗、苞片和小苞片背面密被黄色柔毛；花冠白色。核果圆柱形或狭卵形，基部稍偏斜，熟时紫黑色，宿存萼裂片直立，外果皮坚硬；核具10纵棱。花期5月，果期6—7月。

生境与分布　见于鄞州、奉化；生于海拔250m以上的山坡林中。产于温州、丽水及天台、仙居、常山等地；分布于长江以南各地。

主要用途　材质良好，可供车、船、家具及建材等用；枝叶浓绿，可供绿化观赏。

049 四川山矾 光亮山矾

学名 **Symplocos setchuensis** Brand　　属名 山矾属

形态特征 常绿小乔木，高达7m。枝、叶无毛；嫩枝绿色或黄绿色，有棱；顶芽显著，先端尖。叶互生；叶片长椭圆形或倒卵状长椭圆形，5～13cm×2～4cm，先端急尖至尾状渐尖，基部楔形，边缘疏生锯齿，中脉在两面显著凸起；叶柄长0.5～1cm；叶片干后呈黄色。密伞花序腋生，花序轴不明显；花冠白色，裂片深裂至基部。核果卵状椭球形，熟时黑褐色，宿萼直立。花期4—5月，果期10月。

生境与分布 见于全市丘陵山区；生于林中或林缘。产于全省山区、半山区；分布于长江以南各地。模式标本采自宁波。

主要用途 枝繁叶茂，花白色而密集，供观赏；种子供化工用；根、叶入药，根具行水、消肿之功效，叶具止咳、止逆之功效。

附种 **棱角山矾 *S. tetragona***，小枝粗壮，具显著棱；核果椭球形。原产于江西、湖南。北仑、鄞州等地有栽培。

棱角山矾

050 老鼠矢

学名 **Symplocos stellaris** Brand　　属名 山矾属

形态特征　常绿小乔木，高5～10m。树皮灰黑色；芽、幼枝被黄棕色长茸毛；小枝髓心中空。叶互生；叶片厚革质，狭长圆状椭圆形或披针状椭圆形，6～20cm×2～4cm，先端急尖或渐尖，基部宽楔形或稍圆，全缘，叶缘稍背卷，上面深绿色，下面苍白色，中脉和侧脉在上面凹陷。密伞花序腋生或生于二年生枝的叶痕之上；花冠白色。核果椭球形或狭卵球形，熟时紫黑色或蓝黑色，具6～8纵棱，被白粉。花期4月，果期6月。

生境与分布　见于全市丘陵山区；生于山坡、沟谷、山岗林中或林缘。产于全省山区、半山区；分布于长江以南各地。模式标本采自宁波。

主要用途　叶形奇特，可供观赏；种子供化工用；根入药，具祛风、解毒之功效；木材可制器具。

附种　**羊舌树** ***S. glauca***，芽、嫩枝、花序均密被脱落性黄褐色短茸毛；小枝髓心薄片状；叶片革质，上面淡绿色，下面具乳头状突起；花冠淡黄色；核果具10不明显纵棱；花期6—7月，果期8—11月。见于鄞州、奉化；生于低山丘陵的山坡林中或林缘。

羊舌树

051 白檀

学名 **Symplocos tanakana** Nakai　　属名 山矾属

形态特征　落叶灌木或小乔木，高达8m。树皮浅褐色，细浅纵裂；嫩枝被脱落性柔毛，老枝灰褐色，皮孔显著。叶互生；叶片椭圆形或倒卵状椭圆形，4～9.5cm×2～5.5cm，先端急尖或渐尖，基部宽楔形或楔形，边缘有细锐锯齿，中脉在上面凹下，幼时两面均被柔毛，后仅下面疏被柔毛，下面灰白色，网脉清晰。圆锥花序顶生，开展；花具短梗；花冠白色，芳香。果卵球形，稍偏斜，熟时黑色，无毛，宿萼内伏，呈鸟嘴状。花期5—6月，果期9月。

生境与分布　见于全市丘陵山区；生于山坡、山谷、溪边、山麓林中、林缘或灌草丛中。产于全省山区、半山区；分布于长江以南及华北、东北等地；朝鲜半岛及日本也有。

主要用途　花白而繁多，芳香，可供观赏；种子供化工用；全株入药，具消炎软坚、调气之功效；嫩叶可食；根皮、叶可做土农药。

附种1　华山矾 *S. chinensis*，幼枝、叶柄、叶下面、花序轴均被灰黄色皱曲柔毛；叶下面灰绿色；花序上部的花几无柄，下部的花具短柄；核果被紧贴柔毛。见于余姚、北仑、鄞州、奉化；生于海拔1000m以下的丘陵山区。

附种2　朝鲜白檀 *S. coreana*，树皮棕褐色或灰白色，与大枝表皮常呈纸片状剥落；叶缘具粗锐腺齿，齿端直伸或外展，上面叶脉显著下陷；核果熟时蓝色，宿萼直立或开展呈皇冠状。见于余姚、鄞州、宁海；生于海拔700m以上的山地沟谷、山坡、岗地林中或林缘。

附种3　琉璃白檀 *S. sawafutagi*，树皮灰褐色，细纵裂，老枝皮不呈纸片状剥落；叶下面苍白色或微被白粉，锯齿先端内曲；核果熟时蓝色，宿萼直立或开展，呈皇冠状。见于余姚、宁海；生于海拔700m以上的山地沟谷、山坡、岗地林中或林缘。

华山矾

朝鲜白檀

琉璃白檀

九　安息香科（野茉莉科）Styracaceae*

052 拟赤杨 赤杨叶

学名 **Alniphyllum fortunei** (Hemsl.) Makino　属名 拟赤杨属

形态特征　落叶乔木，高15～20m。树皮暗灰色，具灰白色块斑；小枝褐色，被脱落性黄色星状柔毛；裸芽。叶互生；叶片椭圆形、长圆状椭圆形或倒卵形，7～19cm×4.5～10cm，先端短渐尖，基部圆形或宽楔形，边缘疏生浅细锯齿，两面疏生星状毛，老时几脱净或仅下面被星状毛。总状或圆锥花序；花冠白色略带粉红色。蒴果长椭球形，直立，室背开裂。种子两端有翅。花期4—5月，果期10—11月。

生境与分布　见于余姚、镇海、江北、北仑、鄞州、奉化、宁海、象山；生于向阳山坡、沟谷阔叶林中。产于全省丘陵山区；分布于长江以南及山东等地；越南、印度也有。

主要用途　树干通直，花色素雅，秋叶转色，可供观赏；材用；种子供化工用；根、心材入药，具理气和胃之功效。

* 本科宁波有4属10种，其中栽培1种。本图鉴收录4属9种，其中栽培1种。

053 小叶白辛树

学名 **Pterostyrax corymbosus** Sieb. et Zucc.　　属名 白辛树属

形态特征　落叶灌木或小乔木，高4～10m。幼枝、花序、果均被星状毛；裸芽常叠生。叶互生；叶片通常宽倒卵形，5～13cm×3.5～8cm，先端急尖或骤突尖，基部宽楔形或近圆钝，边缘具不规则细小齿，上面被脱落性星状柔毛，下面除脉上密被星状毛外，余被茸毛。圆锥花序；花梗具关节；花冠黄白色，芳香。核果倒卵球形，连同喙长12～17mm，具4或5狭翅，下垂。花期4—5月，果期7月。

生境与分布　见于余姚、北仑、鄞州、奉化、宁海、象山；生于山坡、沟谷林中。产于浙西、浙东和浙南等地；分布于华东及湖南、广东等地；日本也有。

主要用途　花序大，芳香，秋叶转色，供观赏。

秤锤树

学名 **Sinojackia xylocarpa** Hu　　属名 秤锤树属

形态特征　落叶小乔木，高达6m，常呈灌木状。树皮棕色；枝直立而斜展。叶互生；叶片椭圆形至椭圆状倒卵形，3.5～11cm×2～6cm，先端短渐尖，基部楔形（花枝之叶卵圆形，基部稍呈心形），边缘有硬骨质细锯齿，无毛，或仅中脉上有星状毛。聚伞花序生于侧枝顶端，具3～5花；花梗顶部有关节；花冠白色，直径约1.5cm，裂片6或7，稀5。果卵球形，木质，长2～2.5cm，具圆锥状喙，下垂而形似秤锤。花期(3)4月，果期8—10月。

生境与分布　见于慈溪；生于沟谷阔叶林下；奉化有栽培。分布于江苏。为本次调查发现的浙江分布新记录植物。

主要用途　国家Ⅱ级重点保护野生植物。花洁白美丽，果形奇特，供观赏。

055 赛山梅

学名 **Styrax confusus** Hemsl.　　**属名** 安息香属

形态特征　落叶灌木或小乔木，高2～8m。幼枝被脱落性褐色星状毛；叶片两面中脉与侧脉、叶柄、花萼、花瓣、果实均具星状毛；裸芽常叠生。叶互生；叶片厚纸质，长椭圆形或卵状椭圆形，5～8.5(11)cm×3～4.5(6)cm，先端急尖至短尾状渐尖，基部宽楔形，边缘具细小齿，网脉明显，叶柄长约3mm。总状花序，顶生者具5或6花，腋生者具1～3花；花冠白色。果实球形，直径8～13mm。种子表面光滑或浅凹。花期5—6月，果期9—10月。

生境与分布　见于全市丘陵山区；生于山坡、山谷林中或灌丛中。产于全省山区、半山区；分布于华东、华中及广东、广西、四川、贵州。

主要用途　种子油供化工用；叶、果实入药，具祛风除湿之功效。

附种1　**垂珠花** ***S. dasyanthus***，叶片椭圆形、倒卵状椭圆形，叶缘中部3/5以上具不明显的疏锯齿，两面无毛或下面疏生柔毛；圆锥花序或总状花序，花多数；果实直径5～7mm；种子表面具深皱纹。见于余姚、鄞州、奉化；生于海拔500m以上的向阳山坡林中。

附种2　**白花龙** ***S. faberi***，叶片纸质或膜质，上面光亮，边缘具疏细锯齿，主、侧脉略下陷；顶生总状花序具3～5花，腋生者具1花。见于余姚、鄞州、奉化；生于低山丘陵林中、林缘或灌丛中。

垂珠花

白花龙

056 芬芳安息香 郁香野茉莉

学名 **Styrax odoratissimus** Champ. ex Benth.　　属名 安息香属

形态特征 落叶灌木或小乔木，高4～10m。树皮灰褐色；裸芽常叠生。叶互生；叶片椭圆形、长圆形或卵状椭圆形，7～12(15)cm×4～8cm，先端急尖或尾状渐尖，基部宽楔形，两侧不对称，全缘，两面无毛，叶脉在下面凸起，第三级小脉近于平行；叶柄长5～7mm，有时呈紫褐色。总状花序顶生或腋生，具2～6花，芳香；花冠白色。果近球形，密被毛，顶具突尖。种子表面具瘤状突起及褐色星状鳞毛。花期4—5月，果期7—8月。

生境与分布 见于余姚、北仑、鄞州、奉化、宁海、象山；生于山地、丘陵林中、林缘或灌丛中。产于全省山区；分布于华东、华中及广东、广西、贵州、四川。

主要用途 叶入药，具祛风除湿、理气止痛、润肺止咳之功效。

附种 ***灰叶安息香 S. calvescens***，小枝被脱落性黄褐色茸毛；叶片长圆形或倒卵状长圆形，边缘具细小锯齿，下面密被灰白色星状毛；叶柄长1～3mm；总状花序具10余花；种子表面光滑。见于余姚、奉化、宁海；生于海拔500m以上的山地阔叶林中。

灰叶安息香

057 红皮树 栓叶安息香

学名 **Styrax suberifolia** Hook. et Arn. **属名** 安息香属

形态特征 常绿乔木，高达 15 m。老树树皮红褐色；植株被锈色或褐色星状茸毛，果上毛色较淡；裸芽常叠生。叶互生；叶片椭圆形、椭圆状长圆形至长圆状披针形，6～16cm×3～6cm，先端急尖或狭渐尖，基部楔形，全缘，叶背灰白色或带锈色，第三级小脉近于平行；叶柄长 5～10mm。总状花序或圆锥花序；花冠白色，4 或 5 裂。果球形或近球形。花期 4—6 月，果期 8—9 月。

生境与分布 见于余姚、北仑、鄞州、奉化、宁海、象山；生于海拔 700m 以下的山坡林中。产于杭州、温州、丽水及开化、武义、普陀等地；分布于除江苏外长江以南各地；越南也有。

主要用途 叶色浓绿，花繁叶茂，供观赏；叶、根入药，具祛风除湿、理气止痛之功效。

十　木犀科 Oleaceae*

058 流苏树

学名 **Chionanthus retusus** Lindl. et Paxt.　属名 流苏树属

形态特征　落叶灌木或小乔木，高2～8m。枝灰褐色，嫩枝有短柔毛；冬芽具4棱，侧芽常2个叠生；皮孔显著。叶对生；叶片椭圆形或长椭圆形，稀倒卵形，2.3～8cm×1～4cm，先端急尖或钝圆，常微凹，基部宽楔形或楔形，全缘或有微细锯齿，中脉被脱落性柔毛，背面网脉凸起成蜂窝状网络。花单性；聚伞状圆锥花序顶生；花冠白色，4裂，几达基部，裂片长约1.5cm。核果椭球形，黑色。花期4—5月，果期6月。

生境与分布　见于慈溪、余姚、北仑、鄞州、奉化、宁海、象山；生于向阳山坡、沟谷疏林及灌丛中。产于杭州、金华、衢州及安吉、上虞、普陀、诸暨、仙居、遂昌等地；分布于长江以南及山西、河北等地；日本及朝鲜半岛也有。

主要用途　树形优美，枝叶扶疏，花色素雅，花期长，供观赏；嫩叶可代茶；叶入药，具清热、止泻之功效。

* 本科宁波有9属29种3亚种2变种4品种群8品种，其中栽培11种1亚种1变种4品种群8品种。本图鉴收录9属23种2亚种1变种4品种群8品种，其中栽培7种4品种群8品种。

059 雪柳

学名 **Fontanesia philliraeoides** Labill. subsp. **fortunei** (Carr.) Yaltirik 属名 雪柳属

形态特征 落叶灌木或小乔木，高 2～5m。枝叶无毛；小枝细长，略呈四棱形。叶互生；叶片卵状披针形至披针形，2.5～10cm×1～2.5cm，枝条上部的叶较大，通常自上而下渐小，先端长渐尖，基部楔形，全缘。圆锥花序顶生或腋生；花冠白色或带淡红色，4 深裂达基部。翅果宽椭球形，扁平，周围有狭翅。花期 5—6 月，果期 9—10 月。

生境与分布 见于余姚、北仑、鄞州、奉化、宁海、象山；生于海拔 600m 以下的沟谷、溪边疏林下。产于杭州、舟山及上虞、开化、金东、磐安等地；分布于华东及河南、陕西、山西、河北等地。

主要用途 枝条稠密，花白而繁茂，供观赏；茎枝可编筐；可栽作绿篱；纤维植物；嫩叶晒干可代茶；根入药，主治脚气病。

060 金钟花

学名 **Forsythia viridissima** Lindl. 属名 连翘属

形态特征 落叶丛生灌木，高 1～3m。除花萼有缘毛外，全体无毛；小枝黄绿色，四棱形，髓呈薄片状。叶对生；单叶，有时为 3 出复叶；叶片椭圆状长圆形至卵状披针形，3～7cm×1～2.5cm，先端渐尖或急尖，基部楔形，边缘中部以上有锯齿，中脉和侧脉在上面微凹，下面隆起。花先叶开放，1～3 朵腋生；花冠金黄色，钟形，裂片 4。蒴果卵球状，顶端尖，表面常散生棕色鳞秕或疣点。花期 3—4 月，果期 7—8 月。

生境与分布 见于除江北外全市各地；生于海拔 800m 以下的沟谷、溪边疏林下、林缘及灌丛中。产于全省山区、半山区；分布于华东及湖北、贵州、四川等地；欧洲、朝鲜半岛也有。

主要用途 花金黄艳丽，供观赏；根系发达，可作护堤树栽植；根、叶、果壳入药，具清热解毒、祛湿泻火之功效；种子供化工用。

061 白蜡树 梣

学名 **Fraxinus chinensis** Roxb.　属名 梣属（白蜡树属）

形态特征　落叶乔木或小乔木状，高4～10m。冬芽圆锥形，灰色或深灰色；枝暗黑色，散生皮孔，无毛。奇数羽状复叶，小叶5或7(9)；叶柄长4～6cm，沟槽明显；小叶片长圆形或长圆状卵形，3～10cm×1.5～5cm，先端渐尖至锐尖，基部宽楔形或楔形，边缘有锯齿，上面无毛，下面沿中脉下部有灰白色柔毛；侧生小叶柄长2～5mm，顶生小叶柄长1～1.5cm，小叶柄基部稍膨大成关节状。圆锥花序生于当年生枝顶；花萼顶端不规则齿裂或啮蚀状；花冠缺如，花叶同放。翅果倒披针形，中部以下渐窄呈圆柱形，宿存花萼紧抱果的基部，顶端呈不规则2或3裂。花期4—5月，果期8—9月。

生境与分布　见于慈溪、余姚、北仑、鄞州、奉化、象山；生于海拔800m以下的沟谷溪边、山坡林中、林缘或灌丛中。产于杭州、温州、台州、丽水及安吉、吴兴、上虞、诸暨、开化、浦江、义乌等地；分布于长江流域、黄河流域、东北及福建、广东等地；朝鲜半岛及越南也有。

主要用途　可用于行道、岸堤及防护林绿化；也可用于饲养白蜡虫；树皮、叶、花、蜡入药，树皮具清热燥湿、收敛、明目之功效，叶具调经、止血、生肌之功效，花具止咳定喘之功效，蜡具止血生肌、续筋接骨之功效。

附种　**尖叶白蜡树**（尾叶梣）***F. szaboana***，小叶3或5，叶下面沿中脉无毛，小叶片先端长渐尖至尾尖；果萼顶端4尖裂，果时与翅果基部分离。见于余姚、北仑、鄞州、奉化、宁海、象山；生于溪谷边、山坡林中或林缘。

尖叶白蜡树

062 苦枥木

学名 **Fraxinus insularis** Hemsl. 属名 梣属（白蜡树属）

形态特征 落叶乔木或小乔木，高5～10m。芽被黑褐色茸毛，余无毛；小枝灰褐色。奇数羽状复叶，对生，小叶3或5，叶轴平坦，沟槽不明显；小叶片长圆形或卵状披针形，先端渐尖或尾状渐尖，基部宽楔形或楔形，两侧稍不对称，边缘有稀疏钝锯齿或近全缘，上面中脉平坦；侧生小叶柄长5～8mm，顶生小叶柄长可达3.4cm。圆锥花序生于当年生枝顶；花萼顶端啮蚀状或近截平；花冠白色，叶后开放，花冠裂片长3～4mm。翅果长匙形，果萼不规则2或3裂，紧抱翅果基部。花期5—6月，果期8—9月。

生境与分布 见于慈溪、余姚、北仑、鄞州、奉化、宁海、象山；生于海拔250m以上的山坡、岗地、山谷林中。产于全省山区、半山区；分布于长江以南各地；日本也有。

主要用途 树皮、枝、叶入药，具祛风除湿之功效。

附种1 尖萼白蜡树（尖萼梣）***F. odontocalyx***，小枝灰黄色，老枝具凸起的纵棱；叶轴具深沟；小叶片基部狭楔形，边缘具粗锯齿，上面中脉凹陷；萼齿先端锥尖；花冠黄绿色，花叶同放。见于余姚、北仑、鄞州、奉化、宁海、象山；生于山坡、沟谷林中、林缘及路边。

附种2 美国红梣（洋白蜡）***F. pennsylvanica***，小枝绿色；小叶(5)7，小叶下面沿中脉密被灰白色长柔毛；侧生小叶柄无至长1mm；圆锥花序生于去年生无叶侧枝上。原产于北美洲。慈溪、余姚、镇海、北仑、象山有栽培。

尖萼白蜡树

美国红梣

063 探春花

学名 **Jasminum floridum** Bunge　　属名 素馨属

形态特征　半常绿披散灌木，长1～3m。全体无毛；幼枝绿色，有棱角。叶互生；单叶和3出复叶混生，稀5小叶；小叶片椭圆状卵形至卵状长圆形，1～3cm×0.7～1.3cm，先端急尖至凸尖，基部楔形或宽楔形，边缘有细短的芒状锯齿或全缘，背卷，中脉上面凹入；侧生小叶近无柄，顶生小叶柄长5～7mm。聚伞花序顶生；花萼裂片钻形，与萼管等长或稍长；花冠黄色，顶端5裂，尖锐。浆果椭球形或近球形。花期5月，果期9月。

地理分布　原产于华中及山东、贵州、四川、陕西、河北等地。镇海、北仑、鄞州及市区有栽培。

主要用途　叶丛翠绿，花色金黄，供园林绿化、盆栽或切花；根入药，具生肌、收敛之功效。

附种　**矮探春**（矮素馨）***J. humile***，复叶，具(3)5(4)小叶，小枝基部常具单叶；小叶片卵形至卵状披针形或椭圆状披针形至披针形，先端锐尖至尾尖；花萼裂片三角形，较萼管短；花冠先端圆或稍尖。原产于西南一带。北仑及市区有栽培。

矮探春

064 清香藤

学名 **Jasminum lanceolarium** Roxb. 属名 素馨属

形态特征 常绿木质藤本。具根状茎。幼枝绿色，常疏被柔毛。3出复叶，对生；小叶片革质，椭圆形、长圆形或卵状披针形，5～12.5cm×1.5～6.5cm，顶生与侧生小叶片近等大，全缘，稍背卷，上面亮绿色，几无毛，下面常被柔毛，侧脉两面不明显；叶柄与顶生小叶柄等长，侧生小叶柄略短，上部呈关节状。复聚伞花序顶生；花冠白色，顶端(4)5裂，芬芳。浆果球形，单生或1大1小双生。花期6月，果期11月。

生境与分布 见于余姚、北仑、鄞州、奉化、宁海、象山；生于海拔600m以下的山坡疏林下、沟谷林缘及灌丛中。产于杭州、温州、金华、台州、丽水及上虞、诸暨、开化等地；分布于长江以南各地；越南、缅甸、印度也有。

主要用途 供观赏；花可提取芳香油；根状茎及藤、梗入药，具祛风除湿、活血止痛之功效。

附种 **华素馨**（华清香藤）***J. sinense***，幼枝、叶下面、花序密被灰黄色柔毛；小叶片纸质或近膜质，顶生小叶片通常为侧生小叶片的2倍大，上面中脉、侧脉清晰并下陷，下面隆起。见于余姚、北仑、鄞州、奉化、宁海、象山；生境同清香藤。

065 云南黄馨 野迎春 云南黄素馨

学名 **Jasminum mesnyi** Hance　　属名 素馨属

形态特征　半常绿披散灌木。枝、叶无毛；枝绿色，拱曲或下垂，四棱形。叶对生；单叶和3出复叶混生；叶片圆形、长圆状卵形或狭长圆形，1.5～3.5cm×0.8～1.1cm，先端钝，有小尖头，基部楔形，全缘或有细微锯齿，中脉上面平坦，下面凸起；侧生小叶无柄，顶生小叶近无柄。花单生；花冠黄色，半重瓣，直径3.5～4cm，顶端6或7裂。花期3—4月。

地理分布　原产于西南一带。全市各地常见栽培。

主要用途　枝柔软，拱曲或下垂，碧叶黄花，供观赏；全株入药，具清热解毒之功效；花可食。

附种　**迎春花** ***J. nudiflorum***，落叶灌木；小叶3，幼枝基部有单叶；小叶片卵形至长圆状卵形，长1～2.5cm，全缘，有缘毛；花先叶开放；花冠直径2.5cm。原产于西南、西北东部。全市各地有栽培。

迎春花

066 茉莉花

学名 **Jasminum sambac** (Linn.) Aiton　属名 素馨属

形态特征　常绿直立灌木，高 0.5～1m。幼枝绿色，被短柔毛或近无毛。叶对生；叶片宽卵形或椭圆形，有时近倒卵形，4～7.5cm×3.5～5.5cm，先端急尖或钝，基部宽楔形或圆形，全缘，稍背卷，两面无毛，或在下面脉腋内有簇毛。聚伞花序通常有 3 或 4 花；花冠白色，单瓣或重瓣，极芳香。花期 5—11 月，尤以 7 月为盛。

地理分布　原产于印度。全市各地有栽培。

主要用途　叶色翠绿，白花馥郁，供观赏；花可制茉莉浸膏，又可提取香精或熏茶；花、叶、根入药；花可食。

067 日本女贞

学名 **Ligustrum japonicum** Thunb.　　属名 女贞属

形态特征　常绿灌木，稀小乔木状，高 3～5m。全株无毛。小枝灰褐色或淡灰色，疏生皮孔；幼枝稍具棱，节处稍压扁。叶对生；叶片椭圆形或卵状椭圆形，5～8cm×2.5～4.5cm，先端锐尖、渐尖或钝，基部楔形、宽楔形至圆形，全缘，稍背卷，上面深绿色，光亮，下面具细小腺点，中脉上面微凹；叶柄长 0.5～1.2cm。圆锥花序顶生，长宽近相等；花冠白色，具臭味。果椭球形，紫黑色。花期 6 月，果期 10 月。

生境与分布　仅见于象山（韭山列岛）；生于低海拔山坡、山沟阔叶林中或灌丛中；慈溪、北仑、奉化及市区有栽培。产于舟山；日本及朝鲜半岛也有。

主要用途　浙江省重点保护野生植物。枝繁花密，供观赏；叶入药，具清热解毒之功效；种子为强壮剂；具较强耐盐碱和抗风能力，可用于滨海盐碱地绿化。

附种 1　哈瓦蒂女贞（金森女贞）**'Howardi'**，春季新叶鲜黄色，部分新叶沿中脉两侧或一侧局部有云翳状浅绿色斑块，冬叶金黄色。全市各地有栽培。

附种 2　银霜花叶女贞 'Jack Frost'，春季新叶绿色，边缘粉红色，成熟叶边缘逐渐转金黄色，老叶少数全部转绿色。慈溪、鄞州及市区有栽培。

哈瓦蒂女贞

银霜花叶女贞

068 蜡子树

学名 **Ligustrum leucanthum** (S. Moore) P.S. Green 属名 女贞属

形态特征 落叶灌木，高1～3m。枝灰色或灰褐色，幼枝有脱落性短柔毛。叶对生；叶片长圆形或长圆状卵形，2～11cm×1～4.5cm，先端急尖或渐尖，基部宽楔形或楔形，全缘，两面疏被柔毛或无毛，侧脉6～11对；叶柄长1～3.5mm。圆锥花序顶生，长3～5cm；花冠白色，花冠筒远长于裂片。核果宽椭球形或近球形，熟时蓝黑色。花期6月，果期11月。

生境与分布 见于余姚、北仑、鄞州、奉化、宁海、象山；生于沟谷、溪边林下或灌丛中。产于杭州、温州、绍兴、金华、台州、丽水及安吉、德清、开化等地；分布于华东、华中及四川、甘肃、陕西等地。

主要用途 枝密花繁，供观赏；种子供化工用；树皮、叶入药，具清热泻火、除湿之功效。

附种 小叶蜡子树（东亚女贞）*L. obtusifolium* subsp. *microphyllum*，半常绿或落叶灌木；叶片较小，1～2.5cm×0.5～1.5cm，先端急尖或钝，侧脉3或4对；叶柄长不及1mm；圆锥花序长2～2.5cm。见于镇海、宁海、象山；生于滨海沙滩潮上带、风成沙丘上及滨海山坡灌草丛中。

小叶蜡子树

069 女贞 冬青树 大叶女贞

学名 **Ligustrum lucidum** W.T. Ait.　　属名 女贞属

形态特征　常绿乔木，高 5～10m。树皮灰色，平滑；枝叶无毛；小枝具皮孔。叶对生；叶片革质而脆，卵形、宽卵形、椭圆形或椭圆状卵形，8～13cm×4～6.5cm，先端渐尖或急尖，基部宽楔形，全缘，上面深绿色，光亮，下面浅绿色，有腺点，侧脉 5～7 对；叶柄长 1.5～2cm。圆锥花序顶生，花近无梗；花冠白色，芬芳。果近肾形，熟后蓝黑色，被白粉。花期 6—7 月，果期 10 月至翌年 3 月。

生境与分布　见于慈溪、余姚、北仑、鄞州、奉化、宁海；生于海拔 500m 以下的沟谷、山坡林中，亦见于平原四旁及沿海；全市各地有栽培。产于杭州及安吉、诸暨、普陀、岱山、浦江、开化、天台、温岭、遂昌、龙泉、洞头、瑞安等地；分布于秦岭以南各地。

主要用途　较耐盐碱，抗风，抗火，对 SO_2、Cl_2、HF 等有毒气体有较强抗性，供绿化观赏；嫩叶、花可食，叶可饲养白蜡虫制取白蜡；种子供化工用；果实、叶、树皮、根入药，根具行气活血、理气止痛之功效，叶具祛风明目、消肿止痛之功效，树皮具强筋骨之功效，果实具补肝肾、强腰膝、乌发明目之功效。

附种 1　辉煌女贞（三色女贞）**'Excelsum Superbum'**，叶片具大小不一的金黄色边缘或斑块，春秋季部分新叶边缘或斑块呈鲜红色，霜降后部分黄色边缘或斑块呈暗红色。原产于欧洲。慈溪、镇海、江北、鄞州、宁海及市区有栽培。

附种 2　落叶女贞 ***L. compactum*** var. ***latifolium***，落叶乔木；叶片纸质，椭圆形、长卵形至披针形，先端多长渐尖，侧脉 7～11 对，叶柄长 0.5～1(2)cm。见于北仑、鄞州、奉化、宁海、象山；生于山谷林中。

辉煌女贞

落叶女贞

070 小蜡

学名 **Ligustrum sinense** Lour.　　属名 女贞属

形态特征 落叶灌木，稀小乔木，高2～5(9)m。小枝灰色，密被短柔毛，有时果期近无毛。叶对生；叶片长圆形或长圆状卵形，2.5～6cm×1～3cm，先端急尖或钝而微凹，基部宽楔形或楔形，全缘，稍背卷，上面常无毛，中脉平坦或微凹，下面至少沿中脉有短柔毛，侧脉5～8对，近叶缘处网结。圆锥花序顶生，花梗长2～4mm；花冠白色，花冠裂片长于花冠筒。核果近球形，熟时黑色。花期7月，果期9—10月。

生境与分布 见于除江北外全市各地；生于低海拔山坡林中、沟谷溪边、疏林下及灌丛中；全市各地有栽培。产于全省山区、半山区；分布于长江以南各地。

主要用途 适于绿化观赏，可制盆景、做绿篱；纤维植物；嫩叶、花可食，果供酿酒；种子供化工用；根、叶入药，根具利小便、止血之功效，叶具清热解毒、消肿止痛、去腐生肌之功效。

附种1 阳光小蜡 'Sunshine'，常绿灌木；叶片椭圆形，约2cm×1cm，金黄色；花期4—6月。江北及市区有栽培。

附种2 银姬小蜡 'Variegatum'，与阳光小蜡相近，但叶片绿色，叶缘有宽窄不一的乳白色边环。全市各地有栽培。

附种3 金边卵叶女贞 *L. ovalifolium* 'Aureomarginatum'，常绿或半常绿灌木；小枝棕色；叶片倒卵形、卵形或近圆形，先端锐尖或钝，叶缘具通常相连的金黄色斑块；花冠裂片短于花冠筒。北仑、奉化等地见栽培。

附种4 小叶女贞 *L. quihoui*，常绿灌木；叶片长1.5～4cm，两面无毛，先端钝或钝圆，侧脉4或5对；花无梗，花冠裂片与花冠筒近等长。见于北仑、鄞州、奉化、象山；生于海拔100m以上的山坡疏林下、溪边灌丛中或石崖上；全市各地有栽培。

附种5 金叶女贞 *L. vicaryi* 'Aurea'，半常绿灌木；小枝具微毛；叶片椭圆形或卵状椭圆形，初生叶金黄色，老叶绿色，越冬叶片常带紫褐色，上面中脉和侧脉凹陷，无毛；核果紫黑色或蓝黑色。全市各地有栽培。

阳光小蜡

银姬小蜡

金边卵叶女贞

小叶女贞

金叶女贞

071 宁波木犀 华东木犀

学名 **Osmanthus cooperi** Hemsl.　属名 木犀属

形态特征　常绿小乔木或灌木，高4～8m。小枝具重叠芽，皮孔显著；嫩枝、叶柄、叶上面中脉多少被微毛。叶对生；叶片长圆形至长圆状卵形，6～9.5cm×2.5～4cm，先端渐尖至急尖，基部楔形，全缘或萌芽枝有疏锯齿，叶面不皱缩，叶缘稍背卷，上面深绿色，中脉微凹，两面侧脉通常不明显。花簇生或束生于叶腋，花冠白色。核果椭球形。花期10月，果期翌年2—3月。

生境与分布　见于除江北外全市各地；生于海拔600m以下的山坡林中。产于全省山区、半山区；分布于江苏、安徽等地。模式标本采自宁波。

主要用途　枝繁叶茂，四季常青，供观赏；根、花、果实入药，根具祛风湿、散寒之功效，花具化痰、散淤之功效，果实具暖胃、平肝、散寒之功效。

072 木犀 桂花

学名 **Osmanthus fragrans** Lour. 属名 木犀属

形态特征 常绿小乔木，有时灌木状，高 3～10m。枝、叶无毛。枝灰褐色，嫩枝灰绿色；小枝具重叠芽，皮孔显著。叶对生；叶片长椭圆形或长椭圆状披针形，7～14.5cm×2.6～4.6cm，先端渐尖或急尖，基部楔形，通常上半部有锯齿或疏锯齿至全缘，叶面略皱缩，叶背有细小腺点，侧脉至上部网结。花簇生或束生于叶腋，花色多样，具浓香。核果椭球形，熟时紫黑色。花期 8—10 月，果期翌年 2—4 月。

生境与分布 见于除慈溪、江北外全市丘陵山区；生于海拔 150m 以上的山谷林中；各地广泛栽培。产于全省山区、半山区；分布于长江以南各地。

主要用途 树形美观，花芳香，为我国传统“十大名花”之一，供观赏；花供食用；花提取香精后，应用领域广泛；果实榨油供食用；根或根皮、花、果实入药，功效同宁波木犀。

附种 1 银桂 **'Albus Group'**，花色较浅，花冠呈银白、乳白、绿白、乳黄、黄白色。全市各地有栽培。

附种 2 四季桂 **'Asiaticus Group'**，叶片春、秋二型；花白色至橙黄色，随季节不同而有深浅变化；春、秋、冬开花。全市各地有栽培。

附种 3 丹桂 **'Aurantiacus Group'**，花浅橙黄色、橙黄色至橙红色。全市各地有栽培。

附种 4 金桂 **'Luteus Group'**，花淡黄色、金黄色至深黄色。全市各地有栽培。

银桂

四季桂

丹桂

金桂

073 柊树

学名 **Osmanthus heterophyllus** (G. Don) P.S. Green 属名 木犀属

形态特征 常绿灌木或小乔木，高1～6m。枝灰色，幼枝被短柔毛。叶对生；叶片厚革质，卵形至长椭圆形，2.5～4.5cm×1～2.5cm，先端尖锐而呈刺状，基部宽楔形或楔形，边缘有1～4对刺状锯齿，除上面中脉基部有短柔毛外，两面无毛，网脉明显，在上面凸起。花簇生或束生于叶腋，通常5朵成1束；花冠白色，芳香。核果卵球形，熟时蓝黑色。花期11月，果期翌年5—6月。

地理分布 原产于我国台湾；日本也有。慈溪、余姚、宁海有栽培。

主要用途 叶形奇特，白花繁多而芳香，供观赏；全株入药，具补肝肾、健腰膝之功效。

附种 **花叶柊树**（银斑柊树）**'Variegatus'**，叶片边缘白色，中间绿色部分形状不规则。慈溪、北仑、鄞州有栽培。

花叶柊树

074 牛矢果

学名 **Osmanthus matsumuranus** Hayata　属名 木犀属

形态特征　常绿灌木或小乔木，高3～7m。除花萼有睫毛外，全体无毛；枝灰色或灰褐色，嫩枝节间交互侧扁。叶互生；叶片较柔软，长圆状倒卵形或倒披针形，7～10.5cm×2.3～4cm，先端渐尖或短尾尖，有时急尖，基部楔形至狭楔形，边缘中上部有疏钝锯齿，或波状锯齿至全缘。圆锥花序腋生，芳香；花冠淡黄色。核果椭球形，熟时紫黑色，具棱。花期6月，果期9—10月。

生境与分布　见于余姚、北仑、奉化、宁海；生于海拔600m以下的山谷、山坡阔叶林中。产于杭州、温州、丽水及诸暨、开化、江山、武义、天台、临海等地；分布于华东及广东、广西、云南、贵州等地；东南亚及印度也有。

主要用途　枝繁叶茂，四季常青，花芳香，供观赏；树皮、叶入药，具散脓血之功效，叶可杀菌、消炎。

十一　马钱科 Loganiaceae*

075 醉鱼草

学名 **Buddleja lindleyana** Fort.　　属名 醉鱼草属

形态特征　落叶灌木，高约2m。小枝四棱形，具窄翅；嫩枝、嫩叶及花序被棕黄色星状毛和鳞片。叶对生；叶片卵形至卵状披针形或椭圆状披针形，2.5～13cm×1.2～4.2cm，先端渐尖，基部宽楔形或圆形，全缘或疏生波状细齿，上面中脉凹下，两面侧脉凸起；叶柄长0.5～1cm。聚伞花序集成顶生伸长的穗状花序，常偏向一侧，下垂；花冠紫色，稀白色，花冠筒稍弯曲，直径约3mm。蒴果椭球形，被鳞片。花期6—8月，果期10月。

生境与分布　见于全市丘陵山区；生于向阳山坡灌丛中，溪边、路旁石缝间；市区有栽培。产于全省山区、半山区；分布于华东、华中及广东、四川、陕西等地。

主要用途　花美丽，可供栽培观赏；根、全草入药，具祛风除湿、止咳化痰、散淤之功效；叶可用于杀蛆、灭孑孓等。

附种　大叶醉鱼草 ***B. davidii***，嫩枝、叶背、花序均密被白色星状绵毛；叶柄长约3mm；多数聚伞花序集成宽圆锥花序；花冠筒细而直。慈溪、江北、鄞州及市区有栽培。

大叶醉鱼草

---

* 本科宁波有3属4种，其中栽培2种。本图鉴收录2属3种，其中栽培1种。

076 蓬莱葛 多花蓬莱葛

学名 **Gardneria multiflora** Makino　　**属名** 蓬莱葛属

形态特征　常绿木质藤本。枝圆柱形，无毛，节上有线状隆起的托叶痕。叶对生；叶片革质，椭圆形或椭圆状披针形，4.5～14cm×2～4cm，先端渐尖，基部宽楔形，全缘，略反卷，上面深绿色，有光泽，中脉在上面凹下，侧脉两面凸起。聚伞花序通常由5或6花组成，腋生；花冠黄色。浆果球形，熟时红色。花期6—7月，果期9月。

生境与分布　见于全市丘陵山区；生于山坡林下阴湿处、灌丛中或岩石旁。产于全省丘陵山区；分布于长江以南各地；日本也有。

主要用途　根、种子入药，具祛风、活血之功效。

十二　龙胆科 Gentianaceae*

077 日本百金花 日本白金花

学名 **Centaurium japonicum** (Maxim.) Druce　属名 百金花属（白金花属）

形态特征　一年生小草本，高 30cm。全体光滑无毛。茎直立，淡绿色，近四棱形，多分枝。叶对生；基部叶匙形，具短柄；茎生叶多对，长圆形、椭圆形或卵状椭圆形，0.8～2.2cm×1.2cm，先端钝圆或钝，基部圆形，半抱茎，无柄，向上渐小。花单生于叶腋和枝顶，呈穗状聚伞花序，无梗；花冠上部粉红色，下部白色，高脚碟状。蒴果狭椭球形。花果期 5—7 月。

生境与分布　见于宁海、象山；生于滨海潮上带附近的泥质岸滩上。产于玉环、洞头、乐清等地；分布于台湾；日本也有。

主要用途　花色艳丽，株型小巧，可供观赏。

附种　**百金花**（白金花）***C. pulchellum*** var. ***altaicum***，叶小而狭，宽不逾 6mm；茎基部叶片椭圆形或卵状椭圆形，上部叶片椭圆状披针形，先端急尖，有小尖头；花排成顶生假二歧式聚伞花序，具明显花梗。见于慈溪、镇海；生境基本同日本百金花。

百金花

* 本科宁波有 7 属 9 种 6 品种，其中栽培 3 种 6 品种。本图鉴全部收录。

078 龙胆

学名 **Gentiana scabra** Bunge　　**属名** 龙胆属

形态特征　多年生草本，高30～90cm。具根状茎。根粗壮，略肉质。茎直立，略具四棱，具乳头状毛，有时带紫褐色。叶对生；叶片卵形或卵状披针形，2～7cm×0.8～2cm，先端渐尖，基部圆形，边缘及下面中脉有乳头状毛，基出脉3或5，无柄；下部叶片有时缩小成鳞片状。花单生或簇生于枝顶或叶腋，无梗；花冠蓝紫色，管状钟形，长约4.5cm。蒴果椭球形。种子边缘有翅。花期9—10月，果期11月。

生境与分布　见于慈溪、余姚、北仑、鄞州、奉化、宁海、象山；生于阳坡、山顶茅草地及灌丛中。产于全省丘陵山区；分布于华东、华中、华北、东北及广东、广西等地；东北亚也有。

主要用途　根、根状茎入药，具清热燥湿、泻肝胆火之功效；花美丽，可供观赏；嫩茎叶可食。

附种1　**灰绿龙胆** ***G. yokusai***，一年生矮小草本，高3～10(14)cm；主根细弱、木质；茎生叶基部渐窄成鞘状合生，边缘膜质，有小睫毛，具1脉；花冠长0.8～1(1.2)cm；种子无翅；花果期4—5月。见于余姚、鄞州、象山；生于山谷沟边、山坡及山顶草丛中。

附种2　**笔龙胆** ***G. zollingeri***，二年生草本，高5～12cm；主根细弱、木质；茎生叶基部渐窄，具软骨质边缘，下面常带紫红色，1或3脉；聚伞花序顶生；花冠长1.3～2.5cm；种子无翅；花果期3—9月。见于余姚、宁海；生于山坡、林下阴湿处。

灰绿龙胆

笔龙胆

079 金银莲花

学名 **Nymphoides indica** (Linn.) Kuntze　属名 荇菜属（莕菜属）

形态特征　多年生水生草本。茎细长，圆柱形，不分枝，形似叶柄，顶生一单叶。叶互生；叶片漂浮，心状卵形或椭圆形，长7～20cm，先端圆形，基部深心形，全缘，下面带紫红色，密生腺体，粗糙，具不甚明显的掌状脉；叶柄短，基部耳状扩大。伞形花序腋生于节处，常有不定根；花冠白色，基部黄色，直径不超过2cm，4～6深裂，裂片边缘流苏状。蒴果近球形，不开裂。种子近球形，光滑无毛。花果期8—10月。

生境与分布　见于鄞州；生于浅水池塘中。产于杭州；分布于东北、华北、华南及云南；广布于全球热带至温带。

主要用途　全草可供观赏；全草入药，具清热利尿、消肿解毒之功效；嫩叶可食。

附种1　小荇菜（小莕菜）***N. coreana***，叶较小，直径2～6cm，两面光滑；花冠纯白色，直径约8mm，4或5裂，裂片边缘撕裂状，具极稀疏短毛。见于鄞州；生于浅水小池塘中。

附种2　龙潭荇菜 ***N. lungtanensis***，叶片直径10～12cm；花冠直径1.2～1.5cm，4或5裂，裂片边缘具疏短毛。见于鄞州；生于浅水湖泊中。为本次调查发现的中国大陆分布新记录植物。

附种3　荇菜（莕菜）***N. peltata***，茎有分枝；叶片多而小，上部叶对生，下部叶互生，近圆形；花簇生于叶腋，花冠黄色，直径3～3.5cm，裂片先端常凹陷，具膜质透明边缘。见于慈溪、北仑、鄞州、象山；生于池塘及不甚流动的河流中。

小荇菜

龙潭荇菜

荇菜

080 獐牙菜

学名 **Swertia bimaculata** (Sieb. et Zucc.) Hook. f. et Thoms. ex C.B. Clarke 属名 獐牙菜属

形态特征 多年生直立草本，高50～100cm。主茎粗壮，近圆柱形，略具棱，上部有分枝。叶对生，3出脉；基部叶片长圆形，叶柄长，花期枯萎；茎生叶卵状椭圆形至卵状披针形，3～10(16)cm×1.5～3.5(4.5)cm，先端渐尖，基部宽楔形或圆形，无柄或有短柄，扩大合生。聚伞花序常呈圆锥状；花5基数，稀4；花冠淡绿白色，裂片中部具2淡黄色大斑点，中部以上具蓝黑或紫褐色小斑点；花梗长1～2cm。蒴果长卵球形。花期9—10月，果期11月。

生境与分布 见于余姚、鄞州、奉化、宁海；生于山坡灌草丛中或山谷溪边。产于全省山区；分布于华东、华中、华南、华北、西北等地；越南也有。

主要用途 全草入药，具清热解毒、舒肝利胆之功效；花美丽，可供观赏，嫩叶可食。

附种1 美丽獐牙菜 ***S. angustifolia*** var. ***pulchella***，一年生草本；叶片狭披针形；花4基数；花冠白色，具淡紫色小斑点，基部有1个圆形腺窝，并覆盖有一个边缘具纤毛的膜质小鳞片，花梗长4～6mm。见于奉化；生于荒山草丛中。

附种2 浙江獐牙菜 ***S. hickinii***，一年生草本；茎常具四棱；叶片狭长椭圆形或倒披针形；花冠白色，有紫色条纹，基部有2个长圆形腺窝，边缘有流苏状毛；花梗细弱，长5～15mm。见于宁海；生于山沟、山坡草丛中及林下阴湿地。

美丽獐牙菜

江浙獐牙菜

081 华双蝴蝶 双蝴蝶

学名 **Tripterospermum chinense** (Migo) H. Smith　属名 双蝴蝶属

形态特征　多年生草质缠绕藤本。茎无毛。基生叶4片，2大2小，对生，无柄，平贴地面，呈莲座状，叶片椭圆形、宽椭圆形或倒卵状椭圆形，3～6.5cm×1.5～5.5cm，先端钝圆或具凸尖，基部宽楔形，全缘，上面常有网纹；茎生叶披针形或卵状披针形，向上渐小。花单生于茎上部叶腋，偶多数簇生，淡紫色或紫红色。蒴果2瓣开裂。种子三棱形，有翅。花果期9—11月。

生境与分布　见于余姚、北仑、鄞州、奉化、宁海、象山；生于山坡林下阴湿处。产于全省山区；分布于华东。

主要用途　全草入药，具清肺止咳、利尿解毒之功效；花美丽，可供观赏。

附种　**细茎双蝴蝶** ***T. filicaule***，基生叶不呈莲座状，上面无网纹，卵形，2.5～5cm×0.8～2.1cm，先端急尖，边缘微皱，下面呈紫红色，有短柄；花1～3朵生于叶腋，玫红色；浆果。见于余姚、北仑、鄞州、奉化；生于林下阴湿处及山坡旁。

细茎双蝴蝶

十三 夹竹桃科 Apocynaceae*

082 链珠藤 念珠藤

学名 **Alyxia sinensis** Champ. ex Benth.　　属名 链珠藤属（念珠藤属）

形态特征 常绿木质藤本，长达3m。具乳汁；茎疏生白色圆形皮孔。叶对生或3片轮生；叶片革质，长圆状椭圆形、长圆形、倒卵形或狭长圆形，1～4cm×0.5～2cm，先端圆或微凹，基部楔形或圆形，边缘反卷，中脉上面凹下，下面凸起，侧脉不明显。聚伞花序；花冠高脚碟状，筒部橙黄色，先端裂片白色。核果球形或卵球形，常2或3连成链珠状，熟时黑色。花期7—10月，果期9—12月。

生境与分布 见于宁海、象山；生于沟谷溪边、岩壁、阔叶林下及林缘灌丛中。产于温州、台州、丽水及衢江等地；分布于贵州、广西、广东、湖南、福建、江西等地。

主要用途 全株入药，根有小毒，具清热镇痛、祛风利湿及活血之功效；叶碎之可外敷治刀伤。

* 本科宁波有7属9种，其中栽培3种。本图鉴全部收录。

083 鳝藤

学名 **Anodendron affine** (Hook. et Arn.) Druce　属名 鳝藤属

形态特征　常绿木质藤本，长约 1m。全株具乳汁；茎黑褐色，去年生茎红褐色。叶对生；叶片长圆状披针形或倒披针状长圆形，5.5～11cm×1～3.3(4) cm，先端渐尖，基部楔形，中脉在上面凹入，下面凸起。圆锥状聚伞花序顶生或腋生；花冠淡黄色。蓇葖果双生，披针状圆柱形，基部膨大，向上渐尖。种子有喙，顶端具白色种毛。花期 11 月至翌年 4 月，果期翌年 6—12 月。

生境与分布　见于北仑、奉化、宁海、象山；生于山坡疏林下、林缘、路旁灌丛及岩石中或攀援于树上。产于台州、温州沿海地区及普陀、景宁等地；分布于长江以南各地；日本、越南、印度也有。

主要用途　茎入药，具祛风行气、燥湿健脾、通经络、解毒之功效；叶色光亮，果形奇特，可作垂直绿化及石景点缀。

084 长春花

学名 **Catharanthus roseus** (Linn.) G. Don　　**属名** 长春花属

形态特征 多年生直立草本，高30～55cm。茎红色，上部略呈四棱形，表面有条纹。叶对生；叶片倒卵状长圆形或长椭圆形，2.5～7cm×1.5～3cm，先端急尖或圆钝，有短尖头，基部宽楔形或楔形，渐窄成叶柄。花1～3朵，顶生或腋生；花冠淡红色，高脚碟状。蓇葖果双生，直立，平行或略叉开，长约2.5cm。花果期4—10月。

地理分布 原产于非洲东部。全市各地常见栽培。

主要用途 花色艳丽，枝叶清秀，供观赏；全草入药，可治高血压、急性白血病、淋巴肿瘤等。

附种 **白长春花 'Albus'**，茎灰绿色；花白色。全市各地有栽培。

白长春花

085 夹竹桃 红花夹竹桃

学名 **Nerium oleander** Linn. 属名 夹竹桃属

形态特征 常绿大灌木，高达5m。具乳汁，无毛。枝灰绿色，嫩枝具棱。叶3或4片轮生，下部常对生；叶片条状披针形，8～20cm×1.2～4cm，先端渐尖，基部楔形，边缘略反卷，叶面深绿色，无毛；侧脉密生，平行。聚伞花序顶生，多花；花冠深红色或粉红色，芳香，重瓣，喉部有副花冠。蓇葖果2，离生，偶见。花期6—10月，果期冬季至翌年春季。

地理分布 原产于印度、尼泊尔至地中海地区。全市各地常见栽培。

主要用途 花大艳丽，花期长，耐盐碱，抗风，抗污染，生长快，供绿化观赏；茎皮纤维可供纺织用；叶、茎皮可提制强心剂；有毒，人畜误食可致命。

附种1 白花夹竹桃 'Album'，花白色，单瓣。全市各地有栽培。

附种2 花叶夹竹桃 'Variegatus'，叶缘黄白色，有时全叶呈黄色。慈溪有栽培。

白花夹竹桃

花叶夹竹桃

086 毛药藤

学名 **Sindechites henryi** (Oliv.) P.T. Li　属名 毛药藤属

形态特征　常绿木质藤本，长达8m。具乳汁，无毛；老茎褐色，嫩茎绿色。叶对生；叶片长圆状椭圆形、倒卵状椭圆形或长圆状披针形，2.5～10cm×1～4cm，先端尾状渐尖，基部宽楔形或圆形，上面深绿色，有光泽，侧脉约20对，密生。聚伞花序圆锥状；花冠淡黄色。蓇葖果双生，1长1短，条状圆柱形。种子具种毛。花期5—6月，果期7—10月。

生境与分布　见于余姚、北仑、鄞州、奉化、宁海、象山；生于山地沟边或灌丛中；产于杭州、温州、金华、衢州、丽水等地；分布于长江以南各地。

主要用途　根入药，具补脾益气之功效，但孕妇忌用；茎叶浓密，叶亮绿，冬季变红，可供观赏。

087 亚洲络石 细梗络石

学名 **Trachelospermum asiaticum** (Sieb. et Zucc.) Nakai **属名** 络石属

形态特征 常绿木质藤本，长达10m；具乳汁及气根。叶对生；叶片椭圆形、狭卵形或近倒卵形，2～10cm×1～5cm，先端钝至锐尖，稀尾尖，基部楔形或宽楔形，侧脉6～10对；叶柄长2～10mm。聚伞花序顶生及腋生；花冠白色，芳香，高脚碟状，花冠筒中部膨大；花药先端多少外露。蓇葖果条状圆柱形。花期4—6月，果期8—10月。

生境与分布 见于奉化、宁海、象山；生于林下或灌丛中。产于温州、丽水及杭州市区、建德、开化、天台、临海等地；分布于华东、华中、西南及海南等地；朝鲜半岛及印度、日本、泰国也有。

主要用途 枝叶浓密亮绿，可供绿化观赏。

附种 **黄金锦络石**（金叶络石）**'Ougonnishiki'**，老叶近绿色或淡绿色，第一对新叶橙红色，稀2或3对新叶橙红色；新叶下有数对叶为黄色或叶边缘有大小不一的绿色斑块。原产于日本。全市各地有栽培。

黄金锦络石

088 紫花络石

学名 **Trachelospermum axillare** Hook. f.　属名 络石属

形态特征　常绿粗壮木质藤本，具乳汁，无毛。老茎灰褐色，密生皮孔，嫩茎红褐色。叶对生；叶片倒披针形、倒卵状长椭圆形或椭圆状长圆形，6～13cm×2～4.5cm，先端尾状渐尖或急尖，基部常楔形；侧脉8～15对，三级脉明显可见。聚伞花序腋生，有时近顶生；花冠暗紫红色，高脚碟状，花冠筒近基部膨大。蓇葖果披针状圆柱形，具细纵纹，平行贴生。种子具种毛。花期5—7月，果期8—10月。

生境与分布　见于鄞州、奉化、宁海、象山；生于山坡路边灌丛中、混交林下或山谷水沟边。产于杭州、温州、丽水及开化、武义等地；分布于西南、华中、华东及广东、广西等地；东南亚也有。

主要用途　攀援性强，叶色浓绿，花色红艳，果形奇特，可供垂直绿化；茎皮纤维韧，可织麻袋等；种毛可作填充物；全株入药，具解表发汗、通经活络、止痛之功效，但有毒，须慎用。

089 络石

学名 **Trachelospermum jasminoides** (Lindl.) Lem.　　属名 络石属

形态特征　常绿木质藤本，长达10m；无毛或幼时被短柔毛。具乳汁及气根；老茎红褐色，具皮孔；幼茎、叶背、叶柄被脱落性黄褐色柔毛。叶对生；叶片通常椭圆形、宽椭圆形，2～8.5cm×1～4cm，先端急尖、渐尖或钝，基部楔形或圆形，下面中脉凸起，侧脉6～12对，不明显；叶柄长2～3mm。圆锥状聚伞花序；花冠白色，芳香，高脚碟状，花冠筒中部膨大；花药内藏。蓇葖果披针状圆柱形，稀牛角状。花期4—6月，果期8—10月。

生境与分布　见于全市各地；生于山野、溪边、林缘及路旁阔叶林中，常攀援于树上或墙壁、岩石上。产于全省各地；分布于除新疆、青海、西藏及东北地区外全国各地；朝鲜半岛及越南、日本也有。

主要用途　茎、果实入药，具祛风通络、凉血消肿等功效；乳汁有毒，对心脏有毒害作用；茎皮纤维可造纸、制绳及人造棉；花可提取络石浸膏；花、叶秀美，可供观赏。

附种　花叶络石（斑叶络石）**'Variegatus'**，老叶近绿色或淡绿色，第一对新叶粉红色，第二、三对叶纯白色，稀粉红色，在纯白叶与绿叶间有数对斑状花叶。原产于日本。全市各地有栽培。

花叶络石

090 蔓长春花

学名 **Vinca major** Linn. 属名 蔓长春花属

形态特征 常绿蔓性半灌木。茎基部稍伏卧；花茎直立，中空，无毛。叶对生；叶片卵形或宽卵形，2.5～7cm×1.5～4.5cm，先端急尖或稍钝，基部圆形或截形，上面中脉及叶缘有短毛；花单生于叶腋；花冠蓝紫色，漏斗状，长3～4cm，5深裂。蓇葖果腋生，细长，萼片宿存。花期3—4月，果期5—6月。

地理分布 原产于欧洲。全市各地有栽培。

主要用途 供观赏；茎、叶入药，具清热解毒之功效。

附种 **花叶蔓长春花 'Variegata'**，叶片边缘白色，有黄白色斑点。原产于欧洲。全市各地有栽培。

花叶蔓长春花

十四 萝藦科 Asclepiadaceae*

091 浙江乳突果 祛风藤

学名 **Biondia microcentra** (Tsiang) P.T. Li 属名 乳突果属

形态特征 常绿木质藤本。茎纤细，被2列下曲细毛。叶对生；叶片狭椭圆状长圆形、椭圆形或条状披针形，2～6.5(8)cm×0.5～1(2)cm，先端急尖或渐尖，基部宽楔形或截形，边缘反卷，中脉在下面凸起；叶柄长3～5mm，顶端具丛生小腺体。伞形聚伞花序，比叶短；花冠近坛状，淡黄绿色，有玫瑰红点；副花冠缺。蓇葖果单生，披针状长圆柱形。种子具白色种毛。花期5—7月，果期8—10月。

生境与分布 见于余姚、北仑、鄞州、奉化、宁海、象山；生于山坡竹林下、灌丛中及岩石边阴湿处。产于杭州及安吉、诸暨、衢江、江山、天台、遂昌、文成、永嘉等地；分布于江苏、安徽等地。

主要用途 花、叶密集，可供观赏。

* 本科宁波有6属12种，其中栽培1种。本图鉴收录5属11种。

092 折冠牛皮消 飞来鹤 隔山消

学名 **Cynanchum boudieri** Lévl. et Vant. 属名 鹅绒藤属

形态特征 多年生草质缠绕藤本。地下有肥厚块根。茎、叶、花梗被微柔毛。叶对生；叶片宽卵形至卵状椭圆形，4～18cm×4～15(17)cm，先端短尖，基部心形，两侧常具耳状下延或内弯；叶柄长约5cm，顶端有腺体。总状花序具花达30朵；花冠白色，长1cm，裂片花后强烈反折；副花冠5深裂，长度约为合蕊冠的2倍。蓇葖果双生，披针状长圆柱形；种毛白色。花期6—8月，果期8—11月。

生境与分布 见于全市各地；生于林缘、灌丛中或沟边湿地。产于全省山区；分布于黄河中下游以南各地。

主要用途 根入药，用于治疗肠道寄生虫、胃和十二指肠溃疡、肾炎、神经衰弱等症。

附种 **蔓剪草**（四叶对剪草）***C. chekiangense***，茎单一，下部直立，上部蔓生，缠绕状；根状茎短，具须根；叶对生或中间两对甚为靠近，似轮生状；叶片基部楔形或宽楔形；花冠紫色，副花冠比合蕊冠短或等长；蓇葖果通常单生，纺锤形。见于余姚、鄞州、奉化；生于山谷、溪旁密林中。

蔓剪草

093 鹅绒藤

学名 **Cynanchum chinense** R. Br.　　属名 鹅绒藤属

形态特征　多年生草质缠绕藤本。主根圆柱状，直径约 8mm。全株被褐色短柔毛。叶对生；叶片宽三角状心形，4～9cm×4～7cm，先端渐尖或长渐尖，基部心形，上面深绿色，下面苍白色；侧脉约 10 对。伞形聚伞花序腋生，2 歧，具约 20 花；花冠白色；副花冠 2 轮，裂成丝状。蓇葖果双生，或仅一个发育，狭披针状长圆柱形。种子具白色种毛。花期 6—8 月，果期 8—10 月。

生境与分布　见于慈溪、北仑、象山；生于滨海围垦区的重盐土上。产于定海、普陀、莲都、鹿城等地；分布于西北、华北及江苏、山东、河南、辽宁等地。

主要用途　全株入药，具催乳解毒、补精血之功效，根具祛风解毒、健胃止痛之功效，乳汁具消核除瘊、去腐生肌之功效；嫩叶、块根可食；花洁白，可供园林观赏。

附种 1　山白前 *C. fordii*，叶片长圆形或卵状长圆形，基部截形，侧脉 4～6 对；伞形聚伞花序具 5～15 花；花冠黄白色；蓇葖果单生。见于余姚、鄞州、奉化、象山；生于林缘、路旁灌丛向阳处。

附种 2　毛白前（龙胆白前）*C. mooreanum*，茎、叶、花序梗、花梗及花萼外面密被黄色柔毛；伞形聚伞花序具 3～8 花；花冠紫红色；副花冠 1 轮，裂片卵圆形；蓇葖果单生。见于余姚、北仑、鄞州、奉化、宁海；生于山坡林中及溪边。模式标本采自宁波。

山白前

毛白前

094 柳叶白前 水杨柳

学名 **Cynanchum stauntonii** (Decne.) Schltr. ex Lévl. 属名 鹅绒藤属

形态特征 直立半灌木，高 30～70cm。全体无毛；根状茎细长匍匐，节上簇生纤细须根。叶对生；叶片狭披针形至条形，4.5～11cm×0.3～1.5cm，先端渐尖，基部楔形，下面中脉显著。伞形聚伞花序腋生，具 3～8 花；花冠紫红色，内面具长柔毛；副花冠裂片盾状。蓇葖果单生，披针状长圆柱形。种子具白色种毛。花期 6—8 月，果期 9—10 月。

生境与分布 见于余姚、北仑、鄞州、奉化、宁海、象山；生于溪边、溪滩石砾中及林缘阴湿处。产于全省各地；分布于华东、华中、西南及广东、广西等地。

主要用途 全株入药，具清肺化痰、止咳平喘之功效；嫩茎叶可食；枝叶稠密，可供观赏。

095 黑鳗藤 舌瓣花

学名 **Jasminanthes mucronata** (Blanco) Stevens et P.T. Li 属名 黑鳗藤属

形态特征 木质藤本，长达10m。具乳汁；茎被2列黄褐色短毛，小枝密被短柔毛。叶对生；叶片卵状长圆形，5.8～13cm×3～7.5cm，先端尾尖，基部心形；叶柄顶端具丛生腺体。伞形聚伞花序腋生或腋外生，常具2～5(9)花；花冠白色，破裂时常有紫黑色汁液流出。蓇葖果长披针状圆柱形；种毛白色。花期5—6月，果期9—10月。

生境与分布 见于全市各地；生于海拔500m以下的山坡林中、林缘及溪边，常攀援于树上。产于温州、丽水及仙居等地；分布于华东及广东、广西、湖南、四川、贵州等地。

主要用途 可栽培供观赏；茎入药，具补肾益气、调经之功效。

096 萝藦

学名 **Metaplexis japonica** (Thunb.) Makino　　属名 萝藦属

形态特征　多年生草质缠绕藤本。具乳汁；根黄白色；茎中空，下部木质化，上部淡绿色。叶对生；叶片卵状心形或长圆形，4～12cm×2.5～10.5cm，先端短渐尖，基部心形，两侧具圆耳；叶柄顶端丛生腺体。总状聚伞花序腋生或腋外生；花冠白色或紫色，裂片先端反卷，内面密生茸毛；副花冠裂片兜状。蓇葖果双生或单生，纺锤形。种子具种毛。花期 7—8 月，果期 9—11 月。

生境与分布　见于全市各地；生于山坡林缘灌丛中或田野、路旁。产于全省各地；分布于华东、华中、西南、西北、华北、东北；东北亚也有。

主要用途　根、茎、叶、果实及种毛均可入药，根具舒筋活络之功效，茎具补肾之功效，叶具消肿解毒之功效，果皮和茎具止咳化痰、平喘之功效，种毛具凉血解毒之功效；嫩叶可食；茎皮纤维可制人造棉。

097 七层楼 多花娃儿藤

学名 **Tylophora floribunda** Miq. **属名** 娃儿藤属

形态特征 多年生草质缠绕藤本。乳汁不明显；根须状，黄白色；茎纤细，分枝多。叶对生；叶片卵状披针形或长圆状披针形，2～6cm×1～3cm，先端渐尖或急尖，基部浅心形或截形，下面密生小乳头状突起，羽状脉，侧脉3～5对；叶柄长0.5～1.7cm。聚伞花序广展、多歧，比叶长，腋生或腋外生；花冠长1～2mm，紫色。蓇葖果双生，近水平开展，狭披针状长圆柱形。种子具白色种毛。花期7—9月，果期10—11月。

生境与分布 见于慈溪、余姚、镇海、北仑、鄞州、奉化、宁海、象山；生于山坡路边、草丛中或林缘。产于全省山区、半山区；分布于长江以南各地；朝鲜半岛及日本也有。

主要用途 根入药，具祛风化痰、通经散淤之功效，但有毒，须慎用。

附种 **贵州娃儿藤** ***T. silvestris***，叶片较狭窄，基出脉3，侧脉1或2对；叶柄长3～7mm；花序1或2歧，比叶短；花冠长约4mm。见于余姚、鄞州、奉化、宁海、象山；生于山坡林地及旷野。

贵州娃儿藤

十五　旋花科 Convolvulaceae*

098 打碗花 小旋花

学名 **Calystegia hederacea** Wall. ex Roxb.　属名 打碗花属

形态特征　多年生草本。全体近无毛；具细圆柱形白色根状茎；茎缠绕或平卧。叶对生；基部叶片卵状长圆形，2～3(5)cm×1.5～2.5cm，先端钝圆或急尖至渐尖，基部截形；上部叶片三角状戟形，3裂，中裂片披针形或卵状三角形，侧裂片开展，通常再2浅裂。花单生于叶腋；苞片长0.8～1.5cm，覆盖萼片；花冠淡红色，漏斗状，长2.8～4cm。蒴果卵球形，不为宿萼及苞片包被。花期5—8月，果期8—10月。

生境与分布　见于全市各地；生于田野、路旁及荒地草丛中。产于全省各地；广布于全国；非洲和亚洲东部、南部也有。

主要用途　根状茎入药，具健脾、利尿、调经、止痛等功效；嫩叶、根状茎可食。

附种　**旋花**（鼓子花、篱天剑）***C. silvatica*** subsp. ***orientalis***，苞片长1.5～3cm；花冠通常白色、淡红或红紫色，长4～7cm；蒴果为宿萼及苞片包被。见于慈溪、余姚、北仑、鄞州、奉化、宁海、象山；生于荒地、路边或山坡林缘。

旋花

* 本科宁波有7属16种1亚种，其中归化4种，栽培5种。本图鉴全部收录。

099 肾叶打碗花 滨旋花

学名 **Calystegia soldanella** (Linn.) R. Br. 属名 打碗花属

形态特征 多年生草本。全体无毛；具横走根状茎；茎平卧，具棱，偶具狭翅。叶互生；叶片肾形至肾心形，1～3.5cm×1.2～5cm，先端微凹或圆钝，具小短尖，全缘或浅波状；叶柄长于叶片。花单生于叶腋；苞片与萼片等长或稍短；花冠淡红色，钟状，长3.5～5cm。蒴果卵球形。花果期5—6月。

生境与分布 见于慈溪、镇海、北仑、鄞州、奉化、宁海、象山；生于滨海沙滩潮上带附近及风成沙丘，也见于泥质、岩质及砾质海滩与堤岸。产于舟山、台州、温州沿海各县（市、区）；分布于辽宁至福建沿海及台湾；广布于亚洲、欧洲温带地区和大洋洲滨海。

主要用途 叶形奇特，花色美丽，可用于滨海地区绿化观赏；根、全草入药，具祛风利湿、化痰止咳之功效；嫩叶可食。

100 南方菟丝子

学名 **Cuscuta australis** R. Br.　　属名 菟丝子属

形态特征　一年生寄生草本。茎缠绕，金黄色，纤细，直径约 1mm，无叶。花于茎侧簇生成小伞形或小团伞花序；花序梗近无；花冠乳白色或淡黄色，杯状，长约 2mm，裂片卵圆形，直立；雄蕊着生于花冠裂片弯缺处；花丝约比花药长 2 倍；花柱 2。蒴果扁球形，直径 3～4mm，下半部为宿存花冠所包，熟时不规则开裂。种子 4，粗糙。花果期 8—10 月。

生境与分布　见于全市各地；寄生于草本或小灌木上。产于全省各地；分布于华东、华中、西南、西北、东北及广东等地；东北亚、东南亚、南亚至大洋洲也有。

主要用途　种子入药，具补肝肾、益精壮阳、止泻之功效；嫩茎、花序可食。

附种　**菟丝子 *C. chinensis***，花冠白色，壶状，长约 3mm，裂片三角状卵形，向外翻曲；雄蕊着生于花冠裂片弯缺稍下处；花丝短；蒴果几全部为宿存花冠所包围，熟时整齐周裂。种子 2～4。见于全市各地；通常寄生于豆科、茄科、菊科和蓼科等草本植物上。

菟丝子

101 金灯藤 无根藤 日本菟丝子

学名 **Cuscuta japonica** Choisy 属名 菟丝子属

形态特征 一年生寄生草本。茎缠绕，肉质，较粗壮，直径1～2mm，黄色，常带紫红色瘤状斑点，多分枝，无叶。花序穗状；花无梗或近无梗；花萼背面常具红紫色小瘤状斑点；花冠白色，钟形，长(3)4～5mm；雄蕊着生于花冠喉部裂片间；花丝无或近无；花柱合生为1。蒴果卵球形，长5～7mm，于近基部周裂。种子1，光滑。花果期8—10月。

生境与分布 见于全市各地；通常寄生于灌木上。产于全省各地；广泛分布于全国各地；东北亚及越南也有。

主要用途 全草或种子入药，功效同南方菟丝子。

102 马蹄金 黄胆草 金钱草

学名 **Dichondra micrantha** Urban　　属名 马蹄金属

形态特征　多年生矮小草本。茎细长，匍匐于地面，长达30～40cm，被细柔毛，节上生根。叶互生；叶片肾形至近圆形，直径0.4～2.2cm，先端钝圆或微凹，基部深心形，全缘，上面近无毛，下面疏被毛；叶柄长(0.5)2～5cm。花1(2)朵，腋生；花梗短于叶柄；花冠黄色，宽钟状；花柱2。蒴果近球形，分果状，有时单个。花期4—5月，果期7—8月。

生境与分布　见于全市各地；生于山坡林边或田边阴湿处；市区有栽培。产于全省各地；分布于长江以南各地；热带、亚热带地区广布。

主要用途　全草入药，具清热、利湿、行气止痛、消炎、解毒等功效；嫩茎叶可食；性耐阴，是优良的观赏地被。

103 飞蛾藤

学名 **Dinetus racemosus** (Roxb.) Sweet　属名 飞蛾藤属

形态特征 多年生缠绕草本。叶互生；叶片卵形或宽卵形，3～11cm×(1.7)3～8cm，先端渐尖或尾尖，基部心形，全缘，两面被毛，基部有7或9条掌状脉，中部以上为羽状脉；叶柄比叶片长。花序总状或圆锥状，腋生，有1至多花；苞片与叶同形；萼片果期膨大如翅状，常带紫褐色，具网脉和3条明显纵脉；花冠白色，漏斗状。蒴果卵球形，光滑。花期8—9月，果期9—10月。

生境与分布 见于全市各地；生于山坡灌丛中。产于全省各地；分布于长江以南各地及湖北、陕西、甘肃；东南亚及印度、尼泊尔也有。

主要用途 全草入药，具解表、消食积之功效。

104 蕹菜 空心菜

学名 **Ipomoea aquatica** Forssk.　属名 番薯属（甘薯属）

形态特征　一年生蔓生草本。旱生或水生，全株光滑。茎中空，节上可生不定根。叶互生；叶片椭圆状卵形、长三角状卵形或长卵状披针形，(2.5)6～10cm×(1.5)4.5～8.5cm，先端渐尖或钝，具小尖头，基部心形、戟形或箭形，全缘或波状；叶柄长。聚伞花序腋生，有1至多花；花冠常为白色或淡紫红色，长4.5～5cm。蒴果卵球形。种子2～4，密被短柔毛。花果期8—11月。

地理分布　原产于我国；分布遍及亚洲热带、非洲、大洋洲。全市各地常见栽培。

主要用途　茎、叶可作蔬菜或作饲料；全草入药，内服可解饮食中毒、清热凉血，外敷治骨折、腹水及无名肿毒。

105 番薯 甘薯 地瓜

学名 **Ipomoea batatas** (Linn.) Lam.　属名 番薯属（甘薯属）

形态特征　多年生蔓生草本。有乳汁；地下具肉质块根，块根形状、皮色、肉色因品种而异。茎粗壮，平卧或上升，多分枝，节上易生不定根。叶互生；叶形多变，通常宽卵形，(3)5～13cm×2.5～10cm，全缘或3、5(7)掌裂，裂片宽卵形、心状卵形至条状披针形，先端渐尖，基部截形至心形。聚伞花序腋生；花冠白色至紫红色，长3.5～4cm。自花授粉者常不结实。花期9—10月。

地理分布　原产于美洲中部热带。全市各地常见栽培。

主要用途　块根、叶柄可食；块根、茎、叶可作饲料；茎、叶入药，具补中益气、生津润燥、止血、排脓、消痈解毒之功效；块根也是加工食品、淀粉和酒精的重要原料。

106 瘤梗甘薯

学名 **Ipomoea lacunosa** Linn.　**属名** 番薯属（甘薯属）

形态特征　多年生草本。有乳汁，无块根。茎缠绕，有时平卧，被稀疏的疣基毛。叶互生；叶片宽卵状心形或心形，先端具尾状尖，上面粗糙，下面光滑，全缘。聚伞花序腋生，具2或3花；花序梗无毛，具明显棱，密生瘤状突起；花冠白色，漏斗状，长约1.5cm。蒴果近球形，中上部具疣基毛，具细尖头，4瓣裂。种子无毛。花果期5—10月。

地理分布　原产于美洲热带。全市各地有归化；多生于田野、丘陵路旁及荒草丛中。

主要用途　本种对本土植物会产生危害，属有害杂草。

附种1　**毛果甘薯** ***I. cordatotriloba***，叶片常3中裂；花冠淡紫红色，长约3cm；蒴果被毛。原产于美洲热带。象山有归化；生于路边灌草丛中。

附种2　**三裂叶薯** ***I. triloba***，叶片宽卵形至圆形，不裂或3浅裂至中裂，稀全缘或有粗齿，两面无毛或散生柔毛；聚伞花序具1或3～8花；花序梗平滑或疏生瘤状突起；花冠淡红色、淡紫红色或白色。原产于美洲热带。全市各地有归化；生境与危害同瘤梗甘薯。

毛果甘薯

三裂叶薯

107 牵牛 裂叶牵牛 喇叭花

学名 **Pharbitis nil** (Linn.) Choisy　　属名 牵牛属

形态特征　一年生缠绕草本。茎被倒向短柔毛及长硬毛。叶互生；叶片宽卵形或近圆形，5～16cm×5～18cm，常3中裂，基部深心形，中裂片长圆形或卵圆形，渐尖或骤尾尖，侧裂片较短，卵状三角形，两面被毛。聚伞花序具1～3花；外萼片条状披针形，被开展刚毛，长2～2.5cm；花冠白色、淡蓝色、蓝紫色至紫红色，长5～8cm。蒴果近球形，3瓣裂或每瓣再2裂。花期7—8月，果期9—11月。

地理分布　原产于美洲热带。全市各地常见栽培或逸生。

主要用途　花美丽，供观赏；种子入药，用于泻下逐水、消炎驱蛔。

附种　**圆叶牵牛**（紫牵牛、毛牵牛）***P. purpurea***，叶片圆心形或宽卵状心形，不裂；外萼片长椭圆形，渐尖，长1.1～1.6cm；花冠长4～5cm。原产于美洲。全市各地有栽培或逸生；常生于荒地或篱间。

圆叶牵牛

108 茑萝 锦屏封

学名 **Quamoclit pennata** (Desr.) Boj. 属名 茑萝属

形态特征 一年生柔弱缠绕草本。茎光滑无毛。叶互生；叶片卵形或长圆形，4～7cm×5.5cm，羽状深裂至近中脉处，裂片条形，基部1对裂成2或3分叉状；叶柄基部具纤细的叶状假托叶。花1～3朵组成聚伞花序，腋生，通常长于叶；花冠深红色，高脚碟状；冠檐5浅裂。蒴果卵球形，4瓣裂。花期7—9月，果期8—10月。

地理分布 原产于南美洲。全市各地有栽培或逸生。

主要用途 供垂直绿化、观赏；根、全草入药，具祛风除湿、通经活络之功效。

附种 **橙红茑萝** ***Q. coccinea***，叶片卵状心形，不裂，全缘或近基部有齿或具少数钝角；聚伞花序具1～5花；花冠橙红色或红色，喉部带黄色；冠檐5深裂。原产于南美洲。慈溪、鄞州、象山有栽培。

橙红茑萝

十六 花荵科 Polemoniaceae*

109 小天蓝绣球 锥花福禄考

学名 **Phlox drummondii** Hook. 属名 天蓝绣球属

形态特征 一年生草本，高25～50cm。茎直立，多分枝；全株密被白色多节柔毛。叶在基部对生，上部互生；叶片卵形、长圆形或披针形，3～9cm×1～2.5cm，先端急尖，基部渐窄，近无柄或稍抱茎，两面疏生多节柔毛，全缘，有缘毛。聚伞花序顶生；花冠玫红色，有时为粉红、紫红、浅黄或白色；裂片先端近圆钝。蒴果椭球形，3瓣裂。花期4—5月，果期5—6月。

地理分布 原产于北美洲。鄞州及市区有栽培。

主要用途 花美丽，供观赏。

附种 针叶天蓝绣球（针叶福禄考）***P. subulata***，多年生矮小草本，高10～15cm；茎丛生，基部匍匐；叶对生或簇生于节上；叶片披针状条形或条形，长0.6～1.2cm，锐尖；花冠裂片先端显著凹入。原产于北美洲东部。北仑及市区有栽培。

针叶天蓝绣球

* 本科宁波有1属2种，均为栽培。本图鉴全部收录。

十七 紫草科 Boraginaceae*

110 琉璃草

学名 **Cynoglossum furcatum** Wall. 属名 琉璃草属

形态特征 二年生草本，高40～80cm。茎直立，中空，单一或数条丛生；全株密生黄褐色短糙毛。基生叶和茎下部叶有柄，叶片椭圆形，3～17cm×0.8～7cm，先端渐尖，基部渐收；茎中部以上叶无柄，长圆状披针形至披针形，3～9cm×0.8～3cm。花序顶生或腋生，常呈钝角稀锐角分叉，无苞片；花梗长1～2mm，果期几不增长；花冠淡蓝色，直径4～6mm，裂片比花冠筒略长，喉部有5梯形或近方形附属物。小坚果4，卵球形，长2～3mm，密生锚状刺。花期5—6月，果期7—8月。

生境与分布 见于余姚、鄞州、奉化、宁海、象山；生于山坡路边。产于全省山区、半山区；分布于长江以南各地；亚洲南部、非洲也有。

主要用途 全草入药，具清热解毒、利尿消肿、活血之功效；嫩茎叶可食。

附种 **日本琉璃草**（鬼琉璃草）***C. asperrimum***，茎上部分枝；花序顶生，锐角至直角分叉；花梗长2～3mm，果期可增长至5mm；花冠直径约3mm；小坚果长约3mm。见于象山（爵溪）；生于滨海沙滩的潮上带、固定沙丘草丛中。为本次调查发现的中国分布新记录植物。

* 本科宁波有11属14种，其中栽培2种。本图鉴收录10属13种，其中栽培1种。

日本琉璃草

111 车前叶蓝蓟

学名 **Echium plantagineum** Linn. 属名 蓝蓟属

形态特征 二年生草本，高20～60cm。茎直立，多分枝；全体被白色糙毛。基生叶莲座状，状似车前，披针状长卵形，长达14cm，先端短渐尖，基部楔形下延，边缘波状，叶脉在上面凹下，网脉明显，背面中脉及侧脉凸起，无柄；茎生叶长圆状披针形，基部略呈耳状，微抱茎；分枝叶较小，长圆状披针形至长三角形。花序穗状；苞片披针状三角形，具多数长刚毛；花冠紫色、蓝紫色或淡紫红色，长1.5～2cm。花期3—7月，果期5—8月。

地理分布 原产于欧洲西部和南部、非洲北部、亚洲西南部。全市各地有栽培。

主要用途 供观赏；嫩枝含双稠吡咯啶类生物碱，对家畜有毒。在澳大利亚和南非已成为入侵植物。

112 厚壳树

学名 **Ehretia acuminata** R. Br.　属名 厚壳树属

形态特征　落叶乔木，高达15m。树皮灰黑色，不规则纵裂；小枝略呈“之”字形曲折。叶互生；叶片倒卵状椭圆形或倒卵形，7～20cm×3～11cm，先端短渐尖或急尖，基部圆形或楔形，边缘有细锯齿，上面有短糙伏毛，下面近无毛或仅脉腋有簇毛。圆锥花序顶生或腋生；花有香气；花冠白色，裂片长于花冠。核果近球形，橘红色，直径3～4mm。花期4—5月，果期7—8月。

生境与分布　见于除江北及市区外全市各地；生于丘陵山区疏林、灌丛中。产于全省山区、半山区；分布于长江以南及山东等地；东南亚、大洋洲北部及日本也有。

主要用途　木材质地坚硬，可作建筑用材；树皮可作染料；嫩叶可食；树皮、木心材、叶入药，树皮具收敛止泻之功效，木心材具破淤生新、止痛生肌之功效，叶具清热解毒、去腐生肌之功效；花白而繁茂，有香气，可供观赏。

113 梓木草

学名 **Lithospermum zollingeri** A. DC.　　属名 紫草属

形态特征　多年生匍匐草本，长15～30cm。茎匍匐，有伸展糙毛；花茎高5～20cm。基生叶倒披针形或匙形，2.5～9cm×0.7～2cm，先端急尖，基部渐狭窄成短柄，全缘，两面被短硬毛；茎生叶较小，常近无柄。聚伞花序长约5cm；花冠蓝色或蓝紫色，花冠筒长0.8～1.1cm，内面上部有5条具短毛的纵褶。小坚果表面光滑。花期4—6月，果期7—8月。

生境与分布　见于慈溪、余姚、北仑、奉化、象山；生于山坡路边、岩石上及林下草丛中。产于杭州及长兴、岱山、普陀、婺城、莲都等地；分布于华中及江苏、安徽、四川、陕西、甘肃；日本及朝鲜半岛也有。

主要用途　全草入药，具温中健胃、消肿止痛之功效；也可点缀于岩石上供观赏。

附种　**麦家公**（田紫草）***L. arvense***，茎直立，多分枝；聚伞花序长12cm；花冠白色，花冠筒长4～5mm，喉部无纵褶；小坚果表面有小瘤状突起。见于北仑、象山；生于滨海沙滩的沙堤内侧、路旁草丛中。

麦家公

浙赣车前紫草

学名 **Sinojohnstonia chekiangensis** (Migo) W.T. Wang 属名 车前紫草属

形态特征 多年生草本，高10～15cm。具根状茎；无走茎；茎与叶柄均被倒向糙伏毛。基生叶数片，有长叶柄；叶片心状卵形，3～12cm×1.5～9cm，先端渐尖，基部心形，全缘，两面密生粗伏毛；茎生叶少数，较小。花冠白色或淡紫色，筒部与檐部近等长或长于檐部，喉部有5梯形鳞片；雄蕊稍伸出花冠外。小坚果4，五面体形，无毛，背面有碗状突起，口部偏斜，边缘延伸成狭翅。花果期4—5月。

生境与分布 见于宁海；生于山坡路边草丛中、山谷溪边及林下阴湿处。产于安吉、临安、淳安、婺城、磐安、江山、衢江等地；分布于江西。

主要用途 全草入药，具清热、利湿、散淤止血之功效。

附种 **短蕊车前紫草** ***S. moupinensis***，植株无根状茎；雄蕊内藏；花冠筒明显短于檐部；小坚果腹面有短毛。见于宁海；生于山坡林下。

短蕊车前紫草

115 盾果草

学名 **Thyrocarpus sampsonii** Hance　　属名 盾果草属

形态特征 一年生草本，高15～40cm。全株有开展糙毛。茎直立或斜升。基生叶多数，匙形，3.5～15cm×0.8～5.5cm，先端急尖，基部渐窄成带翼叶柄；茎生叶渐小，狭长圆形或倒披针形，近无柄。花序狭长，有狭卵形至披针形叶状苞片；花冠紫色或蓝色，喉部有5附属物。小坚果基部膨大，密生瘤状突起，上部有2层直立的碗状突起，着生面居果的腹面顶部。花果期4—8月。

生境与分布 见于慈溪、余姚、镇海、北仑、鄞州、奉化、宁海、象山；生于山坡路旁或石山灌丛中。广布于全省山区、半山区；分布于华东、华中、西南、西北及广东、广西等地；越南也有。

主要用途 全草入药，具清热解毒、消肿之功效。

116 细叶砂引草

学名 **Tournefortia sibirica** Linn. var. **angustior** (DC.) G.L. Chu et Gilbert 属名 砂引草属

形态特征 多年生草本，高 10～20cm。根状茎细长；茎常分枝，具白色长柔毛。叶螺旋状互生；叶片狭条形至条状披针形，1～3.5cm×0.2～1cm，先端圆钝，基部楔形，近无柄，两面密被白色紧贴长硬毛。聚伞花序伞房状，常 2 叉状分枝，花小而密集；花冠白色，花冠筒长 5～6mm，外面密生细毛。小坚果宽椭球形，有毛，先端内凹。花果期 5—8 月。

生境与分布 资料记载北仑有分布，生于滨海沙滩潮上带附近，但本次调查未见，可能其分布地因建造码头等人为开发而遭到了破坏。产于定海、岱山；分布于华东、华北、西北、东北及河南等地。俄罗斯西伯利亚地区也有。

主要用途 耐干旱、盐碱，花色洁白，可作沙滩绿化。

117 附地菜

学名 **Trigonotis peduncularis** (Trevir.) Steven ex Palib. 属名 附地菜属

形态特征 一年生草本，高10～35cm。茎细弱，直立或渐升，单一或分枝呈丛生状；茎、叶有短糙伏毛。基生叶密集，叶片椭圆状卵形、椭圆形或匙形，0.8～3cm×0.5～1.5cm，先端钝圆，有突尖，基部近圆形，有长柄；茎下部叶似基生叶，中部以上叶近无柄。聚伞花序顶生似总状，果时伸长，基部有2或3苞片；花冠淡蓝色，喉部黄色，有5附属物。小坚果4，三角状四面体形，具锐棱，着生面居果的腹面基部之上。花果期3—6月。

生境与分布 见于全市各地；生于平原地边、田边、沟边、路旁、湿地上及山坡荒地草丛中。产于全省各地；分布于全国各地；亚洲温带及欧洲东部也有。

主要用途 全草入药，具清热解表、消炎止痛之功效；嫩苗可食。

附种1 柔弱斑种草（细叠子草，斑种草属）***Bothriospermum zeylanicum***，叶片狭椭圆形或长圆状椭圆形，先端急尖，基部楔形；常每小花具叶状苞片；小坚果肾形，密生小疣状突起，着生面居果的腹面基部。见于除市区外全市各地；生于荒地及山坡草地上。

附种2 皿果草（皿果草属）***Omphalotrigonotis cupulifera***，多年生草本，无基生叶；花序无苞片；小坚果光滑，背面有1层碗状突起，着生面居果的腹面中部之下。见于余姚、鄞州、奉化、宁海、象山；生于林缘、草丛中或溪沟边。

柔弱斑种草

皿果草

十八 马鞭草科 Verbenaceae*

118 南方紫珠

学名 **Callicarpa australis** Koidz. 属名 紫珠属

形态特征 落叶小乔木或灌木，高达6m。小枝粗壮，无毛，皮孔明显。叶对生；叶片厚纸质，倒卵形、卵形或椭圆形，12～18cm×6～8cm，先端急尖，基部楔形至宽楔形，两面无毛，下面有明显黄色腺点，边缘有细锯齿；叶柄较粗壮，略呈三棱形，长约1cm。聚伞花序生于叶腋稍上方，3～7次分歧，果时宽3.5～4cm；花冠淡紫色，裂片反卷；花丝直立，药室孔裂，黄色。果实球形，直径3～4mm，熟时紫红色。花期6月，果期10—11月。

生境与分布 见于象山（韭山列岛）；生于滨海山坡林缘、路边灌草丛中；产于普陀、岱山、临海；朝鲜半岛及日本也有。为本次调查发现的中国分布新记录植物。

主要用途 花果俱美，抗逆性强，可供观赏。

* 本科宁波有8属33种3变种2品种，其中栽培9种2品种。本图鉴收录7属28种3变种1品种，其中栽培5种1品种。

119 华紫珠

学名 **Callicarpa cathayana** H.T. Chang　　属名 紫珠属

形态特征 落叶灌木，高1～3m。小枝纤细；嫩枝与花序梗有星状毛。叶对生；叶片卵状椭圆形至卵状披针形，4～10cm×1.5～4cm，先端长渐尖，基部楔形下延，两面近无毛而有红色或红褐色细粒状腺点，边缘密生钝锯齿；叶柄长4～8mm。聚伞花序纤细，3或4次分歧，略有星状毛；花冠淡紫红色；花丝与花冠近等长或略长；药室孔裂。果实球形，熟时紫色。花期6—8月，果期9—11月。

生境与分布 见于全市各地；生于山沟或山坡灌丛中；市区有栽培。产于全省丘陵山区；分布于华东、华中及广东、广西、云南等地。

主要用途 叶、根、果入药，具清热凉血、止血、散淤之功效；花、果美丽，可供观赏。

附种 紫珠 *C. bodinieri*，小枝、叶背、花序及花萼均密被星状毛；叶背有暗红色腺点；聚伞花序4或5次分歧；花丝长近花冠的2倍；药室纵裂。见于余姚、北仑、鄞州、奉化、宁海、象山；生于林中、林缘或灌丛中。

紫珠

120 白棠子树

学名 **Callicarpa dichotoma** (Lour.) K. Koch　　属名 紫珠属

形态特征 落叶灌木，高 1～2.5m。小枝略呈四棱形，淡紫红色，嫩梢略有星状毛。叶对生；叶片倒卵形，3～6cm×1～2.5cm，先端急尖至渐尖，基部楔形，边缘上半部疏生锯齿，两面近无毛，下面密生下凹的黄色腺点；叶柄长 2～5mm。聚伞花序 2 或 3 次分歧；花序梗长 1～1.5cm；花冠淡紫红色，无毛；花丝长约为花冠的 2 倍；药室纵裂。果实球形，紫色，直径约 2mm。花期 6—7 月，果期 9—11 月。

生境与分布 见于全市各地；生于低山丘陵溪沟边和山坡灌丛中。产于全省山区、半山区；分布于华东、华中及贵州、广东、广西、河北；日本、越南也有。

主要用途 叶、根、果入药，具清热、凉血、止血之功效；叶可提取芳香油；花、果美丽，可供观赏。

附种 **日本紫珠 *C. japonica***，小枝圆柱形；叶片稍大，7～11cm×3～5cm，下面无腺点或黄色腺点不明显；叶柄长 5～8mm；花序梗与叶柄等长或略短；花丝与花冠几等长；药室孔裂；果实直径约 4mm。见于余姚、北仑、宁海；生于沟边林中或山坡灌丛中。

日本紫珠

121 杜虹花

学名 **Callicarpa formosana** Rolfe　　属名 紫珠属

形态特征　落叶灌木，高 1～3m。小枝、叶背面、叶柄和花序均密被黄褐色星状毛和分枝毛。叶对生；叶片卵状椭圆形或椭圆形，6～15cm×3～8cm，先端渐尖，基部钝或圆形，边缘有细锯齿或仅有小尖头，下面被黄色腺点；叶柄粗壮，长 0.8～1.2cm。聚伞花序 4 或 5 次分歧；花序梗长 1.5～3cm；花冠淡紫色；花丝长近花冠的 2 倍；药室纵裂。果实近球形，紫色。花期 6—7 月，果期 9—11 月。

生境与分布　见于除慈溪外全市各地；生于山坡、沟谷灌丛中。产于浙东南沿海各地及丽水；分布于华东、华南及云南；菲律宾也有。

主要用途　根、叶入药，具散淤消肿、止血镇痛之功效；花果俱美，可供观赏。

122 老鸦糊

学名 **Callicarpa giraldii** Hesse ex Rehd. 属名 紫珠属

形态特征 落叶灌木，高1～4m。小枝灰黄色；小枝、叶下面及花各部疏被星状毛。叶对生；叶片宽椭圆形至披针状长圆形，6～15(19)cm×3～6cm，先端渐尖，基部楔形、宽楔形或下延成狭楔形，边缘有锯齿或小齿，上面近无毛，下面密被黄色腺点；叶柄长1～2cm。聚伞花序4或5次分歧；花序梗长0.5～1cm；花冠紫色；药室纵裂。果实球形，紫色。花期5—6月，果期10—11月。

生境与分布 见于慈溪、余姚、北仑、鄞州、奉化、宁海、象山；生于疏林和灌丛中。产于全省山区、半山区；分布于黄河以南各地。

主要用途 全株入药，具祛风除湿、散淤解毒、止血之功效；花、果美丽，可供观赏。

附种 **毛叶老鸦糊** var. ***subcanescens***，小枝、叶背及花各部分均密被灰色星状毛。见于余姚、北仑；生于疏林和灌丛中。

毛叶老鸦糊

123 全缘叶紫珠 鸦鹊饭

学名 **Callicarpa integerrima** Champ.　　属名 紫珠属

形态特征 落叶攀援灌木。小枝粗壮；嫩枝、叶背面、叶柄和花序密生黄褐色星状分枝茸毛，花梗、花萼和子房均被星状毛。叶对生；叶片卵圆形，7～15cm×4～9cm，先端急尖或短渐尖，基部宽楔形至浑圆，全缘；叶柄长1.5～2.5cm。聚伞花序7～9次分歧；花序梗长2.5～4.5cm；花冠紫色；雄蕊长过花冠的2倍；药室纵裂。果实近球形，紫色。花期7月，果期9—11月。

生境与分布 见于鄞州、奉化、宁海、象山；生于低山沟谷或山坡林中。产于温州、台州、丽水及建德等地；分布于江西、福建、广东、广西等地。

主要用途 根、叶入药，具清热凉血、止血之功效；花果俱美，可供观赏。

附种 **藤紫珠**（裴氏紫珠）var. ***chinensis***，叶下面毛被较薄，腺点明显可见；花梗、花萼和子房无毛。见于鄞州、奉化、宁海、象山；生于谷地、溪边及山坡林中。

藤紫珠

124 枇杷叶紫珠 野枇杷

学名 **Callicarpa kochiana** Makino　　属名 紫珠属

形态特征 落叶灌木，高1～4m。小枝、叶背、叶柄和花序密生黄褐色分枝茸毛。叶对生；叶片长椭圆形、卵状椭圆形或长椭圆状披针形，11～20cm×4～9cm，先端渐尖或短渐尖，基部楔形，边缘有细锯齿，两面被不明显的浅黄色腺点。聚伞花序3～5次分歧；花冠淡红色或淡紫红色；雄蕊伸出花冠外；药室纵裂。果实球形，白色。花期7—8月，果期10—12月。

生境与分布 见于北仑、宁海、象山；生于海拔300m以下的沟谷林下或灌丛中。产于温州、丽水及仙居；分布于华东、华中及广东；日本、越南也有。

主要用途 叶、根入药，具清热、收敛、止血之功效；叶可提取芳香油；果带甜味，可食；花色淡紫，果色洁白，可供园林观赏。

125 红紫珠

学名 **Callicarpa rubella** Lindl.　　属名 紫珠属

形态特征　落叶灌木，稀小乔木，高2～3(6)m。小枝、花序被黄褐色星状毛和多节腺毛。叶对生；叶倒卵形或倒卵状椭圆形，10～18(22)cm×4～8(10)cm，先端尾尖或渐尖，基部心形，两侧耳垂状，边缘具锯齿或不整齐的粗齿，上面被短毛，下面密被灰白色星状毛和黄色腺点；叶柄短于4mm。聚伞花序；花序梗长2～3cm；花冠淡紫红色、淡黄绿色或白色；药室纵裂。果实球形，紫红色。花期7—8月，果期10—11月。

生境与分布　见于余姚、北仑、鄞州、奉化、宁海；生山海拔250～700m的山坡、沟谷林中和灌丛中。产于除湖州、嘉兴、舟山外全省山区、半山区；分布于华东、华南、西南及湖南；东南亚及印度也有。

主要用途　全草或叶、根入药，具清热凉血、祛风止痛之功效；花果俱美，可供观赏。

附种　**秃红紫珠 *C. subglabra***，全体无毛，枝稍带紫褐色；叶片基部浅心形至圆形，不呈耳垂状，边缘具锯齿；叶柄长达6mm。见于余姚、北仑、鄞州、奉化、宁海、象山；生于海拔300～800m的山坡、沟谷林中和灌丛中。

秃红紫珠

126 兰香草

学名 **Caryopteris incana** (Thunb. ex Houtt.) Miq.　　属名 莸属

形态特征　直立半灌木，高20～80cm。枝圆柱形，略带紫色，被向上弯曲的灰白色短柔毛。叶对生；叶片卵状披针形或长圆形，1.5～6cm×0.8～3cm，先端钝圆或急尖，基部宽楔形或近圆形至截形，边缘有粗齿，两面密被稍弯曲的短柔毛。聚伞花序紧密；花冠淡紫色或紫蓝色，下唇裂片边缘流苏状。果实上半部被粗毛。花果期8—11月。

生境与分布　见于全市各地；生于较干燥的草坡、林缘及路旁。产于全省山区、半山区；分布于华东、华中及广东、广西；日本及朝鲜半岛也有。

主要用途　根、全草入药，根具行气祛湿之功效，全草具祛风除湿、止咳、散淤消肿、止痛、止血之功效；花色艳丽，为优良观赏植物。

附种　**金叶莸** ***C.*** × ***clandonensis*** **'Worcester Gold'**，叶片鹅黄色，上面光滑，下面密生灰白色茸毛。鄞州有栽培。

金叶莸

127 单花莸

学名 **Caryopteris nepetifolia** (Benth.) Maxim.　属名 莸属

形态特征　多年生蔓性草本，高 10～50cm。茎基部木质化；枝四棱形，被向下弯曲柔毛。叶对生；叶片宽卵形至近圆形，1.5～4.5cm×1～3.5cm，先端钝，基部宽楔形至圆形，边缘具 4～6 对钝齿，两面均被柔毛和腺点。花单生于叶腋；花冠蓝白色，有紫色条纹和斑点，下唇全缘。果瓣被粗毛。花果期 4—8 月。

生境与分布　见于慈溪、余姚、北仑、鄞州、奉化、宁海、象山；生于阴湿山坡、林缘及沟边。产于杭州、金华及诸暨、天台、龙泉等地；分布于华东。模式标本采自宁波。

主要用途　全草入药，具祛暑解表、利尿解毒、止血、镇痛之功效；嫩茎叶可食。

128 臭牡丹

学名 **Clerodendrum bungei** Steud. 属名 大青属

形态特征 落叶灌木，高约1m。植株有臭味。幼枝有短柔毛，皮孔明显。叶对生；叶片宽卵形或卵形，8～16cm×6～12cm，先端急尖或渐尖，基部通常心形，边缘具粗锯齿或小齿，两面被毛，下面基部脉腋有数个盘状腺体；叶柄常有短柔毛和细小腺体。顶生聚伞花序密集成头状；花萼裂片三角形或狭三角形，长1.5～3mm；花冠淡红色或紫红色。核果近球形，熟时蓝黑色。花期6—7月，果期9—11月。

生境与分布 见于全市各地；生于山坡荒地、路边和屋舍旁；市区有栽培。产于杭州、温州、衢州、台州、金华及诸暨、上虞、缙云、普陀、莲都等地；除东北外，分布几遍全国；越南、马来西亚、印度北部等也有。

主要用途 根、茎、叶或全草入药，具行血散淤、消肿解毒、收敛止血之功效；嫩茎叶可食；花美丽，可供观赏。

附种 尖齿臭茉莉 ***C. lindleyi***，花萼裂片披针形或条状披针形，长4～7mm。见于余姚、奉化、象山；生于海拔200m以下的山坡路旁或村落、屋舍旁。

尖齿臭茉莉

129 大青

学名 **Clerodendrum cyrtophyllum** Turcz.　属名 大青属

形态特征　落叶灌木或小乔木，高 1～6m。枝黄褐色，髓充实。叶对生；叶片揉碎有臭味，椭圆形、卵状椭圆形或长圆状披针形，8～20cm×3～8cm，先端渐尖或急尖，基部圆形或宽楔形，萌芽枝之叶有锯齿，结果枝之叶常全缘，两面沿脉疏生短柔毛。伞房状聚伞花序；花序梗纤细，常略呈披散状下垂；花冠白色。果实球形至倒卵球形，熟时蓝紫色。花果期 7—12 月。

生境与分布　见于全市各地；生于平原、丘陵、山地林下或溪谷边。产于全省各地；分布于长江以南各地；朝鲜半岛及越南、马来西亚也有。

主要用途　叶、根入药，具清热、凉血、解毒之功效；嫩茎叶可食。

130 海州常山 臭梧桐

学名 **Clerodendrum trichotomum** Thunb. 属名 大青属

形态特征 落叶灌木，稀小乔木，高1～6m。幼枝、叶柄及花序多少被柔毛；髓有淡黄色薄片状横隔。叶对生；叶片纸质，卵形、卵状椭圆形，稀宽卵形，6～16cm×3～13cm，先端渐尖，基部截形或宽楔形，全缘或有波状齿；伞房状聚伞花序疏展，排列在花序主轴上；花芳香，花萼蕾时绿白色，果时紫红色，长约1.2cm；花冠白色，花冠筒长2cm。核果近球形，熟时蓝紫色。花果期7—12月。

生境与分布 见于全市各地；生于山坡路旁或村边。产于全省各地。分布于除内蒙古、新疆、西藏外全国各地；东南亚、朝鲜半岛及日本也有。

主要用途 根、叶或全草入药，具祛风湿、截疟、止痛之功效；嫩茎叶可食。

附种 浙江大青（凯基大青）***C. kaichianum***，嫩枝与叶柄、花序均密被黄褐色、褐色或红褐色短柔毛；叶片厚纸质，下面基部脉腋有数个盘状腺点；花序无主轴，花序梗粗壮；花萼长约3mm；花冠筒长1～1.5cm；核果熟时蓝绿色。见于北仑、奉化；生于山谷、山坡阔叶林中或溪沟边。

浙江大青

131 马缨丹 五色梅

学名 **Lantana camara** Linn. 属名 马缨丹属

形态特征 直立或半蔓性灌木，高达1m。小枝有柔毛和短钩状皮刺。叶对生；叶片卵形至卵状长圆形，4～9cm×2～6cm，先端急尖，基部宽楔形至平截而略楔状下延，边缘有锯齿，两面有小刚毛；叶柄长1～3cm。头状花序顶生或腋生，直径约2cm；花序梗远长于叶柄；花冠黄色或橙黄色，后变深红色，5浅裂，裂片平展。果实球形，熟时紫黑色。花期5—10月，果期10—12月。

地理分布 原产于美洲热带地区。全市各地有栽培。

主要用途 根、枝叶入药，根可治感冒高热、颈淋巴结核、腮腺炎、风湿骨痛及跌打损伤等，枝叶外治湿疹、皮炎及皮肤瘙痒等；花色多变，为优良观花植物。

132 豆腐柴 臭黄荆 腐婢

学名 **Premna microphylla** Turcz. 属名 豆腐柴属

形态特征 落叶灌木。幼枝有向上柔毛。叶对生；叶片揉碎有黏汁及特殊气味，卵状披针形、椭圆形或卵形，4～11cm×1.5～5cm，先端急尖或渐尖，基部楔形下延，边缘近中部以上有疏锯齿或全缘。聚伞花序组成顶生塔形圆锥花序；花冠淡黄色，外面有短柔毛和腺点，4浅裂。核果倒卵球形至近球形，熟时紫黑色。花期5—6月，果期8—10月。

生境与分布 见于全市各地；生于山坡林下或林缘。产于全省山区、半山区；分布于华东、华中、华南及四川、贵州等地；日本也有。模式标本采自宁波。

主要用途 嫩叶可制豆腐，供食用，也可提取果胶；根、茎、叶入药，具清热解毒、消肿止痛、收敛止血之功效。

133 美女樱

学名 **Verbena hybrida** Voss　　属名 马鞭草属

形态特征　多年生草本，高约40cm。全株被灰白色长毛。茎四棱形。叶对生；叶片长圆形或三角状披针形，3～7cm×1.5～3cm，先端急尖，基部楔形下延于叶柄，边缘有缺刻状圆锯齿，两面均被灰白色糙伏毛；叶柄短。穗状花序短缩，生于枝顶；花萼长1～1.5cm；花冠紫色、红色或白色，长2～2.5cm；雄蕊内藏。果实圆柱形，有明显网纹。花果期5—10月。

地理分布　原产于南美洲。全市各地有栽培。

主要用途　花美丽，供观赏。

附种1　**细叶美女樱** ***V. tenera***，叶片二或三回羽状全裂，裂片条形，被毛较稀；花较小，花萼长约7mm，花冠长约1.2cm。原产于巴西。全市各地有栽培。

附种2　**加拿大美女樱** ***V. canadensis***，叶片二或三回羽状深裂，裂片宽披针形。原产于美洲。全市各地有栽培。

细叶美女樱

加拿大美女樱

马鞭草

学名 **Verbena officinalis** Linn.　　属名 马鞭草属

形态特征　多年生草本，高 30～80cm。茎四棱形，节和棱上有硬毛。叶对生；叶片卵圆形至长圆状披针形，2～8cm×1.5～5cm，基生叶边缘有粗锯齿和缺刻，茎生叶 3 深裂或羽状深裂，裂片边缘有不整齐锯齿，两面均有硬毛，基部楔形下延于叶柄。穗状花序细弱，开花时伸长；花冠淡紫色。果实椭球形。花果期 4—10 月。

生境与分布　见于全市各地；生于山脚地边、路旁或村边荒地。产于全省各地；分布于除东北地区及内蒙古外全国各地；全世界温带至热带地区也有。

主要用途　全草入药，具清热解毒、利尿消肿、破血通经、截疟之功效；嫩茎叶可食。

附种　**柳叶马鞭草** ***V. bonariensis***，茎高 1～1.5m，营养枝茎生叶长卵形，开花枝茎生叶条状披针形，不裂，边缘有粗锯齿；聚伞花序，部分杂交品种的花序界于聚伞与穗状之间。原产于南美洲。慈溪、余姚、江北、鄞州及市区有栽培。

柳叶马鞭草

135 牡荆

学名 **Vitex negundo** Linn. var. **cannabifolia** (Sieb. et Zucc.) Hand.-Mazz.　属名 牡荆属

形态特征　落叶灌木，高1～3m。小枝四棱形，密被灰黄色短柔毛。掌状复叶对生，小叶3或5；小叶片长椭圆状披针形，中间小叶片较大，6～13cm×2～4cm，两侧依次渐小，先端渐尖，基部楔形，边缘常具粗锯齿，稀全缘，下面淡绿色，疏生短柔毛；圆锥状聚伞花序顶生，长可超过20cm，排列较稀疏；花冠淡紫色；雄蕊4。核果干燥，近球形，黑褐色。花果期6—11月。

生境与分布　见于全市丘陵山区；生于山坡、谷地灌丛或林中。产于全省山区、半山区；分布于秦岭、淮河以南各地；亚洲东南部、非洲东部和南美洲也有。

主要用途　全株及叶油入药，具祛风化痰、下气、止痛之功效；嫩叶可食。

附种1　**黄荆** ***V. negundo***，小叶片全缘或每边有1或2对粗锯齿，叶背面灰白色，密被细茸毛；花序长约12cm。见于慈溪、镇海、象山；生于山坡灌丛中。

附种2　**穗花牡荆** ***V. agnus-castus***，小枝被灰白色茸毛；小叶4～7，狭披针形，全缘，背面密被灰白色茸毛和腺点；花序长8～18cm，排列紧密，雄蕊4或5。原产于欧洲。江北有栽培。

黄荆

穗花牡荆

136 单叶蔓荆

学名 **Vitex rotundifolia** Linn. f.　　属名 牡荆属

形态特征　落叶灌木。茎匍匐，长可达 5m，节处常生不定根。小枝四棱形，密生细柔毛，老枝圆柱形。叶背、叶柄、花序、花序梗及花萼外面均密被灰白色短茸毛。单叶对生；叶片倒卵形至近圆形，2～4.5cm×1.5～3.5cm，先端通常钝圆，基部楔形至宽楔形，全缘。圆锥花序顶生；花冠淡紫色、蓝紫色，稀淡粉色。核果近球形，熟时黑色。花果期 7—11 月。

生境与分布　见于除余姚、江北外全市各地；生于滨海沙滩潮上带、风成沙丘、沙堤上，偶见于砾石滩潮上带、岩质海岸石缝中。产于舟山、台州、温州沿海各县（市、区）；分布于华东及河北、辽宁、广东；东南亚、太平洋岛屿及日本、印度也有。

主要用途　叶、果实入药，果具疏散风热、清利头目之功效，叶具凉血止血、化淤止痛之功效；耐干旱及盐碱，可作滨海防沙绿化树种。

十九　唇形科 Labiatae*

137 藿香

学名 **Agastache rugosa** (Fisch. et Mey.) Kuntze　属名 藿香属

形态特征　多年生草本，高 0.5～1m。全株有强烈香味。茎四棱形，粗壮，具细短毛。叶对生；叶片心状卵形或长圆状披针形，3～10cm×1.5～6cm，先端尾状渐尖，基部近心形，边缘具粗齿，下面脉上有柔毛，密生凹陷腺点。轮伞花序多花，密集成顶生穗状花序；花冠淡紫色或淡红色，长约 8mm。小坚果卵状椭球形，腹面具棱。花期 6—10 月，果期 9—11 月。

生境与分布　见于象山；生于沟谷疏林下；全市各地有栽培。产于全省各地；全国各地广泛分布；东北亚及北美洲也有。

主要用途　芳香油植物；全草入药，具祛暑解表、化湿和胃之功效；叶片可作野菜；花美丽，可供观赏。

* 本科宁波有 33 属 84 种 1 亚种 11 变种 3 变型 3 品种，其中归化 3 种，栽培 22 种 2 变种 3 品种。本图鉴收录 29 属 71 种 1 亚种 8 变种 3 变型 1 品种，其中归化 3 种，栽培 14 种 1 变种 1 品种。

138 金疮小草 白毛夏枯草

学名 **Ajuga decumbens** Thunb. 属名 筋骨草属

形态特征 多年生草本，高 10～20cm。具短根状茎。茎四棱形，基部分枝成丛生状，伏卧，老茎紫绿色。基生叶较大，花时常存在；茎生叶数对，叶片匙形、倒卵状披针形或倒披针形，3～7.5cm×1.5～3cm，先端钝至圆形，基部渐狭，下延成翅柄，边缘具不整齐的波状圆齿。轮伞花序多花，腋生，排成间断的假穗状花序；花冠白色带紫脉或紫色；花冠筒基部略膨大，外面疏生柔毛，内面近基部有毛环。小坚果长约 2mm。花期 3—6 月，果期 5—8 月。

生境与分布 见于全市各地；生于溪沟边、路旁、林缘及湿润草丛中。产于全省各地；分布于长江以南各地；朝鲜半岛及日本也有。

主要用途 全草入药，具清热解毒、凉血平肝、止血消肿之功效。

附种 **紫背金盘** ***A. nipponensis***，植株近直立，稍带紫色；基生叶花时常不存在；叶片宽椭圆形或卵状椭圆形，下面常带紫色；轮伞花序生于茎中部以上，稍密集。见于慈溪、余姚、北仑；生于溪沟边、路旁、林缘及疏林下。

紫背金盘

139 毛药花

学名 **Bostrychanthera deflexa** Benth.　　属名 毛药花属

形态特征　多年生草本，高达1m。茎四棱形，具深槽，密被倒向短硬毛。叶对生；叶片狭披针形或长椭圆状披针形，6～20cm×1.3～6.5cm，先端渐尖或尾状渐尖，基部楔形、宽楔形或圆形，上面有短硬毛，下面脉上有毛，边缘具锯齿；叶柄极短或无。聚伞花序腋生，具5～11花；花冠紫红色，长约3cm，花冠筒中上部变粗，上唇远较下唇短；花药密被毛束。小坚果近球形。花期8—9月，果期10—11月。

生境与分布　见于宁海；生于海拔500～600m的阴湿沟谷阔叶林或毛竹林下。产于温州、丽水及德清、临安、淳安、新昌、东阳、衢江、天台；分布于华东、西南及湖北、广东、广西。

主要用途　花大艳丽，可供观赏；全草入药，具清热解毒、活血止痛之功效。

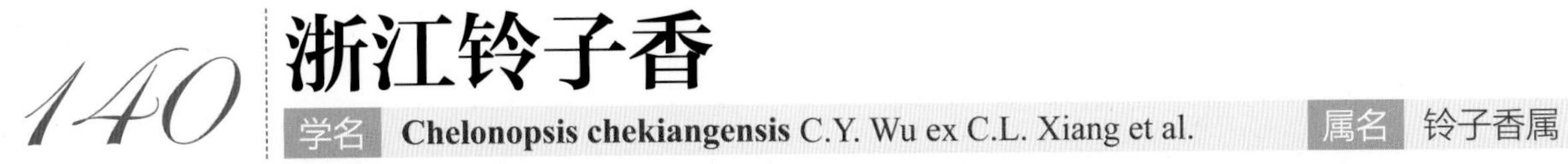

140 浙江铃子香

学名 **Chelonopsis chekiangensis** C.Y. Wu ex C.L. Xiang et al.　属名 铃子香属

形态特征　多年生草本，高约60cm。具根状茎。茎直立，钝四棱形，具槽，多少具硬毛。叶对生；叶片椭圆形或披针形，8～17.5cm×3～7cm，先端渐尖，基部宽楔形，边缘有浅锐锯齿，两面脉上有具节硬毛，下面侧脉明显弧状网结，有不明显腺点。聚伞花序腋生，具3～5花；花萼在花后囊状增大，长可达2cm，具10脉；花冠鲜紫色，长3～4cm，花冠筒直伸，上唇不明显。小坚果椭球形，具长翅。花期8月，果期9—10月。

生境与分布　见于余姚、北仑；生于海拔300～600m的沟谷阔叶林下。产于安吉、临安、诸暨、嵊州、天台等地；分布于安徽、江西。

主要用途　花色艳丽，可供观赏；全草入药，具散风寒、通经络、消食积等功效。

141 风轮菜

学名 **Clinopodium chinense** (Benth.) Kuntze 属名 风轮菜属

形态特征 多年生草本，高 20～80cm。茎四棱形，基部匍匐，幼时密被白色具节柔毛，老时仅棱上有毛。叶对生；叶片卵形或长卵形，稀宽卵形，1.5～5cm×0.5～3cm，先端急尖或稍钝，基部圆形或宽楔形，边缘具整齐锯齿，两面被平伏柔毛。轮伞花序腋生，密集多花；苞片钻形，极细，无明显中脉；花萼长 4.5～6mm，具柔毛；花冠淡红或紫红色，长 6～9mm。小坚果近球形。花期 5—10 月，果期 6—11 月。

生境与分布 见于全市各地；生于路旁或草丛中。产于全省各地；分布于华东、华中及四川、贵州、广东、广西；日本也有。

主要用途 全草入药，具清凉解毒、凉血止血、止痢之功效；嫩茎叶可食。

附种 **麻叶风轮菜**（风车草）***C. urticifolium***，苞片叶状，条状，具明显中脉；花萼长 7～8mm；花冠长 10～12mm。见于余姚、象山；生于山坡路边及灌草丛中。

麻叶风轮菜

细风轮菜 瘦风轮

学名 **Clinopodium gracile** (Benth.) Matsum.　属名 风轮菜属

形态特征　多年生纤细草本，高 8～25cm。具白色纤细根状茎。茎分枝，柔弱上升，四棱形，被倒向短柔毛，棱上尤密。叶对生；叶片卵形，1～3cm×0.8～2cm，先端钝或急尖，基部圆形或宽楔形，上面近无毛，下面脉上疏生短毛，边缘具锯齿。轮伞花序组成顶生短总状花序；苞叶针状；花萼果时增大，基部一侧膨大，不等宽，萼筒脉上有短硬毛，萼齿均具睫毛；花冠粉红色或淡紫色。小坚果卵球形。花果期 3—8 月。

生境与分布　见于全市各地；生于山坡路旁、沟边、草地及墙脚草丛中。产于全省各地；分布于秦岭以南各地；东南亚及日本、印度也有。

主要用途　全草入药，具清热解毒、消肿止痛之功效；嫩茎叶可食。

附种　**光风轮菜**（邻近风轮菜）***C. confine***，茎近无毛或仅在茎棱上疏生微柔毛；叶两面无毛；轮伞花序稍多花，常腋生；苞片叶状；萼筒等宽，仅下唇 2 裂齿边缘具睫毛，余无毛。见于全市各地；生于海拔 500m 以下的路旁、田边、草地及墙脚边。

光风轮菜

五彩苏 彩叶草

学名 **Coleus scutellarioides** (Linn.) Benth. 属名 鞘蕊花属

形态特征 多年生草本。茎、叶被微柔毛；茎常紫色，四棱形。叶对生；叶片卵圆形，4～10cm×2.5～7cm，先端钝或短渐尖，基部宽楔形至圆形，边缘具圆齿，色泽多样，黄色、暗红、紫色及绿色，下面常散布红褐色腺点。轮伞花序多花，密集成圆锥花序。花冠浅紫色、紫色或蓝色，长 8～13mm，花冠筒下弯。小坚果具光泽。花期 7—9 月，果期 8—10 月。

地理分布 原产于亚太热带地区。全市各地有栽培。

主要用途 叶色鲜艳明亮，极富变化，为优良观叶植物；叶入药，具消炎、消肿、解毒之功效。

144 绵穗苏

学名 **Comanthosphace ningpoensis** (Hemsl.) Hand.-Mazz. 属名 绵穗苏属

形态特征 多年生草本，高 0.6～1m。茎直立，近无毛，上部钝四棱形。叶对生；叶片椭圆形或宽椭圆形，7～24cm×3～14cm，先端渐尖或尾状，基部楔形，边缘有锯齿，两面疏生脱落性星状毛，下面散生淡黄色腺点。穗状花序常顶生；花序轴、花梗及花各部均被星状白茸毛；花冠淡红色至紫色，内面中部有宽大密集毛环。小坚果具金黄色腺点。花期 8—9 月，果期 10—11 月。

生境与分布 见于全市丘陵山区；生于山坡林下、溪旁及草丛中。产于杭州、丽水及安吉、德清、磐安、天台、三门等地；分布于江西、湖南、贵州等地。模式标本采自宁波。

主要用途 全草入药，具祛风发汗、清热解毒、止血之功效；花美丽，可供观赏。

145 水虎尾

学名 **Dysophylla stellata** (Lour.) Benth. 属名 水蜡烛属

形态特征 一年生草本，高30～40cm。茎中部以上具轮状分枝，有时节上被短毛。叶3～8片轮生；叶片条形，2～7cm×1.5～4mm，先端急尖，基部渐狭，边缘具疏齿或几无齿，下面灰白色；无柄。轮伞花序密集成连续穗状花序，长0.5～4.5cm，直径约0.6cm；苞片明显长于花萼；花萼密被灰色茸毛，果时增大；花冠紫红、粉红或近白色，长1.8～2mm；花丝疏被白色髯毛。小坚果极小。花期8—10月，果期10—11月。

生境与分布 见于北仑、鄞州；生于低海拔山脚水塘草丛中或茭白田中。产于杭州市区、衢江、天台、临海、云和等地；分布于华东、华南及湖南、云南；东南亚、南亚及日本、澳大利亚也有。

主要用途 全草入药，具行气止痛、散淤消肿之功效；植株清秀，花序紫色或粉色，可供湿地美化。

附种 水蜡烛 ***D. yatabeana***，多年生草本；茎通常不分枝；叶3或4片轮生，披针形至条形，宽3～8mm；花序长2.8～7cm，直径约1.5cm；苞片与花萼几等长；花冠紫红色，长4～5mm；花丝中下部密被淡紫色髯毛。见于鄞州；生于低海拔田沟草丛中。

水蜡烛

146 紫花香薷

学名 **Elsholtzia argyi** Lévl.　　属名 香薷属

形态特征　一年生草本，高 0.5～1m。茎上部钝四棱形，紫色，具槽；茎、叶柄、花梗、苞片背面及边缘均具白色短柔毛。叶对生；叶片卵形至宽卵形，1.7～5.5cm×0.9～4cm，先端短渐尖或渐尖，基部宽楔形至截形，边缘具圆锯齿，上面疏生柔毛，下面沿脉有短柔毛，密生淡黄色凹陷腺点；叶柄长 0.5～3cm。轮伞花序密集组成偏向一侧的穗状花序；苞片背面被白色柔毛及黄色腺点，边缘具缘毛；萼齿近等长，顶端有刺；花冠玫瑰紫色，上部具腺点。小坚果椭球形。花果期 9—11 月。

生境与分布　见于全市丘陵山区；生于山坡林下、林缘、路旁、溪边灌丛中。产于全省山区、半山区；分布于长江以南各地；日本也有。

主要用途　花序形似牙刷，花色明快亮丽，可供观赏；全草入药，具发表解暑、化湿之功效；嫩叶可食。

附种 1　**白花香薷** form. ***alba***，花冠白色。见于象山；生于村边路旁。为本次调查发现的植物新变型。

附种 2　**香薷 *E. ciliata***，叶片卵状长圆形或椭圆状披针形，先端渐尖或长渐尖，基部下延至柄成狭翅；苞片背面近无毛；萼齿前 2 齿较长，先端具长 2～4mm 的芒状尖头。见于余姚、鄞州、奉化、宁海、象山；生于山坡、村旁、路边草丛中及沟边、荒地上。

附种 3　**海州香薷 *E. splendens***，叶片长圆状披针形、披针形，基部下延至柄成狭翅，边缘有尖锯齿，叶柄长 0.3～1cm；花序疏散，花梗近无毛；苞片除边缘具缘毛外，余均无毛或近无毛；萼齿先端具长 1～1.5mm 的芒状尖头。见于慈溪、余姚、鄞州、奉化、宁海、象山；生于山坡林缘、溪边及灌草丛中。

白花香薷

香薷

海州香薷

147 小野芝麻

学名 **Galeobdolon chinensis** (Benth.) C.Y. Wu 属名 小野芝麻属

形态特征 多年生草本，高 15～50mm。具块根。茎四棱形，密被污黄色倒向短柔毛；叶、叶柄、花萼、花冠均被毛。叶对生；叶片卵形、卵状长圆形或宽披针形，1.5～7.5cm×1～3cm，先端钝至急尖，基部楔形，边缘具圆锯齿。轮伞花序具 4～8 花；花冠粉红色，长 1.6～2cm，有紫红色斑点。小坚果三棱状倒卵球形，顶端截形。花期 3—5 月，果期 5—6 月。

生境与分布 见于全市丘陵山区；生于低海拔疏林下、溪沟边及路旁。产于全省山区、半山区；分布于华东及湖南、广东、广西。

主要用途 花美丽，可供观赏；块根入药，具收敛止血、止痛之功效；嫩叶可食。

148 活血丹

学名 **Glechoma longituba** (Nakai) Kupr. 属名 活血丹属

形态特征 多年生匍匐草本，高10～20cm。幼茎、叶、花萼、花冠均具柔毛。茎四棱形，基部常呈淡紫红色。叶对生；叶片心形、肾心形或肾形，1～3cm×1.2～4cm，先端急尖或圆钝，基部心形，边缘具圆齿，下面常带紫色。轮伞花序通常2花；花冠淡红紫色，下唇具深色斑点，花冠筒有长短两型，长者长约2cm，短者常包藏于萼内。小坚果卵状椭球形。花期4—5月，果期5—6月。

生境与分布 见于全市各地；生于疏林下、路旁、溪边及阴湿草丛中。产于全省各地；除西北西部及内蒙古外，全国各地均有分布；东北亚也有。

主要用途 花色美丽，适作地被和花境点缀；全草入药，具清热解毒、利尿排石、散淤消肿之功效；嫩叶可食。

149 香茶菜

学名 **Isodon amethystoides** (Benth.) Hara　　属名 香茶菜属

形态特征　多年生草本，高 0.3～1m。地下有木质块状根状茎。茎四棱形，被倒向多节卷曲柔毛。叶对生；叶片卵形至披针形，2～14cm×0.8～4.5cm，先端渐尖或急尖，基部骤缩或渐狭成狭翅，边缘具圆齿，两面被多节毛，下部有淡黄色腺点。聚伞花序具 3 至多花，组成顶生疏散的圆锥花序，花序分枝极叉开；花冠白色或淡蓝色，长 7～8mm，疏生淡黄色腺点，花冠筒基部呈囊状，略弯曲。小坚果卵球形；果萼宽钟形，直立，长宽近相等，萼齿近相等。花果期 8—11 月。

生境与分布　见于余姚、北仑、鄞州、奉化、宁海、象山；生于山坡林下、路边湿润处或草丛中。产于全省山区、半山区；分布于华东、华中、华南及贵州。

主要用途　全草或根状茎入药，具清热、利湿、活血破淤、解毒之功效；嫩叶可食。

附种　**内折香茶菜 *I. inflexus***，茎被短柔毛；叶片宽卵形或三角状宽卵形，2.5～10cm×1.8～6.5cm，上面及下面沿脉有多节柔毛；花序分枝略叉开；花冠白色、淡红色至青紫色；果萼钟形，长大于宽，萼齿不等长。见于慈溪、余姚、北仑、鄞州、奉化、宁海；分布生于疏林下及溪沟边。

内折香茶菜

150 大萼香茶菜

学名 **Isodon macrocalyx** (Dunn) Kudô 属名 香茶菜属

形态特征 多年生草本，高 0.6～1m。全株贴生极短微柔毛；根状茎坚硬，块状；茎上部钝四棱形。叶对生；叶片宽卵形或卵形，3～14cm×1.5～8cm，先端长渐尖或渐尖，基部宽楔形，骤狭下延，边缘有整齐锯齿，稀上面疏生多节毛，下面散生淡黄色腺点，侧脉与细脉明显。聚伞花序具 3～5 花，组成圆锥花序；花萼二唇形，萼齿不等长；花冠淡紫红色或紫红色，长约 8mm。小坚果卵球形，果萼下倾。花期 8—10 月，果期 10—11 月。

生境与分布 见于慈溪、余姚、北仑、鄞州、奉化、宁海、象山；生于山坡林下、路边及溪谷边草丛中。产于杭州、金华、丽水及安吉、诸暨、开化、天台、泰顺等地；分布于华东、华中及广东、广西。

主要用途 用途同香茶菜。

附种1 鄂西香茶菜 *I. henryi*，叶片顶端 1 齿伸长；花序轴、花梗和花萼外面均被具腺微柔毛；花冠淡紫色，稀白色。见于余姚；生于海拔约 600m 的毛竹林林缘（路旁）湿地灌草丛中。为本次调查发现的浙江分布新记录植物。

附种2 长管香茶菜 *I. longitubus*，花冠紫色，伸长呈长管状，长 1.4～1.8cm。见于鄞州、奉化、宁海、象山；生于山谷溪边阴湿地、山坡林下及草丛中。

鄂西香茶菜

长管香茶菜

151 显脉香茶菜

学名 **Isodon nervosus** (Hemsl.) Kudô　　属名 香茶菜属

形态特征 多年生草本，高 0.7～1m。根状茎稍呈块状；茎四棱形，具槽。叶对生；叶片披针形至狭披针形，2～13.5cm×0.7～2.8cm，先端长渐尖，基部楔形至狭楔形，下延至柄，边缘有具胼胝硬尖的浅锯齿，上面有极细毛，脉上较密，下面仅脉上有细毛；叶脉白绿色，两面隆起，背面细脉多少明显。聚伞花序具 5～9 花，组成圆锥花序；萼齿披针形，近等长；花冠淡紫色或蓝色，长 6～8mm。小坚果卵球状三棱形。花期 9—10 月，果期 10—11 月。

生境与分布 见于余姚、北仑、鄞州、奉化、宁海、象山；生于溪边、水沟边及路旁阴湿处。产于杭州、温州、金华、丽水及安吉、诸暨、嵊州、衢江、开化、天台、临海等地；分布于秦岭以南地区。

主要用途 全草入药，具清热解毒、利湿之功效；花美丽，可供观赏。

152 碎米桠

学名 **Isodon rubescens** (Hemsl.) Hara　　属名 香茶菜属

形态特征　落叶亚灌木，高0.5～1m。根状茎木质；茎基部近圆形，无毛，皮层纵向剥落；小枝四棱形，褐色或带紫红色，密被柔毛。叶对生；叶片卵圆形或菱状卵圆形，2～6cm×1.3～3cm，先端锐尖或渐尖，基部宽楔形并下延，边缘具粗圆齿；正面叶脉显著下陷。聚伞花序具3～5花，排成顶生的狭圆锥花序；花冠二唇形，白色或稍带紫色。小坚果4。花期9—10月，果期11—12月。

生境与分布　见于鄞州、奉化、宁海；生于海拔400～600m的山坡林下或路边。产于杭州及衢江、开化；分布于华东、华中、华北及四川、贵州、广西、陕西、甘肃。

主要用途　花色淡紫，可用作花境材料；全草入药，具清热解毒、祛风除湿、活血止痛之功效。

153 香薷状香简草

学名 **Keiskea elsholtzioides** Merr. 属名 香简草属

形态特征 多年生草本，高30～80cm。具坚硬块状根状茎；茎基部木质化，上部略呈四棱形，幼时与花序轴及花梗密生平展柔毛。叶对生；叶片宽卵形至卵状椭圆形，4.5～12cm×2～6cm，先端渐尖，基部楔形或近圆形，边缘具锯齿，两面疏生短毛，下面有凹陷腺点；叶柄长2～7cm。轮伞花序组成总状花序，偏向一侧；苞片菱状卵形，基部楔形，下部者长8～10mm，向上渐小至5～7mm；花冠淡紫或紫红色，长8～10mm。小坚果近球形。花期8—10月，果期10—11月。

生境与分布 见于北仑、鄞州、奉化、宁海；生于山坡疏林下、溪边、路旁及山脚草丛中。产于杭州、温州、丽水及开化、江山、武义、婺城、天台、仙居等地；分布于华东、华中及广东。

主要用途 花序大而鲜艳，可供观赏；全草入药，具祛风除湿、镇痛之功效。

附种 中华香简草 *K. sinensis*，叶柄长1～3cm；苞片卵形或卵状钻形，基部圆形，长2～5mm；花冠白色或淡黄绿色，长4～5mm。见于余姚、北仑、奉化、宁海、象山；生于低山林中或山脚边。

中华香简草

154 宝盖草

学名 **Lamium amplexicaule** Linn. 属名 野芝麻属

形态特征 二年生草本，高 10～30cm。茎四棱形，常带紫色。叶对生；叶片圆形或肾形，0.5～2cm×1.2～2.5cm，先端圆，基部截形或心形，边缘具深圆齿或浅裂，两面被伏毛；下部叶具长柄，上部叶近无柄而半抱茎。轮伞花序具 6～10 花，其中常有闭锁花；花冠紫红色至粉红色，长 1.2～1.8cm，花冠筒细长，直伸，内面无毛环。小坚果倒卵状三棱形，有白而大的疣突。花果期 4—6 月。

生境与分布 见于全市各地；生于林缘、溪旁、路边、墙脚及荒地草丛中。产于全省各地；分布于华东、华中、西南、华北、西北；欧洲、亚洲广布。

主要用途 全草入药，具清热、利湿、活血祛风、消肿解毒之功效；嫩叶可食。

155 野芝麻

学名 **Lamium barbatum** Sieb. et Zucc.　属名 野芝麻属

形态特征 多年生草本，高达1m。具根状茎；茎四棱形，常有倒向糙毛。叶对生；叶片卵状心形、卵形至卵状披针形，2～8cm×2～5.5cm，先端急尖、渐尖或尾状渐尖，基部浅心形，边缘有牙齿状锯齿，两面被伏毛。轮伞花序具4～14花；花冠白色，长2～3cm，内面近基部有毛环，自毛环以上囊状膨大。小坚果楔状倒卵球形，具3棱。花期4—5月，果期6—7月。

生境与分布 见于全市丘陵山区；生于路旁、溪边、荒坡及林缘草丛中。产于全省山区、半山区；分布于华东、华中、西南、华北、东北及甘肃、陕西；东北亚也有。

主要用途 根、花或全草入药，具散淤、消积、调经、利湿之功效；嫩叶可食；蜜源植物。

156 薰衣草

学名 **Lavandula angustifolia** Mill. 属名 薰衣草属

形态特征 半灌木，高约40cm。全株被灰色或灰白色星状茸毛。老枝灰褐色，皮层条状剥落。叶对生；叶条形或披针状条形，花枝之叶较大，2.5～4.5cm×2～4mm，先端钝，基部渐狭成极短柄，全缘而外卷。轮伞花序通常具6～10花，在枝顶密集成穗状花序；苞片菱状卵形；花萼上唇仅1齿，下唇4齿；花冠蓝色至蓝紫色，长1～1.5cm；雄蕊内藏。小坚果椭球形。花期4—6月和9—11月，果期5—7月和10—12月。

地理分布 原产于地中海地区。慈溪、奉化、宁海及市区有栽培。

主要用途 芳香油植物；叶形、花色优美，供绿化观赏；全草入药，具防腐、消炎、杀菌、驱虫之功效。

附种1 羽叶薰衣草 ***L. pinnata***，二回羽状复叶；叶面覆盖粉状物，灰绿色；花蓝紫色。原产于加那利群岛。慈溪、鄞州有栽培。

附种2 法国薰衣草 ***L. stoechas***，常绿灌木；叶灰绿色；花呈穗管状，花深紫色，顶部有紫色披针形苞片；全株有浓郁芳香。原产于地中海西部地区。慈溪有栽培。

羽叶薰衣草

法国薰衣草

157 益母草

学名 **Leonurus japonicus** Houtt.　　属名 益母草属

形态特征　一或二年生草本，高 0.4～1.2m。茎粗壮，钝四棱形，有倒向糙伏毛。叶对生；叶形变化大，基生叶圆心形，直径 4～9cm，边缘 5～9 浅裂；下部茎生叶掌状 3 全裂，中裂片再 3 裂，侧裂片不裂、2 裂或 3 裂；中部叶菱形，较小，通常分裂成 3 个长圆状条形裂片；最上部叶片条状披针形。轮伞花序具 8～15 花；小苞片刺状；花萼管状钟形；花冠粉红色至淡紫红色，长约 1.2cm，内面近基部有毛环。小坚果长球状三棱形。花期 5—7 月，果期 8—10 月。

生境与分布　见于全市各地；生于山坡林缘、溪边、路旁及原野草丛中，以阳处为多。产于全省各地；分布于全国各地；亚洲、非洲、美洲也有。

主要用途　全草入药，具活血调经、祛淤生新、利尿消肿之功效；嫩叶可食；花美丽，可供观赏。

附种 1　白花益母草 var. ***albiflorus***，花冠白色。见于除镇海、北仑及市区外全市各地；生境同益母草。

附种 2　假鬃尾草 ***L. chaituroides***，高可达 1.6m；茎中部叶片 3 深裂；花冠白色，细小，下唇内面具淡紫红色斑纹；花冠长 7～8mm，冠筒内面无毛环，中部至喉部被微柔毛；花萼裂齿坚硬而刺手。见于余姚、奉化；生于林下阴湿处、溪边、路旁。

白花益母草

假鬃尾草

158 硬毛地笋

学名 **Lycopus lucidus** Turcz. ex Benth. var. **hirtus** Regel　属名 地笋属

形态特征　多年生草本，高 0.8～1.2m。根状茎横走，白色，顶端肥大，呈圆柱形。茎四棱形，棱被短硬毛，节密被硬毛。叶对生；叶片披针形，多少弧弯，3.5～10cm×1～3cm，先端渐尖，基部渐狭，边缘具尖锐锯齿，上面有细伏毛，下面脉上有硬毛，并散生凹陷腺点。轮伞花序近圆球形，花时直径 1.2～1.5cm；花冠白色，长约 5mm。小坚果卵状四面体形，有腺点。花期 7—10 月，果期 9—11 月。

生境与分布　见于全市丘陵山区；生于湿地、田边及沟边。产于全省各地；分布几乎遍及全国；东亚及北美洲也有。

主要用途　全草入药，具活血祛淤、通经行水之功效；嫩茎叶、根状茎可食。

附种 1　地笋 ***L. lucidus***，茎无毛或节上疏生短硬毛；叶两面无毛。原产于西南、东北及陕西、河北。奉化、象山有栽培。

附种 2　小叶地笋 ***L. cavaleriei***，叶片长圆形至菱状卵形，长 1.5～5.5cm，边缘在基部以上疏生浅波状牙齿，两面近无毛；轮伞花序直径不超过 0.8cm；花冠长不超过 3.5cm。见于慈溪、余姚、鄞州；生于沼泽地、水边。

地笋

小叶地笋

159 走茎龙头草

学名 **Meehania fargesii** (Lévl.) C.Y. Wu var. **radicans** (Vaniot) C.Y. Wu 属名 龙头草属

形态特征 多年生草本，长80cm。茎四棱形，拱状匍匐，幼时疏生柔毛，老时仅节上有毛。叶对生；叶片卵状心形，4.5～10(15)cm×1～5.5cm，先端急尖、短渐尖至尾状，基部心形，边缘具圆钝锯齿，两面疏生多节柔毛，脉上较密。花单朵对生于叶腋；花冠淡红色至紫红色，长3～4.6cm，下唇中裂片上有紫色斑和长柔毛。小坚果狭倒卵球形。花期4—5月，果期6—8月。

生境与分布 见于余姚；生于海拔约600m的阴湿山沟毛竹林下。产于杭州及安吉、天台、磐安、婺城、开化、文成、泰顺等地；分布于江西、湖北、广东、云南、四川。

主要用途 植株匍匐，花大色艳，可供观赏；全草入药，具祛风寒、解毒之功效。

160 薄荷

学名 **Mentha canadensis** Linn. **属名** 薄荷属

形态特征 多年生芳香草本，高0.3～1m。具匍匐根状茎；茎锐四棱形，下部匍匐，上部有倒向柔毛。叶对生；叶片长圆状披针形、披针形或卵状披针形，3～8cm×0.6～3cm，先端急尖或稍钝，基部楔形，边缘疏生粗大锯齿，两面疏生微柔毛和腺点；叶柄长0.3～2cm。轮伞花序多花，腋生，远离，茎生叶高出花序；苞片与叶同形；花冠淡红色、青紫色或白色。小坚果卵球形，具小腺窝。花果期8—11月。

生境与分布 见于全市各地；生于溪边草丛中、山谷阴湿处及水旁，或栽培。产于全省各地；分布于全国各地；东北亚、北美洲也有。

主要用途 全草入药，具清热散风、清利头目、利咽、透疹之功效；嫩茎叶可食。

附种1 **皱叶留兰香** ***M. crispata***，植株无毛；叶片皱波状，卵形或卵状披针形，边缘具锐齿，无柄或近无柄；轮伞花序组成顶生的连续或下部间断的穗状花序，茎生叶低于花序；苞片条状披针形；萼齿果时稍靠合。原产于欧洲。慈溪、镇海、北仑、鄞州、宁海、象山及市区有归化或有栽培。

附种2 **留兰香** ***M. spicata***，叶片长圆形、椭圆状披针形或披针形，无柄或近无柄；穗状花序顶生，细长，下部间断，茎生叶低于花序；苞片条形；萼齿果时不靠合。原产于南欧及俄罗斯。北仑、鄞州有栽培。

皱叶留兰香

留兰香

161 石香薷

学名 **Mosla chinensis** Maxim. 属名 石荠苧属

形态特征 一年生草本，高 10～40cm。茎四棱形，被向下白色疏柔毛。叶对生；叶片条状披针形，1.5～3.5cm×1.5～5mm，先端渐尖或急尖，基部渐狭，边缘具不明显疏浅锯齿，两面疏生短柔毛及棕色凹陷腺点。轮伞花序密集成头状或总状花序，长 1～3cm；苞片圆形或卵形，长 4～9mm，覆瓦状排列；花冠紫红色、淡红色至白色，长 4～5mm。小坚果球形，具深穴状雕纹。花期 6—8 月，果期 8—11 月。

生境与分布 见于全市各地；生于向阳山坡、岩石上及路边草丛中。产于全省各地；分布于长江以南及山东等地；越南也有。

主要用途 全草入药，具解表、清暑、和中、解毒之功效；嫩叶可食。

附种 苏州荠苧 ***M. soochowensis***，轮伞花序疏离，排成间断的总状花序，长 2～5cm；苞片长约 2mm，排列稀疏。见于全市丘陵山区；生于山坡路边、疏林下及荒地。

苏州荠苧

162 小鱼仙草 疏花荠苧

学名 **Mosla dianthera** (Buch.-Ham. ex Roxb.) Maxim. 属名 石荠苧属

形态特征 一年生草本，高 25～80cm。茎四棱形，无毛或在棱及节上有短毛。叶对生；叶片卵形、卵状披针形或菱状卵形，1～3cm×0.5～1.7cm，先端渐尖或急尖，基部楔形或宽楔形，边缘具锐尖疏齿，两面无毛或近无毛，下面散布凹陷腺点。轮伞花序疏离，组成总状花序；苞片披针形；花萼上唇具钝齿；花冠淡紫色，长约 5mm。小坚果近球形，具疏网纹，网眼不下凹。花果期 9—11 月。

生境与分布 见于全市丘陵山区；生于山坡林缘、溪边石缝、沟边草丛中及路边。产于全省各地；分布于秦岭以南各地；东南亚、南亚及日本也有。

主要用途 全草入药，具祛风发表、利湿止痒之功效。

附种 1 小花荠苧 *M. cavaleriei*，植株有稀疏具节长柔毛；花小，长约 2.5mm。见于慈溪、鄞州、象山；生于山坡路边疏林下、林缘草丛中及水边湿地。

附种 2 石荠苧 *M. scabra*，茎密被短毛；叶片先端急尖或钝，具锯齿；花萼上唇 3 齿尖锐；果具密网纹，网眼下凹。见于全市各地，生于路边、田边、山坡灌丛中及沟边湿地上。

小花荠苎

石荠苎

163 杭州荠苎

学名 **Mosla hangchowensis** Matsuda　属名 石荠苎属

形态特征 一年生直立草本，高 50～60cm。茎四棱形，分枝纤细，有倒向卷曲短柔毛及棕黄色腺体，有时混生稀疏平展多节毛。叶对生；叶片披针形，1.5～4cm×4～14mm，先端急尖，基部宽楔形，边缘具疏齿，下面灰白色，两面均有细柔毛及凹陷腺点。轮伞花序密集或稍疏离，组成顶生总状花序；苞片宽倒卵形，覆瓦状排列，长 5～6mm；萼齿 5，披针形，下唇 2 齿略长；花冠紫红色，长约 1cm，下唇中裂片向下反折。小坚果近球形，具深穴状雕纹。花果期 6—10 月。

生境与分布 见于慈溪、余姚、奉化、宁海、象山；生于山坡路边或岩石缝中。产于杭州、温州、台州及诸暨、上虞、定海、普陀、衢江、常山、磐安、永康、缙云、庆元等地。

主要用途 花朵密集，花色鲜艳，可供观赏；全草入药，具解表、清暑、和中、解毒之功效。

附种 1 **建德荠苎** var. ***cheteana***，花较疏离；苞片非覆瓦状排列；萼齿钻形，近等长。见于慈溪、象山；生于山坡路边。

附种 2 **日本荠苎** ***M. japonica***，茎、叶两面被倒向短柔毛或兼具开展的白色长柔毛；叶片长圆状卵形或卵形，先端钝或稍尖；萼齿近等长。见于象山；生于滨海山坡草丛、林缘路旁或岩质海岸灌草丛中。为本次调查发现的中国分布新记录植物。

建德荠苎

日本荠苎

164 浙荆芥

学名 **Nepeta everardi** S. Moore　　属名 荆芥属

形态特征　多年生草本，高0.6～1m。茎、叶两面、叶柄均被极细短毛。茎上部四棱形。叶对生；叶片三角状心形，2～7.5cm×1.5～5cm，先端渐尖或尾状渐尖，基部平截或近心形，边缘具牙齿状圆齿；叶柄扁平，具狭翅。聚伞花序紧密，排成顶生圆锥花序；花冠紫色或白色微带紫色，长约2cm，下唇中裂片大，倒心形，具爪。小坚果卵状三棱形。花期5月，果期8月。

生境与分布　见于余姚、鄞州、宁海；生于低海拔山坡林缘及路边灌丛中。产于临安、仙居、东阳等地；分布于安徽、湖北。模式标本采自宁波（鄞州天童）。

主要用途　花朵密集，可供观赏。

165 罗勒 香草

学名 **Ocimum basilicum** Linn. 属名 罗勒属

形态特征 一年生草本，高 20～80cm。茎四棱形，基部木质化，上部多分枝，有倒向短柔毛，上部尤密。叶对生；叶片卵状长圆形或卵形，2～6cm×1～2.8cm，先端急尖而钝，基部渐狭，全缘或微波状，上面疏生伏贴毛，下面散生腺点。轮伞花序具 6～10 花，交互对生，集成间断的顶生总状花序，被疏柔毛；花萼果时常下垂，具明显网纹，上唇中裂片特化近圆钝状；花冠白色或粉红色，外面密被长柔毛。小坚果有具腺的凹穴。花期 6—10 月，果期 10—11 月。

地理分布 原产于非洲、美洲及亚洲热带地区。慈溪、鄞州、奉化、宁海、象山有栽培。

主要用途 全草含挥发油，可提取芳香油；全草入药，具化湿健胃、祛风活血之功效；嫩叶可食。

166 野紫苏

学名 **Perilla frutescens** (Linn.) Britt. var. **purpurascens** (Hayata) H.W. Li 属名 紫苏属

形态特征 一年生芳香草本，高 0.5～1.5m。茎、叶、花萼疏被短柔毛。茎钝四棱形。叶对生；叶片卵形，4.5～7.5cm×2.8～5cm，先端急尖至尾尖，基部圆形或宽楔形，边缘有粗锯齿，两面绿色或下面紫色。轮伞花序具 2 花，组成偏向一侧的总状花序；花冠白色、粉红色或紫红色；雄蕊几不外伸。小坚果球形，直径 1～1.5mm；果萼长 4～5.5mm。花期 7—10 月，果期 9—11 月。

生境与分布 见于全市各地；生于路边、地边、低山疏林下或林缘。产于全省各地；全国各地均有栽培或野生；日本也有。

主要用途 全草入药，具发表散汗、行气和胃之功效；香料植物；叶片可食。

附种 1 紫苏 ***P. frutescens***，茎、叶及花萼被长柔毛；叶片宽卵形或圆卵形，4～21cm×2.5～16cm，两面绿色或紫色，或叶面绿色、叶背紫色；小坚果直径 1.5～2.5mm；果萼长 11mm。全市各地常见栽培或逸生；生于低海拔疏林下、林缘、路边、田边及墙脚边。

附种 2 回回苏 ***P. frutescens* var. *crispa***，叶片紫色，上面皱曲，边缘具狭而深的锯齿，常呈缝状或条裂状；花紫色。全市各地有栽培。

紫苏

回回苏

167 夏枯草

学名 **Prunella vulgaris** Linn.　　属名 夏枯草属

形态特征 多年生草本，高15～40cm。具匍匐根状茎；茎钝四棱形，常带紫红色。叶对生；叶片卵形或卵状长圆形，1.5～5.5cm×0.7～2cm，先端钝，基部圆形或宽楔形，下延至柄成狭翅，边缘具不明显波状齿或近全缘。轮伞花序密集组成顶生穗状花序；苞片扁心形，浅紫色，背面中部以下有毛，边缘有睫毛；花冠蓝紫色或淡红紫色，长1.2～1.7cm，下唇中裂片先端有流苏状条裂，侧裂片反折下垂。小坚果长圆状卵球形。花期5—6月，果期7—8月。

生境与分布 见于全市丘陵山区；生于山坡路边、草地及溪沟边。产于全省山区、半山区；分布于华东、华中、西南、西北及广东、广西；亚洲、欧洲、大洋洲、美洲及非洲北部也有。

主要用途 花序粗壮，花繁色美，可供观赏，也可作切花；花序入药，具清肝火、散郁结之功效；全草可代茶；嫩茎叶可作野菜。

168 迷迭香

学名 **Rosmarinus officinalis** Linn.　　属名 迷迭香属

形态特征　常绿灌木，高达 2m。茎及老枝近圆形，幼枝四棱形；幼枝、叶背密被白色星状茸毛。叶常丛生；叶片革质，条形，1～2.5cm×1～2mm，先端钝，基部渐狭，全缘，向背面卷曲；具短柄或无柄。花对生，少数聚集成总状花序，近无梗；花冠蓝紫色，下唇宽大，中裂片内凹、下倾，边缘齿状，基部缢缩成柄。花期 11 月至翌年 7 月。

地理分布　原产于欧洲、非洲和亚洲西南部。全市各地有栽培。

主要用途　供园林观赏；叶及短枝富含精油，具醒脑、利尿、镇静神经之功效。该种有多个栽培品种，除匍匐迷迭香 'Prostratus' 外，其余品种未见开花。

匍匐迷迭香

169 南丹参

学名 **Salvia bowleyana** Dunn　　属名 鼠尾草属

形态特征 多年生草本，高 0.4～1m。根肥厚，表面赤色。茎四棱形，具槽，被向下长柔毛。一回羽状复叶对生；小叶 (3)5～9，顶端小叶片常卵状披针形，4～7cm×1.5～3.5cm，先端渐尖或尾状渐尖，基部圆形或浅心形，边缘具锯齿，两面或仅脉上疏被短柔毛。轮伞花序组成总状或圆锥花序；花萼管形；花冠淡紫色、紫红色或蓝紫色，长 1.7～2.4cm，花冠筒内藏或微伸出萼外，平展，上唇略呈镰刀状，先端深凹，长 0.8～1.2cm。小坚果椭球形。花期 5—6 月，果期 6—8 月。

生境与分布 见于余姚、北仑、鄞州、奉化、宁海、象山；生于山坡林下、林缘或溪边灌草丛中。产于全省山区、半山区；分布于江西、福建、湖南、广东、广西。

主要用途 花色美丽，供观赏；根入药，具活血化淤、调经止痛、养血安神、凉血消痈之功效。

附种 1 白花南丹参 form. ***alba***，花冠白色。见于余姚；生于路旁草丛中。

附种 2 丹参 ***S. miltiorrhiza***，小叶 3 或 5(7)，小叶片卵圆形、椭圆状卵形或宽披针形，两面被疏柔毛，下面较密；花萼钟形；花冠长 2～2.8cm，花冠筒常伸出萼外，向上弯曲，上唇长 1.2～1.5cm。原产于长江中下游及黄河中下游一带。余姚、象山有栽培。

白花南丹参

丹参

170 鼠尾草

学名 **Salvia japonica** Thunb. **属名** 鼠尾草属

形态特征 多年生草本，高0.3～1m。茎钝四棱形。羽状复叶对生；茎下部叶常二回羽状，具长柄，上部叶一回羽状，具短柄；顶生小叶片披针形或菱形，先端渐尖或尾状渐尖，基部长楔形，边缘具钝锯齿，两面疏生柔毛或近无毛，侧生小叶片歪卵形或卵状披针形。轮伞花序具2～6花，组成总状或圆锥花序；花序轴、花梗、花萼、花冠被柔毛和腺毛；花萼管形，内面具长硬毛环；花冠淡紫红色，稀白色，长约12mm，内面基部以上有斜生的疏柔毛环。小坚果椭球形。花果期6—9月。

生境与分布 见于全市丘陵山区；生于山坡林缘、疏林下或草丛中。产于全省各地；分布于华东及湖北、广东、广西；日本也有。

主要用途 根或全草入药，具清热解毒、活血祛淤、消肿、止血之功效；嫩叶可食。

附种1 翅柄鼠尾草 form. ***alatopinnata***，叶柄具狭长的侧翅；花冠淡黄色。见于鄞州；生于山坡草地上。

附种2 华鼠尾草 ***S. chinensis***，茎下部叶3出羽状复叶，上部为单叶；叶片宽卵形、卵形或卵状椭圆形，先端钝或急尖，基部圆或浅心形；花萼钟形；花冠紫色。见于全市丘陵山区；生于山坡路边、林缘、疏林下及溪边草丛中。

附种3 蔓茎鼠尾草（佛光草）***S. substolonifera***，茎基部常匍匐；基生叶多为单叶，卵圆形，小；茎生叶为3出羽状复叶、三裂叶，顶生小叶片或裂片卵圆形至近圆形，或单叶；花萼钟形；花较小，花冠长5～7mm，花冠筒内无毛环。见于余姚；生于溪沟边或林下阴湿处。

翅柄鼠尾草

蔓茎鼠尾草

华鼠尾草

171 浙江琴柱草

学名 **Salvia nipponica** Miq. subsp. **zhejiangensis** J.F. Wang, W.Y. Xie et Z.H. Chen　属名 鼠尾草属

形态特征 多年生直立草本，高30～60cm。根肥厚，纺锤形，表面紫红色。茎粗壮，不分枝，四棱形，具四槽，密被开展多节柔毛及腺毛。叶对生；叶片卵圆形、三角状卵圆形或三角状戟形，5～10cm×5～7.5cm，先端渐尖或突尖，基部心形、戟形或近截形，边缘具不整齐圆齿及缘毛，两面有毛，背面有红褐色腺点。轮伞花序具2～6花，疏离，在顶端组成总状或窄圆锥状花序；花冠黄色，二唇形，喉部极度膨大成囊状，喉部以上及裂片均密被紫色大斑点，花冠筒从基部5mm处至喉部密被柔毛，但不成毛环。小坚果卵球形。花期7—8月，果期9—10月。

生境与分布 仅见于余姚四明山；生于海拔约300m的沟谷毛竹林下。产于新昌、莲都、景宁。

主要用途 花色清丽，可供观赏。

172 荔枝草

学名 **Salvia plebeia** R. Br.　属名 鼠尾草属

形态特征　二年生草本，高 30～70cm。茎、叶被柔毛；茎四棱形。基生叶密集成莲座状，卵状椭圆形或长圆形，上面显著皱缩，具钝锯齿；茎生叶对生，叶片长卵形或宽披针形，2～7cm×0.8～3(4.5)cm，先端钝或急尖，基部圆形或楔形，具圆齿或牙齿，下面散生黄褐色小腺点。轮伞花序具 6 花，密集成总状或圆锥状花序；花冠淡红色至蓝紫色，稀白色。小坚果光滑无毛。花期 5—6 月，果期 6—7 月。

生境与分布　见于全市各地；生于田边、路边、山坡或湿地上。产于全省各地；除西北西部及西藏外，全国各地均有分布；东南亚、南亚、大洋洲、朝鲜半岛及日本也有。

主要用途　全草入药，具清热解毒、利尿消肿、凉血止血之功效；嫩叶可食。

173 一串红

学名 **Salvia splendens** Ker-Gawl. 属名 鼠尾草属

形态特征 半灌木状草本，高达90cm。茎、叶无毛；茎钝四棱形，具浅槽。叶对生；叶片卵形或卵圆形，2.5～7cm×2～4.5cm，先端渐尖，基部截形或圆形，边缘具锯齿，下面具腺点。轮伞花序具2～6花，密集成总状花序；花序轴、花梗、花萼均具腺柔毛；花序各部均红色；花冠长4～4.2cm。小坚果椭球形，具狭翅。花果期6—10月。

地理分布 原产于巴西。全市各地普遍栽培。

主要用途 花序修长，红艳，花期长，供观赏；全草入药，具消肿、解毒、凉血之功效。

附种1 朱唇 ***S. coccinea***，草本；茎被开展的灰白色长硬毛及倒向短柔毛；叶两面被毛；花序轴及花梗密被白色短柔毛；花冠长2～2.3cm。原产于美洲。市区有栽培。

附种2 一串蓝（蓝花鼠尾草）***S. farinacea***，全株有毛；花序各部均为青蓝色或蓝紫色，也有白色品种；花冠长1.2～2cm。原产于美洲。全市各地有栽培。

朱唇

一串蓝

174 天蓝鼠尾草

学名 **Salvia uliginosa** Benth.　　属名 鼠尾草属

形态特征　多年生草本，高 0.9～2.2m。茎四棱形，基部略木质化，多分枝。叶对生；叶片椭圆形至披针形，先端渐尖，基部楔形或宽楔形，下延至柄，边缘具锯齿，两面密被白色茸毛，叶脉正面下陷，背面隆起。轮伞花序具 6～10 花，组成密集总状或圆锥花序；花冠天蓝色，长约 1.3cm。花期 6—10 月。

地理分布　原产于南美洲。除慈溪外的全市各地有栽培。

主要用途　花朵繁茂，花色鲜艳，供绿化观赏。

附种　**深蓝鼠尾草 *S. guaranitica* ‘Black and Blue’**，叶卵圆形，先端急尖，基部心形；轮伞花序组成穗状花序；花冠深蓝色。原产于北美洲。全市各地有栽培。

深蓝鼠尾草

175 大花腋花黄芩

学名 **Scutellaria axilliflora** Hand.-Mazz. var. **medullifera** (Sun ex C.H. Hu) C.Y. Wu et H.W. Li　属名 黄芩属

形态特征　多年生草本，高25～65cm。茎斜升或直立，四棱形，具向上弯曲的微柔毛。叶对生；茎中下部叶片卵圆形或三角状卵圆形，1～2.5cm×0.5～2.5cm，先端钝或近圆形，基部宽楔形或圆形，边缘具1～3对粗圆齿，背面散生黄色小腺点；上部叶片变小，成苞片状，全缘或具1、2个圆齿。总状花序腋生，花偏向一侧；花冠紫色或淡蓝紫色，花冠筒基部呈屈膝状。小坚果4，卵球形，具瘤状突起。花期5—6月，果期6—7月。

生境与分布　见于宁海；生于海拔200～300m的沟谷潮湿岩缝中。产于温州、丽水及建德、武义、磐安、临海等地。

主要用途　浙江特有植物。花色艳丽，耐瘠薄，可供观赏。

176 半枝莲

学名 **Scutellaria barbata** D. Don　　属名 黄芩属

形态特征　多年生草本，高 15～55cm。具粗壮根状茎；茎四棱形，无毛。叶对生；叶片卵形、三角状卵形或卵状披针形，1～3cm×0.4～1.5cm，先端急尖或稍钝，基部宽楔形或近截形，边缘有疏钝浅齿，下面带紫色，沿脉疏被贴伏短毛或几无毛。花对生，偏向一侧，排成总状花序；花冠紫蓝色，长 1～1.4cm，基部囊状增大。小坚果扁球形，具小疣状突起。花期 5—10 月，果期 6—11 月。

生境与分布　见于全市丘陵山区；生于水田边、溪边或湿草地。产于全省各地；分布于华东、华中、西南、华北及陕西、广东、广西；东亚、东南亚至南亚也有。

主要用途　花期长，花量大，可供绿化观赏；全草入药，具清热解毒、利尿消肿之功效；嫩叶可食。

177 浙江黄芩

学名 **Scutellaria chekiangensis** C.Y. Wu　　属名 黄芩属

形态特征　多年生草本，高20～60cm。具横走根状茎；茎上部四棱形，沿棱及节上有向上细柔毛。叶对生；叶片宽卵形至狭卵形，3.5～9cm×1.2～5cm，先端急尖、渐尖或稍钝，基部圆形或宽楔形，边缘具浅锯齿，两面密布淡黄色腺点。花对生，排成顶生总状花序；花萼果时增大，沿脉及边缘疏生短柔毛，密生淡黄色腺点，果时增大；花冠蓝紫色，稀黄白色，长2.5～2.8cm。小坚果卵状椭球形，具小瘤。花期4—5月，果期5—6月。

生境与分布　见于余姚、象山；生于海拔400～700m的林下阴湿处。产于台州及临安、富阳、东阳、磐安、景宁、永嘉；分布于四川。

主要用途　花色淡雅，可供观赏。

附种　**安徽黄芩 *S. anhweiensis***，茎沿棱角及节上被下曲短柔毛；花萼全面被短柔毛；花冠淡黄白色。见于余姚、奉化；生于海拔约700m的林下阴湿处。

安徽黄芩

178 印度黄芩 韩信草 耳挖草

学名 **Scutellaria indica** Linn.　属名 黄芩属

形态特征　多年生草本，高10～40cm。茎、叶背常带紫红色；茎四棱形，被下曲柔毛。叶对生；叶片卵圆形或肾圆形，1～4.5cm×1～3.5cm，先端钝或圆形，基部浅心形或心形，边缘有圆锯齿，两面被糙伏毛。花对生，排成顶生总状花序，常偏向一侧；花冠蓝紫色，长1.5～1.9cm，下唇中裂片具深紫色斑点。小坚果形似"耳挖"。花期4—5月，果期5—9月。

生境与分布　见于全市各地；生于山坡路边、林下或溪沟边草丛中。产于全省各地；分布于长江以南及山西、河北等地；东南亚及日本、印度也有。

主要用途　植株低矮，花密色美，供观赏；全草入药，具清热解毒、活血止血、散淤消肿之功效；嫩叶可食。

附种　**缩茎印度黄芩** var. ***subacaulis***，植株高不超过10cm，茎节间短缩，叶密生于茎上部。见于余姚、宁海、象山；生于较干燥的山坡或山顶疏林下或岩石边灌草丛中。

缩茎印度黄芩

179 田野水苏

学名 **Stachys arvensis** Linn. 属名 水苏属

形态特征 一年生草本，高30～50cm。具根状茎；茎四棱形，具槽，疏被柔毛，多分枝。叶对生；叶片卵圆形，2cm×1cm，先端钝，基部心形，边缘具圆齿，两面被柔毛。轮伞花序腋生，具2(～4)花，多数，远离；花萼果时呈壶状增大，外面脉纹显著；花冠红色，长约3mm，几不超出萼，冠筒内藏。小坚果卵球形。花果期11月至翌年8月。

地理分布 原产于广东、广西、台湾、福建、贵州；中亚、欧洲、美洲热带地区也有。镇海、鄞州、宁海、象山有归化；生于荒地及田中。

180 水苏

学名 **Stachys japonica** Miq.　　属名 水苏属

形态特征　多年生草本，高20～80cm。具横走根状茎；茎四棱形，仅节上具小刚毛。叶对生；叶片长圆状披针形至披针形，稀卵形，2.5～7(12)cm×0.7～2.5(3.5)cm，先端钝尖，基部圆形至浅心形，边缘具圆齿状锯齿，两面无毛。轮伞花序具6～8花，下部者远离，上部者密集成穗状花序；花冠粉红色或淡红紫色，长1.3～1.5cm。小坚果三棱状卵球形。花期5—7月，果期7—8月。

生境与分布　见于全市各地；生于水沟和湿地。产于全省各地；分布于华东及河南、内蒙古、河北、辽宁；日本、俄罗斯也有。

主要用途　全草入药，具发清热解毒、祛痰止咳之功效；嫩叶可食。

181 银石蚕 水果蓝

学名 **Teucrium fruticans** Linn. 属名 香科科属

形态特征 常绿灌木，高达1.8m。全株被白色茸毛，叶背和小枝毛较密；小枝四棱形。叶对生；叶片卵圆形、卵形、椭圆形，1～2cm×1cm，先端圆钝，基部楔形，全缘，正面蓝绿色，3出脉，叶脉在正面下陷，背面隆起。花冠浅蓝紫色或淡紫色，唇片具显著脉纹，中裂片极发达，长而下垂，全缘或具缺刻。花期3—4月或10—12月。

地理分布 原产于地中海地区。全市各地有栽培。

主要用途 枝叶颜色独特，花美丽，供园林观赏。

庐山香科科

学名 **Teucrium pernyi** Franch. 属名 香科科属

形态特征 多年生草本，高25～100cm。具根状茎及匍匐枝；茎密被白色弯曲短柔毛，上部四棱形。叶对生；叶片卵状披针形，1.5～4cm×0.6～3.5cm，先端渐尖或长渐尖，基部楔形或宽楔形下延，边缘具粗锯齿，两面被微柔毛，下面脉上尤密。轮伞花序常具2花，顶生或生于叶腋短枝上，组成假穗状花序；苞片不裂；花萼二唇形，上唇中齿发达；花冠白色，或带红晕，长1～1.1cm，唇瓣中裂片极发达；雄蕊超出花冠筒1倍以上。小坚果倒卵球形，具明显的腺点。花期8—9月，果期10—11月。

生境与分布 见于全市丘陵山区；生于山坡路边、林下阴湿处、溪旁或山谷田边草丛中。产于全省山区、半山区；分布于华东、华中及广东、广西。

主要用途 根或全草入药，具健脾利湿、解毒之功效。

183 血见愁 山藿香

学名 **Teucrium viscidum** Bl.　**属名** 香科科属

形态特征　多年生草本，高15～70cm。茎四棱形，上部被弯曲短柔毛及腺毛，下部无毛或近无毛。叶对生；叶片卵形至卵状长圆形，3～10cm×1～5cm，先端急尖或短渐尖，基部圆形或宽楔形，下延，边缘具重圆齿，两面近无毛或疏被短柔毛，下面散生淡黄色小腺点。轮伞花序具2花，密集成穗状花序；苞片全缘；花萼长约3mm，不明显二唇形，上唇3齿近相等；花冠白色、淡红色或淡紫色，长约7mm，唇瓣中裂片极发达；雄蕊稍伸出花冠筒。小坚果扁球形。花期7—9月，果期9—11月。

生境与分布　见于慈溪、余姚、北仑、鄞州、奉化、宁海、象山；生于山坡路边、溪边及林下阴湿处。产于全省山区、半山区；分布于长江以南各地；东南亚及日本、朝鲜半岛、印度也有。

主要用途　全草或叶入药，具清热解毒、活血、止血之功效。

附种　**穗花香科科** ***T. japonicum***，叶片基部心形、近心形或平截；花萼长4～4.5mm，花冠长1.2～1.4cm。见于余姚、鄞州；生于山坡林下。

穗花香科科

二十　茄科 Solanaceae*

184 辣椒 辣茄

学名 **Capsicum annuum** Linn.　　属名 辣椒属

形态特征　一年生草本，高 0.4～1m。茎基部常木质化，上部近无毛或微被柔毛；分枝稍“之”字形折曲。叶互生，在枝顶常因节不伸长而成双生或簇生状；叶片卵状披针形或长圆状卵形，4～13cm×1.5～4cm，先端急尖或短渐尖，基部狭楔形，全缘。花单生于叶腋或枝腋；花梗下垂；花冠辐状，白色，长约 1.2cm。果梗较粗壮，俯垂；浆果长指状，顶端渐尖且常弯曲，熟后红色、橙色或紫红色，味辣，少汁液。花果期 5—11 月。

地理分布　原产于南美洲。全市各地普遍栽培。

主要用途　重要蔬菜，并可作调味品；果实入药，具温中散寒、健胃消食之功效，外用治冻疮、风湿痛、腰肌痛。

附种 1　**五彩椒 'Cerasiforme'**，浆果直立，同一株有绿、黄、白、紫、红五色，味极辣。原产于南美洲。全市各地普遍栽培。

附种 2　**朝天椒** var. ***conoide***，植株多 2 歧分枝；叶片卵形，长 4～7cm；花常单生于分叉间；花梗直立；花稍俯垂；花冠白色或带紫红色；果梗及果实直立，果实较小，圆锥形，长 1.5(～3)cm，熟后红色或紫色，味极辣。全市各地普遍栽培。

附种 3　**菜椒** var. ***grossum***，植物体粗壮而大型；叶片长圆形或卵形，长 10～13cm；果实大型，近球状、圆柱状或扁球形，多纵沟，顶端截平或稍内陷，基部截形且常稍内凹，味不辣而略带甜，或稍带辣味。全市各地普遍栽培。

* 本科宁波有 13 属 29 种 5 变种 2 品种，其中归化 9 种，栽培 11 种 4 变种 2 品种。本图鉴收录 12 属 23 种 4 变种 2 品种，其中归化 6 种，栽培 8 种 3 变种 2 品种。

五彩椒

朝天椒

菜椒

185 曼陀罗 紫花曼陀罗

学名 **Datura stramonium** Linn. 属名 曼陀罗属

形态特征 一年生草本，高 0.5～1m。全株无毛或幼嫩部分有短柔毛。茎粗壮，圆柱形，基部木质化。叶互生；叶片宽卵形，6.5～15cm×4.5～10cm，先端渐尖，基部不对称，边缘有不规则波状浅裂，裂片三角形或有疏齿。花大，常单生于枝杈间或叶腋；萼筒具 5 棱；花冠紫色或白色，漏斗状，长 6～7.5cm。蒴果直立，卵球形，表面有坚硬不等长针刺，有时无刺而近平滑，熟时从顶端规则 4 瓣裂。种子黑色。花期 6—10 月，果期 7—11 月。

地理分布 原产于墨西哥。余姚、北仑有归化；生于宅旁、路边、山坡或杂草丛中；也见栽培。

主要用途 供观赏；各器官分别入药，但全株有毒，尤以种子最毒，需慎用。

附种 1 **毛曼陀罗 *D. innoxia***，全株密被细腺毛及短柔毛；花冠长漏斗状，长 15～17cm，上半部白色，下半部淡绿色；花萼筒无棱；蒴果俯垂，熟时不规则瓣裂；种子黄褐色。原产于墨西哥。慈溪、宁海有归化；生境同曼陀罗。

附种 2 **洋金花**（白花曼陀罗）***D. metel***，花冠白色、紫色或淡黄色，长 14～17cm；花萼筒无棱；蒴果斜生至横向生，表面疏生短硬刺；蒴果熟时不规则瓣裂；种子淡褐色。原产于美洲。北仑、宁海有栽培。

毛曼陀罗

洋金花

186 枸杞 枸杞子

学名 **Lycium chinense** Mill.　　属名 枸杞属

形态特征　落叶灌木，高1～2m。茎多分枝，柔弱，常弯曲下垂，叶腋或小枝顶端有棘刺。叶互生或2～4片簇生于短枝上；叶片卵形、卵状菱形、长椭圆形或卵状披针形，2.5～5cm×1～2cm，先端急尖或钝，基部渐狭成短柄，全缘。花单生，或数朵簇生于叶腋；花冠漏斗状，淡紫色，长约1cm，基部有深紫色的放射状线条，5深裂，裂片有缘毛。浆果卵球形或长椭圆状卵球形，长5～15mm，熟时红色。花期6—9月，果期7—12月。

生境与分布　见于全市各地；生于山坡灌丛、路旁、河沟边、石缝中及宅旁。产于全省各地；广布于全国各地；欧洲、朝鲜半岛及日本也有。

主要用途　果实、根皮、叶入药，果实具滋补肝肾、益精明目之功效，根皮具凉血除蒸、润肺降火之功效，叶具补虚益精、清热、止渴、祛风明目之功效；嫩茎叶、果可食；果鲜红，亦可供观赏。

187 番茄 西红柿

学名 **Lycopersicon esculentum** Mill. 属名 番茄属

形态特征 一年生草本，高 0.6～1.5m。全体被柔毛和腺毛，有强烈气味；茎基部木质化，易倒伏。叶互生；叶片羽状复叶或羽状分裂，长 10～40cm，小叶常 5～10，大小不等，小叶片卵形或长圆形，基部两侧不对称，边缘有不规则锯齿或浅裂。聚伞花序腋外生，具 5～10 花；花冠黄色，直径约 1cm，5～7 深裂。浆果大，扁球状或近球状，肉质多汁，大小、形状、颜色因品种而异，常为红色、橘黄色或黄色，光滑。花期 4—9 月，果期 5—10 月。

地理分布 原产于南美洲。全市各地广泛栽培。

主要用途 浆果为重要蔬菜，也作水果食用；茎、叶可作农药。

附种 **樱桃番茄** var. ***cerasiforme***，茎蔓性，体表被细短黄色茸毛；浆果小，直径约 2cm。全市各地有栽培。

樱桃番茄

188 假酸浆

学名 **Nicandra physalodes** (Linn.) Gaertn.　属名 假酸浆属

形态特征　一年生草本，高 0.4～1.5m。茎直立，有棱沟，上部为交互不等的二歧分枝。叶互生；叶片卵形或椭圆形，4～12cm×2～8cm，先端急尖或短渐尖，基部楔形，边缘有具圆形粗齿或浅裂，两面被疏毛。单花与叶对生，俯垂；花梗长于叶柄；花萼大，有尖锐的耳片；花冠淡蓝色，直径3～4cm。浆果球状，黄色，直径 1.5～2cm，被膨大的宿萼包围。花期 9—10 月，果期 10—11 月。

地理分布　原产于南美洲。全市各地有归化；生于田边、荒地或住宅区。

主要用途　供观赏；全草入药，具镇静、祛痰、清热解毒之功效；果可食。

189 烟草

学名 **Nicotiana tabacum** Linn.　　属名 烟草属

形态特征　一年生草本，高1～2m。全株被腺毛。茎直立，粗壮，基部木质化，上部多分枝。叶互生；叶片长圆形至长椭圆形，23～47cm×15～24cm，先端渐尖，基部渐狭成耳状而半抱茎，全缘或微波状。圆锥花序顶生，多花；花冠淡红色，长管状漏斗形，长3.5～5.5cm。蒴果卵球形，直径1～1.7cm，熟时2瓣裂。花期5—10月，果期6—11月。

地理分布　原产于南美洲。全市各地有栽培。

主要用途　叶为卷烟原料；全株入药，用于麻醉、发汗、镇静并可作催吐剂；又可作农业杀虫药。

190 碧冬茄 矮牵牛

学名 **Petunia hybrida** (Hook. f.) Vilm. 属名 碧冬茄属

形态特征 多年生草本，常作一或二年生栽培，高25～50cm。全体有腺毛。茎多分枝。叶互生，在上部近对生；叶片卵形，3～4cm×1～1.5cm，先端急尖，基部宽楔形或楔形，全缘，两面被短毛。花单生于叶腋；花冠漏斗状，花形、花色因品种而异，单瓣或重瓣，紫红、粉红、蓝紫、白和复色等色或有各种斑纹，边缘皱纹状或有不规则锯齿。蒴果狭卵球形，2瓣裂，各裂瓣顶端又2浅裂。花期长，以夏、秋季为主。

地理分布 原产于南美洲。全市各地普遍栽培。

主要用途 花供观赏；种子入药，可治腹水、腹胀便秘、蛔虫病。

附种 小花矮牵牛（百万小铃，舞春花属）***Calibrachoa* 'Hybrida'**，叶片倒披针形或狭椭圆形，叶及花均小于碧冬茄；着花繁茂，单朵花开放时间长于碧冬茄。余姚及市区有栽培。

小花矮牵牛

191 日本散血丹

学名 **Physaliastrum echinatum** (Yatabe) Makino 属名 散血丹属

形态特征 多年生草本，高50～70cm。茎直立，具棱，节略膨大，上部有分枝。叶互生；叶片卵形或宽卵形，4～8cm×3～5cm，先端急尖，基部歪斜，下延至叶柄，全缘或稍波状，两面疏被短柔毛；叶柄呈狭翼状。花常2或3朵生于枝腋或叶腋，俯垂；花萼短钟状，花后增大；花冠钟形，直径约1cm，乳黄色，5浅裂。浆果球形，直径约1cm，被宿萼包围，顶端裸露。花果期8—9月。

生境与分布 见于鄞州、奉化、宁海；生于山坡或山谷林下潮湿处。产于杭州、湖州、金华等地；分布于东北及河北、山东；东北亚也有。

192 苦蘵

学名 **Physalis angulata** Linn. 属名 酸浆属

形态特征 一年生草本，高30～50cm。全株疏被短柔毛或无毛；茎多分枝。叶互生；叶片宽卵形或卵状椭圆形，2～5cm×1～2.5cm，先端渐尖或急尖，基部偏斜，全缘或具不等大的牙齿。花单生于叶腋；花梗长5～12mm；花冠淡黄色，喉部常有紫色斑点，直径5～7mm；花药蓝紫色。浆果球形，直径1～1.2cm，被膨大的宿萼所包围；宿萼卵圆形，熟时草绿色或淡黄绿色，薄纸质，具10浅纵棱，微被柔毛。花期7—9月，果期9—11月。

生境与分布 见于全市各地；生于山坡林下、林缘、溪边、宅旁、田边。产于全省各地；分布于长江以南各地；大洋洲、美洲及日本、印度也有。

主要用途 全草入药，具清热解毒、化痰利尿之功效。

附种1 **毛苦蘵** var. ***villosa***，全体密被长柔毛，果时不脱落。见于余姚、北仑、鄞州、奉化、宁海、象山；生境同苦蘵。

附种2 **小酸浆** ***P. minima***，全体密被长柔毛；花梗长约5mm；花冠喉部无紫色斑点，直径约5mm；花药淡黄色；果萼略长于1cm；浆果不充满果萼。原产于西南及湖北、江西等地；越南也有。宁海有归化；生于路边草丛中。

附种3 **毛酸浆** ***P. philadelphica***，叶片基部歪斜心形或对称心形，边缘有不等大的三角形齿；叶柄密被茸毛；花梗长3～8mm；花冠直径超过10mm；花药淡紫色；果萼长于2cm；浆果充满果萼。原产于美洲。奉化、宁海、象山有归化；生于草丛中。

毛苦蘵

小酸浆

毛酸浆

193 少花龙葵

学名 **Solanum americanum** Mill. **属名** 茄属

形态特征 一年生草本，高达1m。植株较纤细；茎无毛或近无毛。叶互生；叶片卵形至卵状长圆形，4～8cm×2～4cm，先端渐尖，基部楔形下延至柄而成翅，近全缘，波状或有不规则的粗齿，两面被疏柔毛，有时下面近无毛。花序近伞形，腋外生，具1～6花；花萼果时强烈反折；花冠白色或淡紫色，长3～5mm；花药长1～1.5mm。浆果球形，直径5～8mm，亮黑色。花果期全年。

地理分布 原产于华东、华南及湖南、四川、云南等地；世界热带和温带地区广布。余姚、奉化、宁海、象山有归化；生于溪边、密林阴湿处或林边荒地。

主要用途 叶入药，具清凉散热之功效；嫩叶可作野菜。

附种 ***龙葵 S. nigrum***，植株较粗壮；花序蝎尾状，具4～10花；花萼果时平贴果实；花冠长8～10mm，花药长2.5～3.5mm；浆果直径8～10mm。见于全市各地；生于山坡林缘、溪沟边灌草丛中、田边、路旁及宅旁。

龙葵

194 白英

学名 **Solanum lyratum** Thunb.　　属名 茄属

形态特征 多年生草质藤本，长 0.5～1m；茎下部常木质化。茎、小枝、叶片两面、叶柄及花序梗密被具节长柔毛。叶互生；叶片琴形或卵状披针形，2.5～8cm×1.5～6cm，先端急尖、渐尖或长渐尖，基部通常戟形，3～5 深裂，裂片全缘，中裂片较大，卵形，稀全缘。聚伞花序疏花，顶生或腋外生；花冠蓝紫色或白色，长 5～8mm，5 深裂，裂片自基部向下反折。浆果球形，直径约 8mm，熟时红色。花期 7—8 月，果期 10—11 月。

生境与分布 见于全市各地；生于疏林下、路边、溪沟旁。产于全省各地；分布于黄河中下游以南各地；日本及朝鲜半岛、中南半岛也有。

主要用途 全草入药，地上部分（白英）具清热解毒、祛风利湿、化痰止咳之功效，根主治风火牙痛、头痛、瘰疬、痈肿、痔漏等症，果实具明目之功效；果红色，可供观赏。

附种 1 千年不烂心 *S. cathayanum*，叶片近全缘，心形或长卵形，稀戟形 3 裂，基部心形。见于慈溪、奉化、宁海、象山；生于山坡路旁、山谷阴湿处及灌丛中。

附种 2 野海茄 *S. japonense*，植株无毛或疏被短柔毛；叶片卵状披针形或三角状宽披针形，基部圆形或楔形，稀 3 浅裂，中裂片卵状披针形。见于北仑、宁海、象山；生于山坡、山谷疏林下或水边、路旁草丛中。

千年不烂心

野海茄

195 海桐叶白英

学名 **Solanum pittosporifolium** Hemsl. 属名 茄属

形态特征 蔓性小灌木，高1m。植株光滑无毛；小枝纤细，具棱。叶互生；叶片披针形至卵状披针形，3～9cm×1～3cm，先端渐尖，基部楔形或钝圆形，有时稍偏斜，全缘。聚伞花序腋外生，疏散分叉；花冠白色，稀淡蓝色，花冠筒内藏，长约1mm，5深裂，裂片具缘毛，开放时向外反卷。浆果球形，直径约6mm，熟时红色。花期6—8月，果期9—11月。

生境与分布 见于余姚、奉化；生于林下或沟谷边。产于杭州、温州、衢州、丽水及安吉、诸暨、武义、临海等地；分布于华东、华中、西南及广东、广西、河北；越南也有。

主要用途 藤蔓修长，果实艳丽，可供观赏。

196 茄 茄子

学名 **Solanum melongena** Linn. 属名 茄属

形态特征 一年生直立草本，高 0.6～1m。幼枝、叶、花梗、花萼及花冠均被星状茸毛。叶互生；叶片卵形至长椭圆状卵形，5～14cm×3～6cm，先端钝，基部偏斜，边缘浅波状或深波状圆裂。能孕花单生，不孕花短蝎尾状，与能孕花并出；花冠紫色或白色，直径约 3cm。浆果形状、大小、颜色因品种而差异极大，常为圆柱形或近球形，紫色或白绿色，有光泽，基部有萼宿。花果期 5—9 月。

地理分布 原产于热带地区。全市各地普遍栽培。

主要用途 果为重要蔬菜；根、茎、叶入药，具麻醉、利尿、收敛之功效。

197 珊瑚樱

学名 **Solanum pseudocapsicum** Linn. 属名 茄属

形态特征 常绿小灌木，高0.3～0.6m。全株光滑无毛。叶互生；叶片狭长圆形至披针形，4.5～6cm×1～1.5cm，先端渐尖，基部楔形下延至柄，全缘或波状，侧脉在下面明显。花常单生，稀呈蝎尾状花序腋外生或与叶对生；花冠白色，花冠筒包藏于萼内，长不及1mm。浆果球形，橙红色，果梗顶端膨大。花期7—9月，果期11月至翌年2月。

地理分布 原产于南美洲。余姚、北仑、奉化、宁海、象山及市区有栽培或逸生。

主要用途 全株有毒，不能食用；果实鲜艳，经久不落，常栽培观赏；根入药，用于治疗腰肌劳损、牙痛、血热、水肿、疮疡肿痛。

198 马铃薯 土豆 洋芋

学名 **Solanum tuberosum** Linn. 属名 茄属

形态特征 多年生草本，高30～90cm。地下茎块状，扁球状或卵球状。叶互生；初生叶为单叶，全缘；茎生叶为奇数羽状复叶，长18～20cm，小叶6～9对，常大小相间，卵形或长圆形，先端急尖，基部稍不对称，全缘，两面疏被柔毛。聚伞花序顶生；花冠白色或蓝紫色，直径1.2～1.7cm。浆果大小、形状及颜色因品种而异，常球形，黄色，直径1～1.5cm。花期初夏至秋季，果期9—10月。

地理分布 原产于南美洲。全市各地普遍栽培。

主要用途 块茎富含淀粉，供食用，也用作工业淀粉原料；茎、叶可作饲料。

199 龙珠

学名 **Tubocapsicum anomalum** (Franch. et Sav.) Makino **属名** 龙珠属

形态特征 多年生草本，高30～60cm。茎直立，呈2歧分枝，枝稍呈“之”字形展开，具细纵棱；全体疏生柔毛。叶互生或于枝顶2叶双生；叶片卵形或椭圆形，4～18.5cm×2～8cm，先端渐尖，基部常偏斜，楔形下延至柄，全缘或浅波状。花单生或2至数朵簇生于叶腋；花梗细弱，下垂，果时顶端略增粗；花萼顶端不裂；花冠淡黄色，直径约8mm，裂片先端常外卷。浆果球形，直径7～10mm，熟时橘红色至红色，有光泽，宿萼稍增大。花期7—9月，果期8—11月。

生境与分布 见于慈溪、余姚、北仑、鄞州、奉化、宁海、象山；生于山坡林缘、沟谷溪旁灌草丛中。产于全省山区、半山区；分布于长江以南各地；朝鲜半岛及日本也有。

主要用途 根入药，具清热解毒、除烦热之功效；嫩茎叶可食；果色鲜艳，可供观赏。

二十一　玄参科 Scrophulariaceae*

200 香彩雀 天使花

学名 **Angelonia angustifolia** Benth.　属名 香彩雀属

形态特征　多年生草本，高25～60cm。全株被腺毛。茎下部叶对生，上部叶互生；叶片披针形或条状披针形，3～12cm×1.5～2.5cm，具尖而内弯的疏齿，叶脉明显；无叶柄。花单生于叶腋；花梗细长；花冠紫色、粉红色至白色，直径约2.2cm，花冠筒短。花期6—9月。

地理分布　原产于南美洲。全市各地有栽培。

主要用途　花色丰富，花期长，供观赏。

* 本科宁波有25属45种1变种1品种，其中归化5种，栽培7种1品种。本图鉴收录21属41种1变种1品种，其中归化4种，栽培5种1品种。

201 金鱼草

学名 **Antirrhinum majus** Linn.　　属名 金鱼草属

形态特征　多年生草本，常作一或二年生栽培，高0.3～1m。茎下部叶对生，上部叶常互生；叶片披针形或长圆状披针形，3～7cm×5～10mm，先端急尖，基部楔形，全缘，无毛；具短柄。总状花序顶生，密被腺毛；花冠筒状，基部膨大成囊状，有红、紫、黄、白等色。蒴果卵球形，长约1.5cm，有腺毛，孔裂。花果期5—10月。

地理分布　原产于地中海沿岸。全市各地有栽培。

主要用途　花色丰富，大而美丽，供观赏；全草入药，具清热凉血、消肿之功效。

202 有腺泽番椒

学名 **Deinostema adenocaula** (Maxim.) T. Yamazaki　属名 泽番椒属

形态特征　一年生草本，高 7～15cm。茎单一或基部分枝，肉质，近无毛，上部疏生头状腺体。叶对生；叶片卵圆形或卵形，宽 3～8mm，先端锐尖或钝，基部抱茎，全缘，无毛；无柄。花单生于叶腋，花梗直立，纤细，长 6～15mm，具头状腺体；花萼 5 深裂；花冠蓝色，长约 5mm。蒴果卵球形。种子具网纹。花期 8—9 月，果期 9—10 月。

生境与分布　见于北仑、鄞州、奉化、宁海、象山；生于低海拔浅水塘中或岸边草丛中。产于杭州市区、临安；分布于贵州、台湾；日本及朝鲜半岛也有。为本次调查发现的华东分布新记录植物。

主要用途　植株小巧，花色艳丽，可用于湿地绿化或盆栽观赏。

203 毛地黄

学名 **Digitalis purpurea** Linn.　　属名 毛地黄属

形态特征　一或多年生草本，常作一年生栽培，高0.6～1.2m。除花冠外，全体被灰白色短柔毛和腺毛，稀茎上几无毛。叶互生；基生叶常呈莲座状；叶片卵形或长椭圆形，8～14cm×4～6cm，先端尖或钝，基部楔形，边缘具带短尖的圆齿，两面网脉明显，向上叶渐小；下部叶有长柄，向上渐短至无。总状花序顶生，花偏向一侧；花冠有紫红、白、浅黄、淡紫等色，内面具白色或深红色斑点，边缘有睫毛。蒴果卵球形，较花萼长。种子表面具网纹及极细柔毛。花果期5—7月。

地理分布　原产于欧洲。鄞州及市区有栽培。

主要用途　叶入药，为强心剂，具利尿之功效；花美丽，可供观赏。

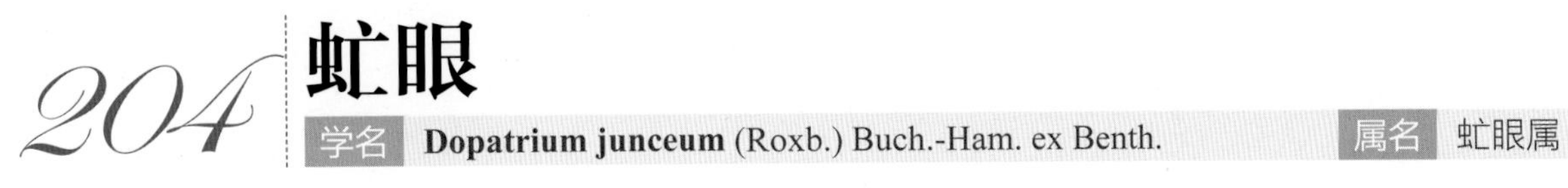

204 虻眼

学名 **Dopatrium junceum** (Roxb.) Buch.-Ham. ex Benth.　属名 虻眼属

形态特征　一年生草本，高 5～50cm。植物体稍带肉质，无毛。茎自基部多分枝，纤细。叶对生；下部叶片披针形或稍带匙状披针形，长可达 2cm，先端急尖或微钝，基部无柄而抱茎，全缘；向上叶渐小，卵圆形或椭圆形，先端钝，有时退化为鳞片状。花小，单生于叶腋；花梗纤细，下部者极短，向上渐长；花冠白色、玫瑰色或淡紫色。蒴果球形，直径 2mm。花期 8—9 月，果期 10—11 月。

生境与分布　见于宁海；生于低海拔浅水或稻田中。产于杭州市区（西湖）、临海、苍南；分布于华东及广东、广西、云南、河南、陕西等地；日本至印度，南至大洋洲也有。

主要用途　株型小巧，可供湿地绿化。

205 白花水八角 水八角

学名 **Gratiola japonica** Miq. 属名 水八角属

形态特征 一年生草本，高8～25cm。全体无毛。根状茎细长。茎肉质，直立或斜升，中下部有柔弱分枝。叶对生；叶片长椭圆形至披针形，0.7～2.3cm×2～7mm，先端具尖头，基部半抱茎，全缘，具下凹的3出脉；无柄。花单生于叶腋，无梗；花冠白色，长5～7mm，5深裂几达基部。蒴果球形，直径4～5mm，棕褐色。种子细长，具网纹。花期8—9月，果期10—11月。

生境与分布 见于鄞州；生于低海拔山沟淤泥质浅水中或茭白田中。分布于东北及江苏、江西、云南；东北亚也有。本属、种均为本次调查发现的浙江分布新记录。

主要用途 可供湿地绿化。

206 戟叶凯氏草

学名 **Kickxia elatine** (Linn.) Dumort. 属名 凯氏草属

形态特征 一年生草本。茎匍匐或斜上升，基部多分枝；全株被白色绵毛及腺毛。叶互生；叶片宽卵形至卵形，2～20mm×1～18mm，先端急尖或钝，基部戟形，全缘或叶缘中下部具不规则锯齿。花单生于叶腋；花梗纤细；花冠假面形，外面淡紫色至近白色，上唇内侧深紫色，下唇黄色至淡黄色，两侧近基部常有紫色斑块；基部距漏斗状，弯曲。蒴果近球形，直径3～4mm。花期6—9月，果期8—10月。

地理分布 原产于欧洲、北非和亚洲西南部。慈溪有归化；生于一线海塘内侧的防护林草丛中。上海、江苏已见归化个体；现已引种或扩散至美洲、大洋洲等地。本属、种均为本次调查发现的浙江归化新记录。

207 石龙尾

学名 **Limnophila sessiliflora** (Vahl) Bl. 属名 石龙尾属

形态特征 多年生草本，长10～20cm。茎细长，沉水部分无毛或几无毛，气生部分被多节短柔毛，稀几无毛。叶3～8片轮生，无毛；沉水叶多裂，裂片细而扁平或毛发状，具短柄；气生叶羽状深裂或羽状全裂，长6～15mm，密被腺点，具1或3脉，无柄。花单生于叶腋；花冠紫红色或粉红色，长6～12mm。蒴果近球形，两侧扁，具宿萼，4瓣裂。花果期8—10月。

生境与分布 见于慈溪、余姚、北仑、鄞州、奉化、宁海、象山；生于水塘、沼泽、水田等湿地。产于全省各地；分布于华东、华中、西南及广东、广西、辽宁等地；东南亚、南亚、朝鲜半岛及日本也有。

主要用途 全草入药，具清热解毒、利尿消肿之功效；可用于水体绿化。

208 泥花草

学名 **Lindernia antipoda** (Linn.) Alston 属名 母草属

形态特征 一年生草本，高 8～20cm。全体无毛。茎幼时近直立，长大后基部多分枝。叶对生；叶片椭圆形、椭圆状披针形、长圆状倒披针形或条状披针形，0.8～4cm×0.6～1.2cm，先端急尖或圆钝，基部下延，有宽短叶柄，近于抱茎，边缘有稀疏钝锯齿，羽状脉。花单生或排成总状花序；花萼 5 深裂至基部，裂片条形；花冠淡红色。蒴果狭长圆柱形，比花萼长 2～2.5 倍，果梗长 5—8mm。花果期 8—10 月。

生境与分布 见于全市各地；生于路边、田边、溪旁潮湿处。产于全省各地；分布于华东、华中、西南及广东、广西。

主要用途 全草入药，具清热解毒、消肿祛淤之功效。

附种 1 **长蒴母草 *L. anagallis***，叶片三角状卵形、卵形或长圆形，基部截形或近心形，仅茎下部叶有短柄；果梗长 6～12mm。见于江北、北仑、鄞州、奉化、宁海、象山；生于田野、路边、溪旁较潮湿处。

附种 2 **短梗母草 *L. brevipedunculata***，植物体多短枝；叶二型，茎和长枝上叶片大，基部圆形或近心形；短枝上叶片甚小，长不及 5mm；花冠紫色；果比花萼长 1 倍；果梗长 2mm。见于奉化、象山；生于山坡、田边。

附种 3 **刺毛母草 *L. setulosa***，植株基部蔓生，倾卧上升，被刺毛；叶片卵形或三角形卵形，基部宽楔形或近圆形，上面被粗毛；花冠紫色或白色；蒴果比花萼短或近等长。见于余姚、鄞州、奉化、宁海、象山；生于山坡、路边及溪边潮湿处。

长蒴母草

短梗母草

刺毛母草

209 母草

学名 **Lindernia crustacea** (Linn.) F. Muell.　属名 母草属

形态特征　一年生草本，高 8～20cm。茎常铺散成密丛，基部多分枝，弯曲上升，微四棱形，有深沟纹。叶对生；叶片三角状卵形或宽卵形，1～2cm×0.5～1.1cm，先端钝或急尖，基部宽楔形或近圆形，边缘有浅钝锯齿，下面沿脉被稀疏柔毛或近无毛，羽状脉。花单生于叶腋，或顶生成总状花序；花萼 5 浅裂，裂片三角形；花冠紫色，长 5～7mm。蒴果包藏于花萼内或与花萼近等长。花果期 7—10 月。

生境与分布　见于全省各地；生于田边、路边或溪边草地。产于全省各地；分布于华东、华中、华南、西南等地。

主要用途　全草入药，具清热、利湿、解毒之功效。

210 陌上菜

学名 **Lindernia procumbens** (Krock.) Borbás 属名 母草属

形态特征 一年生草本，高5～20cm。茎基部多分枝；枝、叶无毛。叶对生；叶片长椭圆形、卵状椭圆形或倒卵状长圆形，1～2.5cm×0.4～1cm，先端钝至圆头，全缘或具不明显钝齿，基出脉3或5，近平行；无柄。花单生于叶腋；花梗长1.2～2cm；花萼5深裂；花冠粉红色或紫色，下唇远大于上唇。蒴果卵球形或椭球形，与花萼近等长或略长，室间2裂。花果期7—10月。

生境与分布 见于全市各地；生于田埂、水边等潮湿处。产于全省各地；除西部高寒与干旱区外，我国多数地区有分布；欧洲南部及日本、马来西亚也有。

主要用途 全草入药，具清热、利湿、凉血解毒之功效。

附种1 狭叶母草 ***L. micrantha***，叶片条状披针形、披针形或条形；花梗长，果时可达3.5cm；花冠下唇略长于上唇；蒴果狭长圆柱形，比花萼长2倍。见于慈溪、余姚、鄞州、奉化、宁海、象山；生于山坡、溪沟边等潮湿处。

附种2 宽叶母草 ***L. nummulariifolia***，叶片宽卵形或近圆形；花二型，花序中央者无花梗或极短，花序外围者有长花梗；花萼5中裂；蒴果椭球形，比花萼长1～2倍。见于余姚、鄞州、奉化、宁海、象山；生于田边、沟边及路旁草地。

狭叶母草

宽叶母草

211 匍茎通泉草

学名 Mazus miquelii Makino　　**属名** 通泉草属

形态特征　多年生草本。全体无毛或有少量柔毛；具直立茎和匍匐茎，直立茎倾斜上升，高10～15cm，匍匐茎于花期发出，长15～20cm，节上常着地生根。直立茎叶片多互生，匍匐茎叶多对生；基生叶多数，莲座状，叶片倒卵状匙形，4～7cm×1～1.5cm，基部狭窄成柄，边缘具粗锯齿，有时近基部缺刻状羽裂；茎生叶卵形或近圆形，连叶柄长1.5～4cm，宽不及2cm，具疏锯齿。总状花序顶生，花稀疏；花梗在下部长2cm，向上渐短；花萼长7～10mm；花冠紫色或白色而有紫色斑，长1.5～2cm。蒴果圆球形，稍伸出萼筒。花果期2—8月。

生境与分布　见于慈溪、余姚、北仑、鄞州、奉化、宁海、象山；生于潮湿的路旁、田边、沟边及山坡草丛中。产于杭州、温州及安吉、吴兴、婺城、天台等地；分布于华东及湖南、广西；日本也有。

主要用途　全草入药，具止痛、健胃、解毒之功效；嫩茎叶可食。

附种　纤细通泉草*M. gracilis*，茎完全匍匐，仅花序部分上升，匍匐茎长达30cm，纤细；花梗长1～1.5cm；花萼长4～7mm；花冠黄色有紫色斑，或白色、蓝紫色、淡紫色，长1.2～1.5cm。见于奉化、宁海；生于丘陵水边及路旁湿处。

纤细通泉草

212 通泉草

学名 **Mazus pumilus** (Burm. f.) Steenis 属名 通泉草属

形态特征 一年生草本，高3～30cm。茎草质，直立或倾斜，无毛或疏生短柔毛，常基部分枝。基生叶莲座状或早落，茎生叶对生或互生，少数；叶片倒卵状匙形至卵状披针形，2～6cm×0.8～1.5cm，先端圆钝，基部楔形，下延成带翅叶柄，边缘具不规则粗齿或基部有1或2浅羽裂。总状花序顶生；花萼裂片卵形；花冠淡紫色或白色，下唇中裂片小；子房无毛。蒴果球形，稍露出花萼外。花果期4—10月。

生境与分布 见于全市各地；生于路旁、田野及林缘湿地。产于全省各地；除青海、新疆、宁夏及内蒙古外，遍布全国；朝鲜半岛及俄罗斯、越南、菲律宾也有。

主要用途 嫩茎叶可食；全草入药，具健胃止痛、解毒消肿之功效。

附种1 早落通泉草 ***M. caducifer***，全体被白色多节长柔毛；茎高20～50cm，粗壮，近基部木质化；叶片3.5～10cm×1.5～3.5cm；苞片早落；花梗与萼等长或更长；花萼裂片卵状披针形；子房被毛。见于余姚、北仑、鄞州、奉化、宁海、象山；生于阴湿的路旁、林下草丛中。

附种2 弹刀子菜 ***M. stachydifolius***，地上部分全被白色多节长柔毛；茎高10～50cm，不分枝或基部2～5分枝，老时基部木质化；茎生叶无柄；花梗比萼短或近等长；花萼裂片披针状三角形；花冠蓝紫色，下唇宽大，中裂片宽而圆钝；子房上部被长硬毛；蒴果包藏于花萼内。见于余姚、北仑、鄞州；生于山坡、路旁、田野。

早落通泉草

弹刀子菜

213 山萝花

学名 **Melampyrum roseum** Maxim. 属名 山萝花属

形态特征 一年生草本，高 15～50cm。全体疏被鳞片状短毛，稀茎上有 2 列多节柔毛；茎略四棱形。叶对生；叶片卵状披针形至披针形，2～8cm×0.8～3cm，先端渐尖，基部圆钝或楔形，全缘；叶柄长 5mm。苞片绿色或紫红色，下部者与叶同形，向上渐小，仅基部具尖齿至整个边缘具多条刺毛状长齿，稀全缘。总状花序顶生；花萼裂片长三角形至钻状三角形，被短睫毛；花冠红色至紫色，长 15～20mm。蒴果卵球状渐尖，长 8～10mm。花果期夏、秋季。

生境与分布 见于余姚、北仑、宁海、象山；生于山坡灌丛及高海拔草丛中。产于温州、金华、丽水及安吉、临安、开化、天台、临海等地；分布于华东、华中、东北及河北、山西、甘肃；东北亚也有。

主要用途 全草入药，具清热解毒之功效；花美丽，可供观赏。

附种 **卵叶山萝花** var. ***ovalifolium***，叶片长卵形，基部浅心形、圆钝至宽楔形；苞片两边具多条刺毛状长齿；花萼裂片长渐尖至尾状。见于宁海；生于山坡林缘、溪沟边灌草丛中。

卵叶山萝花

214 绵毛鹿茸草 白毛鹿茸草

学名 **Monochasma savatieri** Franch. ex Maxim. **属名** 鹿茸草属

形态特征 多年生草本，高15～30cm。全体密被灰白色绵毛，茎上部具腺毛。叶对生或3叶轮生，节间短；基生叶鳞片状，长3～5mm，向上成狭披针形，1～2.5cm×2～3mm，先端急尖，基部渐窄，多少下延于茎成狭翅，全缘。花单生于茎顶叶腋，呈总状花序状；萼筒有9粗肋；花冠淡紫色至近白色，长2～2.5cm。蒴果椭球形，顶端尖锐，有4纵沟。花果期4—9月。

生境与分布 见于慈溪、余姚、北仑、鄞州、奉化、宁海、象山；生于丘陵向阳山坡、岩石旁及松林下。产于全省山区、半山区；分布于华东。模式标本采自宁波。

主要用途 株型紧凑，叶色醒目，花朵美丽，供观赏；全草入药，具清热解毒之功效。

附种 **鹿茸草** ***M. sheareri***，植株仅下部具细毛，不呈灰白色；茎节间长；叶对生；花冠淡紫色，长约10mm。见于余姚、北仑、鄞州、象山；生于低山多沙山坡及草丛中。

鹿茸草

215 加拿大柳蓝花

学名 **Nuttallanthus canadensis** (Linn.) D.A. Sutton　属名 柳蓝花属

形态特征 一或二年生草本，高20～60cm。全体无毛。茎直立，基部有多数细弱无花小枝。叶在无花小枝及花枝下部通常对生或轮生，在花枝上部多为互生；叶片条形至条状倒披针形，5～25mm×1～2mm，全缘；无柄。总状花序；花冠紫色或蓝色，长10～15mm，下唇有2圆形、白色凸起。蒴果球形，直径约3mm。花期4—7月，果期7—9月。

地理分布 原产于加拿大、美国。鄞州、奉化有归化；生于海拔500m以下的苗圃地林下。本属、种均为本次调查发现的中国归化新记录。

216 华东泡桐 台湾泡桐

学名 **Paulownia kawakamii** T. Itö　　属名 泡桐属

形态特征　落叶小乔木，高6～12m。树冠呈伞形；小枝具皮孔。叶对生；叶片心形，长可达48cm，先端急尖，全缘、3～5浅裂或有角，两面均有黏毛，常具腺。花序枝的侧枝发达，几与中央主枝等长或稍短；圆锥花序宽大，长可达1m；小聚伞花序常具3花，上部者无花序梗，下部者有比花梗短的短总梗；花萼深裂至中部及以下，果期宿存并强烈反折；花冠浅紫色至蓝紫色，长3～5cm。蒴果卵球形，长2.5～4cm，顶端具短喙，果皮薄。种子连翅长3～4mm。花期4—5月，果期8—9月。

生境与分布　见于慈溪、余姚、北仑、奉化、宁海、象山；生于山坡疏林、灌丛、荒地及四旁。产于全省；分布于华东、华中及广东、广西、贵州等地。

主要用途　树冠宽大，花美，供绿化观赏；花可食；入药，近成熟果实具祛痰、止咳平喘之功效，嫩根或根皮具祛风解毒、消肿止痛之功效，木质部具祛湿消肿之功效，树皮具凉血、活血、利水通淋之功效，叶具散淤消肿之功效，花具清热解毒、和胃化湿之功效。

附种1　白花泡桐 *P. fortunei*，叶片长卵状心形，通常不分裂；枝叶、花序被黄褐色星状毛而无黏质腺毛；花序狭长，圆柱形，长25cm；花冠白色，背面稍带紫色，长8～12cm；蒴果椭球形，长6～10cm，果皮厚。见于除镇海、江北外全市丘陵山区；生于山坡、山谷疏林中及村旁；市区有栽培。

附种2　毛泡桐 *P. tomentosa*，幼枝、叶柄、幼果、花冠外面具黏质腺毛，叶背被具柄的树枝状毛或黏质腺毛；花序枝的侧枝长为中央主枝之半或稍短，花序金字塔形或狭圆锥形，长50cm；小聚伞花序具3～5花，花序梗与花梗几等长；花冠长5～7.5cm，基部向前拱曲，向上突然膨大，腹部有2条明显纵褶；宿存花萼不反折。见于余姚、北仑、鄞州、奉化、宁海、象山；生于山坡疏林中、溪谷边及四旁。

白花泡桐

毛泡桐

217 毛地黄叶钓钟柳

学名 **Penstemon laevigatus** Linn. subsp. **digitalis** (Nutt. ex Sims) Bennett **'Husker Red'**　属名 吊钟柳属

形态特征　多年生草本，高60cm。全株被茸毛；茎直立，丛生；茎、中脉、花序梗、花梗及萼片有时紫色。基生叶莲座状，稍肉质，卵圆形，先端短渐尖，基部楔形下延至柄；茎生叶交互对生，卵形至披针形，长约7.5cm，先端长渐尖，基部近心形，微抱茎，中脉上面凹下，背面隆起，无柄。花单生或3、4朵生于叶腋而呈不规则总状花序；花冠有白、粉红、蓝紫等色。花期5—10月，果期6—11月。

地理分布　原产于墨西哥。全市各地有栽培。

主要用途　花色十分丰富，基生叶秋后转红，供栽培观赏。

218 松蒿

学名 **Phtheirospermum japonicum** (Thunb.) Kanitz 属名 松蒿属

形态特征 一年生草本，高可达1m。茎多分枝；全体被多细胞腺毛。叶对生；叶片长三角状卵形，1.5～5.5cm×0.8～3cm，近基部叶羽状全裂，向上则羽状深裂，小裂片长卵形或卵圆形，略歪斜，具重锯齿或深裂；叶柄有狭翅。花单生于上部叶腋；花冠紫红色至淡紫红色，长8～25mm，外被柔毛。蒴果卵球形，长6～10mm。花果期6—10月。

生境与分布 见于余姚、北仑、奉化、宁海、象山；生于山坡灌草丛、林下阴湿处。产于全省山区、半山区；我国除青海、新疆外均有分布；东北亚也有。

主要用途 花色艳丽，可供绿化观赏；全草入药，具清热、利湿之功效。

219 天目地黄

学名 **Rehmannia chingii** H.L. Li 属名 地黄属

形态特征 多年生草本，高 30～60cm。根状茎肉质，橘黄色；全体被多节长柔毛。叶互生；基生叶多少莲座状，叶片椭圆形，6～12cm×3～6cm，先端钝或急尖，基部逐渐收缩成长翅柄，边缘具齿；茎生叶向上渐小。花单生于叶腋；花冠紫红色，长 5.5～7cm，喉部具深色斑。蒴果卵球形，长 1.4cm。种子表面具网纹。花期 3—5 月，果期 5—6 月。

生境与分布 见于宁海；生于海拔 200m 的山沟林下草丛中。产于全省山区、半山区；分布于安徽、江西。

主要用途 全草入药，具润燥生津、清热凉血之功效；嫩叶、根可食；花大艳丽，可供观赏。

220 浙玄参 玄参

学名 **Scrophularia ningpoensis** Hemsl.　属名 玄参属

形态特征　多年生草本，高 1m 以上。地下块根纺锤状或胡萝卜状。茎四棱形，有浅槽，无翅或具极狭翅，无毛或多少被白色卷毛。茎下部叶对生，上部互生；叶片多为卵形，上部有时卵状披针形至披针形，7～20cm×4.5～12cm，先端渐尖，基部楔形、圆形或近心形，边缘具细钝锯齿，下面疏被细毛。聚伞花序疏散、开展呈圆锥状；花冠暗紫色，长 8～9mm。蒴果卵球形。花期 7—9 月，果期 8—9 月。

生境与分布　见于全市丘陵山区；生于山坡林下、溪谷边或路旁灌草丛中。产于全省山区、半山区；分布于华东、华中及广东、贵州、四川、河北、山西、陕西等地。模式标本采自宁波。

主要用途　块根入药，具滋阴清火、生津润肠、行淤散结等功效。

221 阴行草

学名 **Siphonostegia chinensis** Benth. 属名 阴行草属

形态特征 一年生草本，高 30～60cm。密被锈色短柔毛。茎下部叶对生，上部叶互生；叶片宽卵形或三角形，0.8～5cm×0.4～6cm，二回羽状全裂，裂片条状披针形，先端急尖，全缘。花对生于茎上部而成稀疏总状花序，稀假对生；苞片叶状，羽状深裂或全裂；萼裂片长约为萼筒的 1/4～1/2；萼筒有 10 主脉，顶端稍缩紧；花冠黄色，长约 2.5cm，上唇紫红色。蒴果包藏于宿萼内，披针状长圆柱形。种子黑色。花期 7—8 月，果期 9—10 月。

生境与分布 见于慈溪、余姚、北仑、奉化、象山；生于山坡、路边草丛中。产于全省山区、半山区；分布于全国各地。

主要用途 花色艳丽，可供观赏；全草入药，具清湿热、凉血止血、祛淤止痛、敛疮消肿之功效；嫩叶可食；全草含挥发油、强心苷。

附种 **腺毛阴行草 *S. laeta***，全体密被腺毛；叶片掌状 3 深裂，裂片不等，中裂片长卵形，羽状半裂至羽状深裂；萼筒 10 脉较细；萼裂片长约为萼筒的 1/2～2/3；种子黄褐色。见于余姚、北仑、鄞州、奉化、宁海、象山；生于路旁、山坡与草丛中。

腺毛阴行草

222 紫萼蝴蝶草

学名 **Torenia violacea** (Azaola ex Blanco) Pennell 属名 蝴蝶草属

形态特征 一年生草本，高 8～35cm。茎四棱形。叶对生；叶片卵形或长卵形，2～4cm×1～2cm，先端渐尖，基部楔形或近截形，边缘具锯齿，两面疏被柔毛；叶柄长 5～10mm。伞形花序生于枝顶，或单花腋生；花萼长圆状纺锤形，长 1.3～1.7cm，具 5 条宽 2.5mm、略带紫红色、不下延的翅，萼齿 5；花冠长 1.5～2.2cm，淡黄色或白色，下唇裂片各有 1 蓝紫色斑块，中裂片有 1 黄色斑块。蒴果狭椭球形，包藏于宿萼内。花果期 7—11 月。

生境与分布 见于全市丘陵山区；生于山坡草丛、林下、溪边和路旁潮湿处。产于全省各地；分布于长江以南各地。

主要用途 花美丽，可作地被或盆栽观赏；全草入药，具清热解毒、利湿止咳、化痰之功效。

附种 夏堇（蓝猪耳）*T. fournieri*，叶柄长 1～2cm；总状花序；花萼椭圆形，翅宽 2mm，多少下延，萼齿 2；花冠长 2.5～4cm，筒部近白色，口部紫红色、粉红色、蓝色或蓝紫色。原产于越南。全市各地有栽培。

夏堇

223 蚊母草

学名 **Veronica peregrina** Linn.　　属名 婆婆纳属

形态特征　一年生草本，高 10～20cm。茎分枝而披散，常呈丛生状，无毛或疏被柔毛。叶对生，基部楔形；下部叶倒披针形，有短柄；上部叶长圆形，1～2cm×2～4mm，全缘或中上部有三角状锯齿，无柄。花单生于苞腋，苞片与叶同形或略小；花梗远短于苞片；花冠白色或淡蓝色，长 2mm。蒴果倒心形，侧扁，边缘具短腺毛，宿存花柱不超出凹口。花果期 4—7 月。

生境与分布　见于全市各地；生于潮湿荒地、水田边、路旁草地。产于全省各地；分布于华东、华中、西南、东北；美洲、东北亚也有，欧洲有归化。

主要用途　果内带虫瘿的全草烘干入药，具治跌打损伤、淤血肿痛及骨折之功效。

附种　**直立婆婆纳** ***V. arvensis***，茎直立，密生 2 列多节白色长柔毛；叶片圆卵形，基部圆钝，边缘具钝齿；花紫色或蓝色。原产于欧洲。全市各地均有归化；生于荒地、田边、路旁草地。

直立婆婆纳

224 婆婆纳

学名 **Veronica polita** Fries　属名 婆婆纳属

形态特征　一年生草本，高 10～25cm。全体被长柔毛。茎下部伏生地面，斜上。茎下部叶对生，上部叶互生；叶片心形至卵圆形，5～10mm×6～7mm，先端圆钝，基部圆形，边缘有深切的钝齿；具短柄。花单生于苞腋；花梗略短于叶片；花冠粉红色、淡紫色或白色，直径 4～5mm。蒴果近肾形，稍扁，密被腺毛，网脉不明显，顶端裂片凹口近直角，宿存花柱与凹口齐平或略过。种子舟状深凹。花果期 3—10 月。

生境与分布　见于全市各地；生于路边、田间、山坡。产于全省各地；分布于华东、华中、西南、西北；广布于欧亚大陆北部。

主要用途　全草入药，具补肾壮阳、凉血止血、理气止痛之功效；嫩苗可食。

附种　**波斯婆婆纳**（阿拉伯婆婆纳）***V. persica***，花梗远长于叶片；花较大，花冠蓝色；蒴果具明显网脉，顶端裂片凹口呈钝角，宿存花柱明显超过凹口。原产于亚洲西部及欧洲。全市各地均有归化；生于田间、路旁、山坡草丛中。

波斯婆婆纳

225 水苦荬

学名 **Veronica undulata** Wall. ex Jack　　**属名** 婆婆纳属

形态特征　一或二年生草本，高 15～40cm。稍肉质。茎、花序轴、花梗、花萼和蒴果被腺毛。茎中空，无毛。叶对生；叶片长圆状披针形或披针形，3～8cm×0.5～1.5cm，先端近急尖，基部圆形或心形而呈耳状微抱茎，边缘有锯齿。花多朵排成疏散总状花序；花梗平展；花冠白色、淡红色或淡蓝紫色，直径 5mm。蒴果球形，直径约 3mm。花果期 4—6 月。

生境与分布　见于全市各地；生于沟边、农田湿地等处。产于全省各地；广布全国；东亚、南亚也有。

主要用途　带虫瘿的全草入药，具解毒消肿、和血止痛、通经止血、利尿之功效；嫩苗可食。

226 爬岩红

学名 **Veronicastrum axillare** (Sieb. et Zucc.) T. Yamazaki　　属名 腹水草属

形态特征　多年生草本。根状茎短而横走。茎细长而拱曲，顶端着地生根，中上部具棱脊，无毛，极少在棱处有疏卷毛。叶互生；叶片卵形至卵状披针形，5～12cm×2.5～5cm，先端渐尖，基部圆形或宽楔形，边缘具偏斜的三角状锯齿，无毛；具短柄。穗状花序腋生，稀顶生；花无梗；花冠紫色或紫红色，长5～6mm。蒴果卵球形。花果期7—11月。

生境与分布　见于全市丘陵山区；生于林下阴湿处、林缘草地及溪谷边。产于全省山区、半山区；分布于华东及广东等地；日本也有。

主要用途　全草入药，具清热解毒、利尿消肿、散淤止痛之功效。

二十二　紫葳科 Bignoniaceae*

227 美国凌霄 厚萼凌霄

学名 **Campsis radicans** (Linn.) Seem. ex Bur.　　属名 凌霄属

形态特征　落叶攀援藤本。茎木质，具气生根。叶对生，奇数羽状复叶，小叶9或11；小叶片卵圆形至卵状椭圆形，3.5～6.5cm×2～4cm，先端尾状渐尖，基部楔形，边缘具齿，下面至少沿中脉被短柔毛。短圆锥花序顶生；花萼5裂至1/3处，裂片卵状三角形；花冠橙红色至鲜红色，漏斗状钟形，直径约4cm；雄蕊、花柱内藏。蒴果长圆柱形，顶端具喙尖。花期7—10月，果期11月。

地理分布　原产于美洲。全市各地常见栽培。

主要用途　花大而美丽，供观赏；花干后可作通经利尿药，根可治风湿痛、跌打损伤。

附种1　凌霄 *C. grandiflora*，小叶通常7或9，小叶片卵形至卵状披针形，两面无毛；花萼5裂至中部，裂片披针形；花冠橙红色，直径约7cm；蒴果顶端钝。原产于黄河流域、长江流域及广东、广西、贵州。全市各地有栽培。

附种2　非洲凌霄（紫云藤，粉花凌霄属）***Podranea ricasoliana***，无气生根；小叶7～11，全缘；花冠粉红色至淡紫色，冠喉白色。原产于非洲，市区有栽培。

* 本科宁波有4属6种，其中栽培5种。本图鉴全部收录。

凌霄

非洲凌霄

228 梓树

学名 **Catalpa ovata** G. Don　　属名 梓树属

形态特征 落叶乔木，高达10m。小枝具柔毛。叶对生、近对生或轮生；叶片宽卵形至近圆形，10～30cm×7～25cm，先端渐尖，基部圆形或心形，全缘或3浅裂，掌状脉5或7条，两面粗糙，脉腋有紫色腺体。圆锥花序顶生；花冠钟状，浅黄色，长约2.5cm，喉部具2黄色线纹和紫色斑点。蒴果细圆柱形，下垂，长20～30cm，直径5～7mm。种子长6～8mm，宽3mm，两端具平展长柔毛。花期5—6月，果期8—10月。

生境与分布 见于慈溪、北仑、鄞州、奉化、象山；生于低山河谷、湿润土壤；余姚、镇海、江北、宁海及市区有栽培。产于安吉、杭州市区、建德、普陀、开化、龙游、磐安、武义、天台等地；分布于长江流域及以北各地；日本也有。

主要用途 可作行道及绿化树种；入药，树皮具清热、止痛、消肿之功效，根皮具清热、利湿之功效，果实和种子具利尿之功效；花可食；材质优良，耐腐耐湿。

附种 黄金树 *C. speciosa*，叶对生，全缘，无腺体；小枝无毛；花冠白色，长4～5cm；蒴果长30～55cm，直径10～12mm；种子长25～35mm，宽6mm。原产于美国。慈溪、奉化、象山有栽培。

黄金树

229 硬骨凌霄

学名 **Tecomaria capensis** (Thunb.) Spach　　属名 硬骨凌霄属

形态特征 常绿披散状灌木，高1～2m。枝细长，绿褐色，常有小瘤状突起。叶对生，奇数羽状复叶，小叶7或9；小叶片卵形至宽椭圆形，长1～2.5cm，先端急尖或渐尖，基部楔形，多少偏斜，边缘有不规则钝头的粗锯齿，两面无毛或下面叶脉内被绵毛。总状花序顶生；花冠红色或橘红色，有深红色纵纹，稍呈漏斗状，弯曲，二唇形；雄蕊、花柱伸出花冠。蒴果长2.5～5cm。花期春季，果期夏季。

地理分布 原产于南美洲。鄞州及市区有栽培。

主要用途 花美丽，供观赏。

二十三 胡麻科 Pedaliaceae*

230 胡麻 芝麻 油麻

学名 **Sesamum indicum** Linn. 属名 胡麻属

形态特征 一年生草本，高达 1.5m。茎四棱形，具纵槽。叶对生或上部叶互生；下部叶片卵形至长圆状卵形，3～10cm×2.5～4cm，边缘先端急尖或稍钝，基部圆或钝，边缘 3 浅裂或掌状 3 深裂；上部叶片卵形、长圆形、披针形至条形，5～10cm×0.6～3.5cm，先端渐尖，基部急收狭或稍钝，全缘或具缺刻。花单生或 2～3 朵生于叶腋；花冠白色，常有紫红色或黄色彩晕。蒴果直立，四棱状椭球形，纵裂。种子多数，黑色、白色或淡黄色。花果期 6—8 月。

地理分布 原产于印度。全市各地有栽培。

主要用途 油料作物；种子为滋养强壮药，又为糖果和点心原料；麻油、茎、叶、花、果壳和胡麻枯饼均可入药。

* 本科宁波有 2 属 2 种，其中栽培 1 种。本图鉴全部收录。

231 茶菱

学名 **Trapella sinensis** Oliv.　　属名 茶菱属

形态特征　多年生浮水草本。根状茎横走，有多数须根。茎长 45～60cm，疏生分枝，无毛。叶对生，叶下面淡紫红色；沉水叶披针形，长 3～4cm，先端急尖，基部楔形，边缘疏生锯齿，具短柄；浮水叶肾状卵形或心形，长 1.5～2.5cm，先端钝圆，基部浅心形，边缘有波状齿。花单生于叶腋；花梗长 1～3cm；花冠漏斗状，白色或淡红色，筒部黄色。蒴果圆柱形，不裂，在宿存花萼下有 5 根细长针刺，其中 3 根长，顶端卷曲成钩状，2 根短，钻刺状。花期 8—9 月，果期 10—11 月。

生境与分布　见于除镇海、江北及市区外全市各地；生于池塘、浅水河流中。产于杭州、金华、丽水及吴兴、桐乡、新昌、开化、天台、临海、莲都、瓯海、泰顺等地；分布于华东、华中、东北及广西、河北等地；东北亚也有。

主要用途　可用于水体绿化。

二十四　列当科 Orobanchaceae*

232 野菰

学名 **Aeginetia indica** Linn.　　属名 野菰属

形态特征　一年生寄生草本，高 15～35cm。根稍肉质。茎单一或从基部分枝，黄褐色或紫红色。叶互生；叶鳞片状，肉红色，卵状披针形或披针形，5～10mm×3～4mm，两面无毛，疏生于茎基部。花常单生，紫色，稍俯垂，具长梗；花萼佛焰苞状，紫红色或黄白色，顶端尖，一侧斜裂；花冠二唇形，带黏液，与萼片同色，干时变黑色，5 浅裂。蒴果 2 瓣开裂。花期 4—8 月，果期 8—10 月。

生境与分布　见于北仑、鄞州、奉化、宁海、象山；寄生于林下草地或阴湿处的禾草类植物的根上。产于全省丘陵山区；分布于华东、西南及广东、广西、湖南等地；东南亚、南亚及日本也有。

主要用途　全草入药，具解毒消肿、清热凉血之功效；花独特，可供观赏。

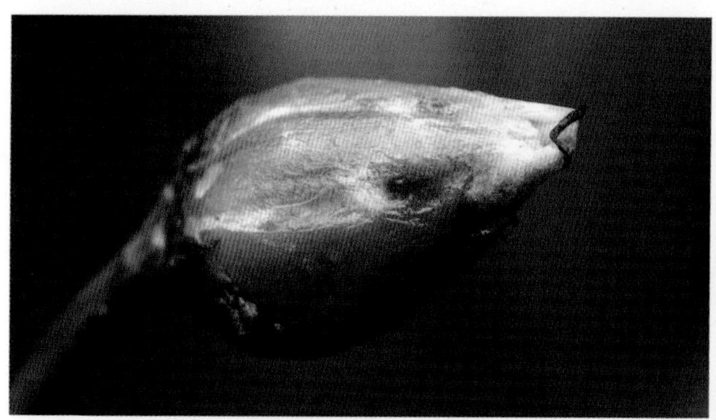

* 本科宁波有 1 属 1 种。本图鉴予以收录。

二十五　苦苣苔科 Gesneriaceae*

233 大花旋蒴苣苔

学名 **Boea clarkeana** Hemsl.　　属名 旋蒴苣苔属

形态特征　多年生草本。茎缩短；叶两面、叶柄及花序均被短糙伏毛。叶基生；叶片卵形或宽卵形，2.5～11cm×1.5～4cm，先端钝圆，基部宽楔形或偏斜，边缘具细锯齿，侧脉5或6对；叶柄长1.5～6cm。聚伞花序伞状，1～4条腋生，每花序具2～10花；花萼5裂至中部；花冠蓝紫色，直径1.2～1.8cm。蒴果细圆柱形，螺旋状扭曲。花果期7—9月，果期9—11月。

生境与分布　见于北仑、鄞州、奉化；生于低海拔山坡阴湿岩石上。产于温州、金华、衢州及临安、淳安、诸暨、普陀、三门等地；分布于华东、华中、西南及陕西。

主要用途　全草入药，具消肿、散淤、止血之功效；花大而美，可供岩面绿化或盆栽观赏。

附种　旋蒴苣苔（猫耳朵）***B. hygrometrica***，基生叶密集成莲座状，叶片近圆形、圆卵形或卵形，1.8～6cm×1.3～5.5cm，上面被伏贴的白色长柔毛，下面被白色或淡褐色茸毛，无柄；花萼5裂至近基部；花冠淡蓝紫色，直径6～10 mm。见于余姚、北仑、鄞州、奉化、宁海；生于低山、丘陵石壁上。

* 本科宁波有6属6种1变型，其中栽培1种。本图鉴收录5属5种1变型。

旋蒴苣苔

234 苦苣苔

学名 **Conandron ramondioides** Sieb. et Zucc.　属名 苦苣苔属

形态特征　多年生草本。根状茎短、横卧，芽密被多节锈色长柔毛。叶常 1 或 2，基生；叶片椭圆状卵形或长圆形，10～24cm×3～14cm，先端急尖或渐尖，基部宽楔形或近圆形，边缘有锯齿，有时浅波状不明显浅裂，两面无毛；叶柄具翅，扁，长 4～19cm。花茎 1 或 2，纤细，长达 16cm，疏生白色短柔毛；聚伞花序伞状，二或三回分枝，具 5～9 花；花萼 5 裂至近基部；花冠紫色或白色，直径 1～1.8cm。蒴果狭卵球形或长椭球形，具宿存花柱。花期 7—8 月，果期 8—10 月。

生境与分布　见于奉化、宁海；生于溪边石壁或岩石上。产于丽水、温州、台州及安吉、临安、淳安、婺城、武义、开化等地；分布于华东；日本也有。

主要用途　全草入药，与秋海棠、夏枯草等混合外敷，可治毒蛇咬伤；花美丽，可供岩壁绿化及盆栽观赏。

235 红花温州长蒴苣苔

学名 **Didymocarpus cortusifolius** (Hance) Lévl. form. **rubra** W.Y. Xie, G.Y. Li et Z.H. Chen　属名 长蒴苣苔属

形态特征　多年生草本。根状茎粗短。叶基生；叶片宽卵形或近圆形，4.6～10cm×4～9cm，先端钝，基部深心形，边缘浅裂，具不整齐牙齿，上面密生短柔毛，下面疏被短柔毛，沿脉连同叶柄有锈色长柔毛。花序近伞形，一或二回分歧，具4～10花；花萼钟状，5浅裂；花冠淡紫红色，长2.5～3cm。蒴果细圆柱形，长5～6 cm。花期5—6月，果期7—8月。

生境与分布　见于鄞州、奉化；生于低海拔山地沟谷阴湿岩壁上。产于新昌、诸暨、东阳、磐安、仙居。为本次调查发现的植物新变型。

主要用途　浙江特有植物。花、叶俱美，可供岩面绿化及盆栽观赏。

236 半蒴苣苔

学名 **Hemiboea henryi** C.B. Clarke　属名 半蒴苣苔属

形态特征 多年生草本，高 10～30cm。茎、叶肉质。茎具 4 或 5 节，不分枝，近基部有棕褐色斑点。叶对生；叶片椭圆形或倒卵状椭圆形，4～25cm×2～11cm，先端急尖或渐尖，基部楔形下延；叶柄具翅，翅合生，呈船形。聚伞花序假顶生或腋生，具 3～10 花；花萼 5 深裂；花梗粗；花冠白色，具淡紫色斑点。蒴果披针状圆柱形，稍弯，呈镰刀状。花期 8—9 月，果期 9—11 月。

生境与分布 见于余姚、北仑、鄞州、奉化、宁海；生于林下阴湿的岩石缝、岩石堆中。产于全省丘陵山区；分布于长江以南各地。

主要用途 花、叶俱美，可供岩面绿化及盆栽观赏；全草入药，具清热解毒、利尿止咳之功效；可作猪饲料；嫩茎叶也可作野菜。

237 吊石苣苔 石吊兰

学名 **Lysionotus pauciflorus** Maxim. 属名 吊石苣苔属

形态特征 附生小灌木，茎长 5～25 cm。叶在枝顶密集，下部 3 或 4 叶轮生；叶片革质，通常倒卵状椭圆形或条形，2.5～6cm×0.5～2cm，先端钝或急尖，基部狭楔形，边缘中部以上有钝齿或锯齿，中脉明显，在下面凸起；叶柄短或近无。聚伞花序顶生，具 1～3 花；花冠白色，稍带紫色，内面具 2 黄色肋状凸起和深紫色条纹。蒴果条状圆柱形。种子顶端有 1 长毛。花期 7—8 月，果期 9—10 月。

生境与分布 见于全市各地；生于阴湿的峭壁岩缝或岩壁脚下或树上。产于全省丘陵山区；分布于秦岭以南各地；日本、越南也有。

主要用途 全株入药，具益肾强筋、散淤镇痛、舒筋活络之功效；枝叶清秀，花美丽，可供岩面绿化及盆栽观赏。

二十六　狸藻科 Lentibulariaceae*

238 扇唇狸藻

学名 **Utricularia tenuicaulis** Miki.　　属名 狸藻属

形态特征　一年生水生草本。假根2～4，具总状分枝。匍匐枝及其分枝顶端于秋季常产生淡紫色冬芽。叶器多数，互生，多回二歧状分裂，末回裂片丝状或毛发状；捕虫囊侧生于叶器裂片上。花序直立，具3～8朵疏离的花，花序梗具1～3与苞片同形的鳞片；苞片基部着生，基部耳状；花冠黄色，长12～15mm。蒴果球形，周裂，宿存花柱丝状。种子边缘具6角，表面有细网状凸起。花果期7—10月。

生境与分布　见于北仑、鄞州、宁海；生于浅水池塘、湖泊、稻田中。产于杭州、湖州及普陀、乐清、开化、庆元等地；分布于长江以南各地；欧洲、非洲热带、东南亚、南亚及日本也有。

附种1　**黄花狸藻** ***U. aurea***，匍匐枝无冬芽；苞片基部非耳状；花序梗无鳞片；宿存花柱喙状；种子表面网状凸起不明显。见于北仑、鄞州、奉化、宁海、象山；生于水田或池塘中。

附种2　**少花狸藻** ***U. gibba***，匍匐枝无冬芽；叶器一或二回2歧状深裂；苞片基部非耳状；花冠长4～6mm；花序梗具1鳞片；蒴果室背开裂。见于鄞州、宁海；生于浅水池塘、水田或沼泽地中。

* 本科宁波有1属5种。本图鉴全部收录。

黄花狸藻

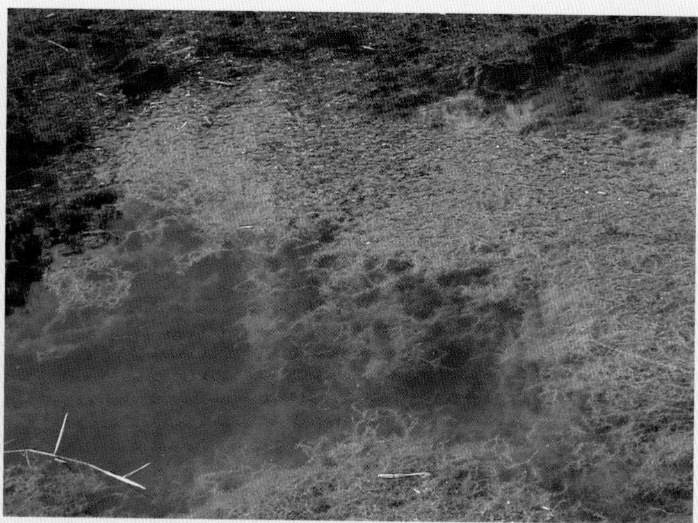

少花狸藻

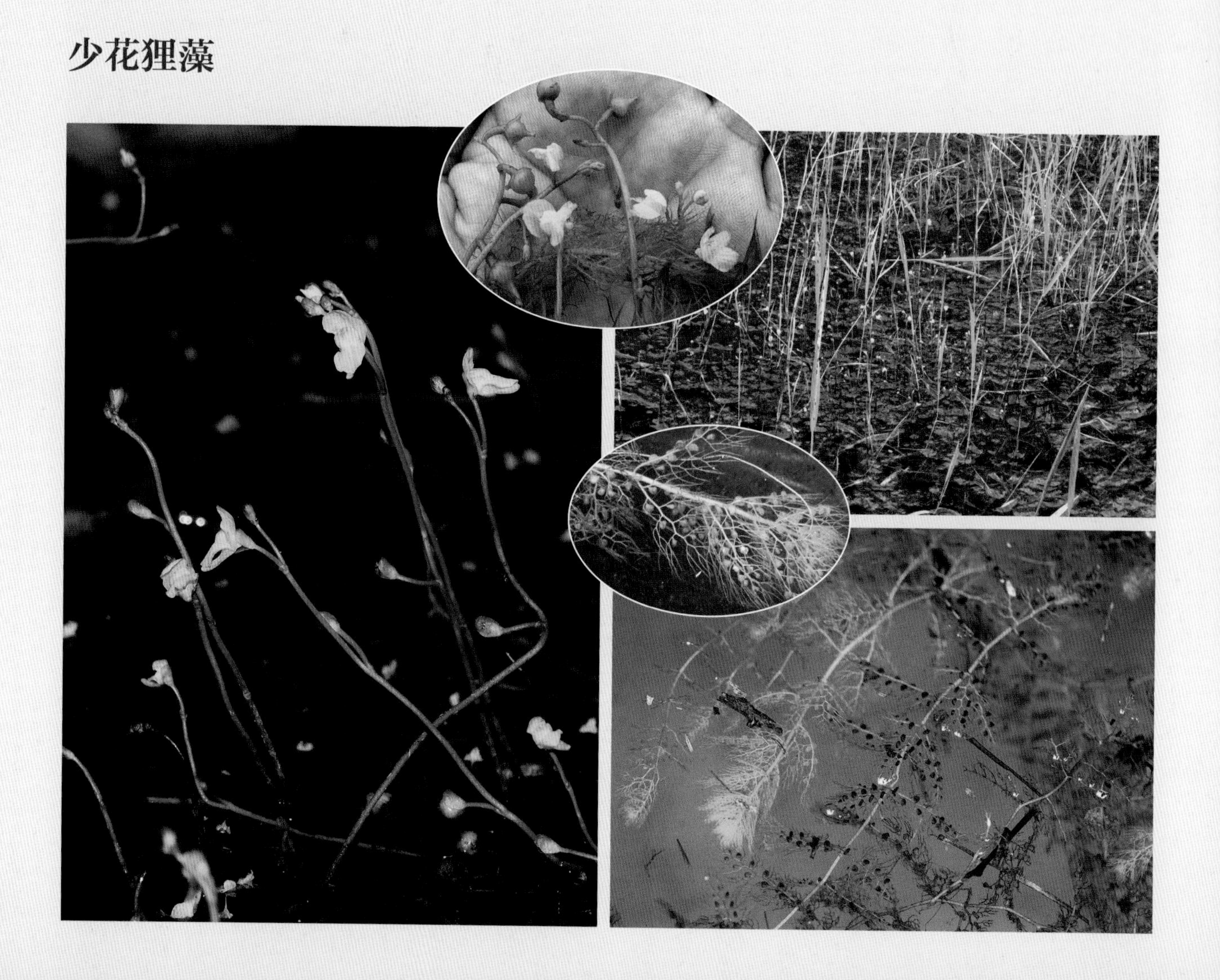

239 挖耳草

学名 **Utricularia bifida** Linn. 属名 狸藻属

形态特征 一年生陆生小草本。假根少数，丝状，具多数乳头状分枝；匍匐枝少数，丝状，具分枝。叶器生于匍匐枝节上，条状匙形，无毛，具1脉。捕虫囊生于叶器及匍匐枝上，球形，侧扁，具柄；囊口基生，上唇具2钻形附属物，弧状弯曲。总状花序直立，具3～8朵疏离的花；花序梗具1～5鳞片；苞片宽卵状长圆形，先端钝，基部着生；花梗长2～3mm，果时下弯；花萼裂片长3～4mm，果时伸长至5～6mm；花冠黄色；喉凸隆起成浅囊状；距钻形，与下唇瓣近等长。蒴果宽椭球形，室背开裂。花果期8—10月。

生境与分布 见于余姚、北仑、鄞州、奉化、宁海、象山；生于沼泽地、稻田或沟边等空旷湿地上。产于温州、丽水及杭州市区、临安、普陀、定海、诸暨、开化、天台、温岭等地；分布于我国东南部和西南部；东南亚至澳大利亚也有。

主要用途 全草入药，具清热解毒、消肿止痛之功效。

附种 钩突耳草 ***U. warburgii***，叶器生于花梗基部及匍匐枝节上，狭倒卵形；捕虫囊口侧生，上唇具1钻形附属物，钩状弯曲；苞片中部着生；花梗长0.7～1mm，果时直立；花萼裂片长2～3mm；花冠淡蓝紫色；距较下唇瓣略长。见于余姚、北仑、鄞州、奉化、宁海、象山；生于沼泽地、水湿草地或滴水岩壁上。模式标本采自宁波。

钩突耳草

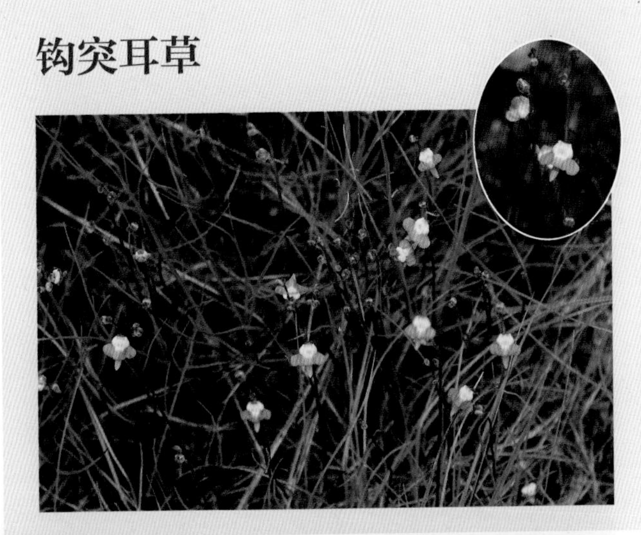

二十七　爵床科 Acanthaceae*

240 白接骨 接骨草

学名 **Asystasiella neesiana** (Wall.) Nees ex Wall.　属名 白接骨属

形态特征　多年生草本，高0.4～1m。根状茎白色、富黏液。茎略呈四棱形，疏被毛或无毛，节稍膨大。叶对生；叶片卵形至椭圆状长圆形，3～16cm×1.6～6.5cm，先端渐尖至尾尖，基部渐狭，下延至柄，边缘浅波状或具浅钝锯齿，两面有凸点状钟乳体。总状花序顶生；花单生或双生；花冠淡红紫色。蒴果棍棒形，尖头，下部实心，细长似柄。花期7—10月，果期8—11月。

生境与分布　见于余姚、北仑、鄞州、奉化、宁海、象山；生于阴湿的山坡林下、溪边石缝、路边草丛及田畔。产于杭州、衢州及安吉、德清、诸暨、婺城、浦江、天台、遂昌、庆元、永嘉、泰顺等地；分布于江苏、江西、湖北、广东、广西、四川、河南等地。

主要用途　根状茎或全草入药，具清热解毒、散淤止血、利尿之功效；花美丽，可供绿化观赏。

* 本科宁波有8属8种1变种，其中栽培1种。本图鉴全部收录。

241 水蓑衣

学名 **Hygrophila ringens** (Linn.) R. Br. ex Spreng.　属名 水蓑衣属

形态特征　一至二年生草本，高30～60cm。茎四棱形，具4钝棱和纵沟，仅节上被疏柔毛。叶对生；叶片披针形或披针状条形，3～13cm×0.5～2.2cm，先端钝，基部渐狭，下延至柄，全缘；叶柄短或近无柄。花2～7朵簇生于叶腋；苞片有缘毛；花冠淡红紫色或粉红色，花冠筒稍长于冠檐。蒴果条状圆柱形或椭球形。种子四方状球形，遇水即现白色密茸毛。花果期9—11月。

生境与分布　见于全市各地；生于山麓或山谷溪边阴湿地及水田边。产于杭州、温州、绍兴、金华、丽水、台州及安吉、开化、衢江、普陀等地；广布于长江以南各地。

主要用途　全草入药，具活血通络、理气祛淤、解毒之功效；嫩茎叶可食。

242 圆苞杜根藤

学名 **Justicia championii** T. Anders. ex Benth. 属名 爵床属

形态特征 多年生草本，高达 50cm。茎直立或披散状，略呈四棱形，有浅沟，沿沟被短柔毛，节稍膨大。叶对生；叶片椭圆形至长圆状披针形，2～12cm×1～3cm，先端略钝至渐尖，基部楔形下延至柄，全缘或浅波状，上面有短条状钟乳体和平贴刚毛。聚伞花序生于上部叶腋，紧缩呈簇生状，有 1 至少数花；苞片圆形，叶状，有羽脉；花冠白色，有时有红斑。蒴果下部实心似柄。花期 (6) 7—10 月，果期 8—11 月。

生境与分布 见于余姚、奉化、宁海；生于沟谷林缘、林下、灌丛中及草丛中。产于杭州、温州、金华、衢州、台州、丽水及安吉等地；分布于华东、华中、华南及四川、云南等地。

主要用途 全草入药，具活血通络、理气祛淤、解毒之功效。

243 九头狮子草

学名 **Peristrophe japonica** (Thunb.) Bremek.　　属名 山蓝属

形态特征　多年生草本，高 25～50cm。茎有棱及纵沟，被倒生伏毛。叶对生；叶片卵状长圆形至披针形，2.5～13cm×1～5cm，先端渐尖，基部楔形，稍下延，全缘，两面有钟乳体及少数平贴硬毛。花序由 2～8 聚伞花序组成，每聚伞花序具苞片 2，内有 1～4 花；花冠淡红色，极易脱落。蒴果椭球形，被疏柔毛。花期 7—10 月，果期 10—11 月。

生境与分布　见于全市各地；生于树荫下、溪边、路旁及草丛中。产于杭州、温州、绍兴、金华、台州、丽水及安吉、衢江、开化、普陀等地；分布于华东、华中、西南及甘肃等地；日本也有。

主要用途　全草入药，具解表发汗、清热解毒、活血消肿之功效。

244 爵床 小青草

学名 **Rostellularia procumbens** (Linn.) Nees　　属名 爵床属

形态特征　一年生匍匐或披散草本，高 10～50cm。茎通常具 6 钝棱及浅槽，沿棱被倒生短毛，节稍膨大。叶对生；叶片椭圆形至椭圆状长圆形，1.2～6cm × 0.6～2cm，先端急尖或钝，基部楔形，全缘或微波状，上面贴生横列的粗大钟乳体，下面沿脉疏被短硬毛。穗状花序顶生或生于上部叶腋；花冠淡红色或紫红色；苞片、小苞片具缘毛。蒴果条状圆柱形，下部实心似柄。花期 8—11 月，果期 10—11 月。

生境与分布　见于全市各地；生于旷野草地、林下、路旁、水沟边较阴湿处。产于全省各地；分布于秦岭以南各地；亚洲南部至澳大利亚也有。

主要用途　全草入药，具清热解毒、利尿消肿之功效；嫩茎叶可食。

附种　**密毛爵床** var. ***hirsuta***，茎密被向下短柔毛和开展长硬毛；叶两面、苞片、小苞片、萼片均密被长硬毛，脉上尤密；花冠淡紫色。见于象山（南韭山）；生于滨海山坡草丛、路边林缘。为本次调查发现的中国大陆分布新记录植物。

密毛爵床

245 翠芦莉 兰花草

学名 **Ruellia brittoniana** Leon.　　属名 单药花属

形态特征　多年生常绿草本，高 1m。地下茎蔓延交织成网。茎略呈四棱形，具沟槽，红褐色。叶对生；叶片条状披针形，8～15cm×0.5～1cm，先端渐尖，基部楔形下延，全缘或具疏锯齿，新叶及叶柄常呈紫红色。花单生于叶腋；花冠漏斗状，直径3～5cm，蓝紫色，稀粉色或白色，具放射状条纹。蒴果细长，熟时褐色。花果期 3—10 月。

地理分布　原产于墨西哥。全市各地城区绿地有栽培。

主要用途　姿态优雅，花色艳丽，供观赏。

246 密花孩儿草

学名 **Rungia densiflora** H.S. Lo　　属名 孩儿草属

形态特征　多年生草本，高20～70cm。根状茎细长；茎直立或基部匍匐，稍粗壮，被2列倒生短柔毛；小枝被白色皱曲多节柔毛。叶对生；叶片椭圆状卵形、卵形或披针状卵形，2～8.5cm×1～3cm，先端渐尖，稍钝头，基部楔形或稍下延。穗状花序顶生和腋生，密花；花序梗短；苞片4列，全能育，同形，通常匙形，有时倒卵形；花冠天蓝色。蒴果长约6mm。花期8—9月，果期9—11月。

生境与分布　见于奉化；生于较湿的沟谷林下、山坡、路旁、溪边及石墙缝中。产于杭州、温州、衢州、丽水及安吉、诸暨、磐安、武义等地；分布于安徽、江西、广东。

主要用途　全草入药，具清热解毒、利尿消肿之功效；亦可供观赏。

少花马蓝 紫云菜

学名 **Strobilanthes oligantha** Miq. 属名 马蓝属

形态特征 多年生草本，高30～60cm。茎略呈四棱形，有白色多节长柔毛，基部节膨大膝曲。叶对生；叶片宽卵形或三角状宽卵形，4～11cm×2.6～6cm，先端渐尖，基部楔形，稍下延，边缘具圆钝疏锯齿，上面及下面沿脉疏生具节短毛，两面贴生短条状钟乳体。穗状花序呈头状，顶生或腋生，有花数朵；苞片叶状，无柄，具毛；花冠淡紫色。蒴果椭球形，近顶端有短柔毛。花期8—10月，果期9—11月。

生境与分布 见于除镇海、北仑外全市各地；生于山坡林下、林缘阴湿处及溪旁或路边草丛中。产于杭州、温州、金华、台州、丽水及诸暨、新昌、开化等地；分布于华东及湖北等地；日本也有。

主要用途 全草入药，具清热凉血之功效。

二十八　苦槛蓝科 Myoporaceae*

248 苦槛蓝 护岸青

学名 **Pentacoelium bontioides** Sieb. et Zucc.　　属名 苦槛蓝属

形态特征　常绿灌木，高1～3m。小枝紫色，枝、叶无毛。叶互生，集生于枝顶；叶片肉质略厚，有透明油点，倒披针形至长椭圆形，6～11cm×1.5～4cm，先端渐尖，基部楔形下延，全缘，侧脉不明显。花1～3朵腋生；花梗细，下弯；花冠漏斗形，淡紫色，有深紫色斑点及淡紫色条纹，筒部深紫色。核果球形，顶端尖，萼宿存。花期3—4月，果期6—7月。

地理分布　原产于洞头；分布于华南及福建沿海。慈溪、北仑、象山有栽培。

主要用途　根、茎叶入药，根可治肺病及湿病，茎叶煎服，具解诸毒之功效；耐盐碱、水湿、干旱，易扩繁，花色艳丽，是滨海地区优良固堤和绿化观赏植物。

* 本科宁波栽培1属1种。本图鉴予以收录。

二十九　透骨草科 Phrymaceae*

249 透骨草

学名 **Phryma leptostachya** Linn. subsp. **asiatica** (Hara) Kitam.　属名 透骨草属

形态特征　多年生草本，高30～80cm。茎直立，不分枝，四棱形，有倒生短柔毛。叶对生；叶片卵形或卵状长椭圆形，5～10cm×4～7cm，先端渐尖或短尖，基部渐狭成翅，边缘有钝齿，两面疏生细毛，脉上有短毛。总状花序顶生或腋生；花疏生，具短柄；花萼有5棱，上唇3齿呈钩状；花冠粉红色或白色。瘦果包藏于花萼内，下垂，棒状。花期7—8月，果期9—10月。

生境与分布　见于北仑、奉化、宁海；生于阴湿林下及林缘。产于全省山区、半山区；分布几遍全国；东北亚、南亚及越南也有。

主要用途　根或全草入药，具解毒、杀虫之功效。

* 本科宁波有1属1亚种。本图鉴予以收录。

三十　车前科 Plantaginaceae*

250 车前 蛤蟆草

学名 **Plantago asiatica** Linn.　　属名 车前属

形态特征　多年生草本。须根系，根状茎短而肥厚；全体光滑或稍有短毛。叶基生；叶片卵形至宽卵形，4～12cm×4～9cm，先端钝，基部楔形，全缘或具波状浅齿。穗状花序排列不紧密；苞片狭卵状三角形或三角状披针形，长大于宽；花绿白色，具短梗；花冠裂片三角状长圆形，花后反折；花药新鲜时常白色。蒴果于近基部周裂。种子5～15。花果期4—9月。

生境与分布　见于全市各地；生于圃地、荒地、沟边、田边、路旁、草地或村边空旷处。产于全省各地；分布于全国各地；东亚、东南亚、南亚也有。

主要用途　全草、种子（车前子）入药，具清热利尿、渗湿通淋、明目、祛痰之功效；嫩叶可食。

附种　大车前 ***P. major***，叶片大，5～30cm×3.5～10cm，边缘波状或有不整齐锯齿；苞片宽卵状三角形，宽等于或略超过长；花无梗；花药新鲜时常淡紫色；蒴果于近中部或稍下周裂；种子(8)12～24(34)。见于余姚、北仑、象山；生于路旁、沟边、田埂潮湿处；宁海有栽培。

大车前

* 本科宁波有1属5种，其中归化1种。本图鉴收录1属4种，其中归化1种。

251 北美毛车前

学名 **Plantago virginica** Linn.　属名 车前属

形态特征　二年生草本。直根系，根状茎粗短；全株被白色长柔毛。叶基生；叶片狭倒卵形或倒披针形，4～7cm×1.5～3cm，先端急尖，基部楔形下延成翅柄，边缘具浅波状齿。穗状花序长(1)3～18cm，下部常间断；花序梗长4～20cm；苞片披针形或狭卵形；花冠淡黄色；雄蕊着生于冠筒内面顶端。蒴果宽卵球形，基部上方周裂。种子2。花果期4—5月。

地理分布　原产于北美洲。全市各地自海边滩涂至四明山区均有归化；生于荒地、路边、房前屋后、停车场等地。

主要用途　全草入药，具清热利尿、祛痰、凉血、解毒之功效。

附种　长叶车前 *P. lanceolata*，叶片条状披针形、披针形或椭圆状披针形，6～20cm×0.5～4.5cm，无毛或散生柔毛，全缘或具极疏的小齿；穗状花序长1～5(8)cm，紧密；花序梗长10～60cm；苞片卵形或椭圆形；花冠白色；雄蕊着生于冠筒内面中部。见于慈溪、余姚、镇海、北仑、鄞州；生于海滩、河滩、草滩湿地、山坡多石处或沙质地、路边、荒地。

长叶车前

三十一　茜草科 Rubiaceae*

252 水团花

学名 **Adina pilulifera** (Lam.) Franch. ex Drake　属名 水团花属

形态特征　常绿灌木至小乔木，高达5m。小枝褐色，具皮孔，无毛或仅幼枝被粉尘状微毛。叶对生；叶片倒披针形或长圆状椭圆形，4～10cm×1～3cm，先端渐尖而略钝，基部楔形，全缘，两面无毛，稀下面脉腋有束毛，侧脉8～10对；叶柄长3～9mm；托叶位于叶柄间，2深裂。头状花序单生于叶腋，稀顶生，直径约1cm；花冠白色。蒴果楔形，具纵棱。花期6—8月，果期9—11月。

生境与分布　见于宁海、象山；生于山坡谷地及溪边路旁灌丛中。产于温州、台州、丽水及建德、普陀、婺城、衢江等地；分布于长江以南各地；日本、越南也有。

主要用途　根深枝密，可作固堤植物及供绿化观赏；木材纹理密致，可供雕刻及作小器具用材；根、枝、叶入药，具清热解毒、散淤止痛之功效。

* 本科宁波有25属42种1亚种7变种4品种，其中归化1种，栽培4种1变种4品种。本图鉴收录23属39种1亚种7变种4品种，其中归化1种，栽培2种1变种4品种。

253 细叶水团花 水杨梅

学名 **Adina rubella** Hance　　属名 水团花属

形态特征 落叶灌木，高达2m。小枝红褐色，具稀疏皮孔及托叶痕，幼时密被短柔毛。叶对生；叶片卵状椭圆形或宽卵状披针形，2～4.5cm×0.8～1.5cm，先端短渐尖至渐尖，基部宽楔形，全缘，上面沿中脉被毛，下面沿脉被疏柔毛，侧脉4或5对；近无柄。头状花序单生，顶生或兼有腋生；花冠淡紫红色。蒴果长卵状楔形。花期6—7月，果期8—10月。

生境与分布 见于余姚、北仑、鄞州、奉化、宁海、象山；生于山谷、溪边、石缝或灌丛中；慈溪、镇海及市区有栽培。产于全省山区、半山区；分布于长江以南各地。

主要用途 适作湿地绿化植物；全株入药，具清热解毒，散淤止痛之功效，其叶煎水洗脚癣，有显著效果；树皮坚韧，可作纤维植物。

254 山黄皮 茜树

学名 **Aidia henryi** (E. Pritzel) T. Yamazaki　　属名 茜树属

形态特征　常绿灌木或小乔木，高达6m。小枝黄绿色，具皮孔。叶对生；叶片革质，椭圆状长圆形或椭圆形，(6)8～15cm×(2)2.5～5cm，先端渐尖至急尖，基部楔形或宽楔形，全缘，上面具光泽，下面脉腋具簇毛，中脉和侧脉两面均隆起，侧脉6～8对；托叶位于叶柄间。聚伞花序与叶对生或生于无叶的节上；花冠黄白色，内面喉部具白色柔毛，4裂。果近球形，熟时紫黑色。花期4—5月，果期10—11月。

生境与分布　见于余姚、北仑、鄞州、奉化、宁海、象山；生于山坡谷地及溪边路旁林中。产于温州、台州、丽水及建德、婺城、武义、衢江、江山、普陀等地；分布于我国东南部、南部至西南部；亚洲热带和大洋洲也有。

主要用途　根入药，具疏风清热、利湿解毒、截疟之功效；叶色浓绿，花朵密集，可供绿化观赏。

255 流苏子 盾子木

学名 **Coptosapelta diffusa** (Champ. ex Benth.) Van Steenis 属名 流苏子属（盾子木属）

形态特征 常绿缠绕藤本或攀援灌木。小枝常密被柔毛，节明显。叶对生；叶片长卵形或卵状宽披针形，3～7cm×1～2.5cm，先端渐尖至长渐尖，基部圆形，全缘，上面略具光泽，无毛或仅中脉疏被柔毛，下面沿中脉被柔毛；叶柄密被柔毛。花单生于叶腋；花梗纤细，近中部有关节和1对小苞片；花冠白色转淡黄色，密被绢毛，4或5裂。蒴果扁球形。种子边缘流苏状。花期6—7月，果期8—11月。

生境与分布 见于余姚、北仑、鄞州、奉化、宁海、象山；生于山坡谷地及溪边路旁灌丛中。产于杭州、温州、金华、衢州、台州、丽水等地；分布于长江以南各地；日本也有。

主要用途 入药，根具杀菌之功效，茎具祛风除湿之功效。

256 短刺虎刺 大叶虎刺

学名 **Damnacanthus giganteus** (Makino) Nakai　属名 虎刺属

形态特征　常绿小灌木，高可达2m。小枝疏被脱落性硬糙毛；通常仅顶叶叶腋具残存退化刺，长1～3(4)mm，随新叶长出而脱落。叶片披针形、椭圆状披针形或椭圆形，4～12cm×1.5～4cm，先端渐尖至长渐尖，基部楔形或近圆形，全缘，干后略反卷，中脉下部在上面下陷，侧脉5～8对；叶柄长2～4mm，疏被短糙毛。花2或3朵簇生于叶腋，被短毛；花冠白色。果熟时红色。花期4—5月，果期8—11月。

生境与分布　见于慈溪、余姚、北仑、鄞州、奉化、宁海、象山；生于山坡、溪边和路旁林下。产于杭州、温州、金华、丽水及德清、诸暨、开化、仙居等地；分布于华东及广东、广西、湖南。

主要用途　根入药，具补养气血、收敛止血、祛风除湿之功效；枝叶清秀，果色鲜艳，可供绿化观赏；肉质根可食。

附种　**浙皖虎刺** ***D. macrophyllus***，叶片卵形、卵状椭圆形，3～6cm×1～2.5cm，中脉上面常稍凹陷，侧脉3或4(～7)对；针刺长2～6mm，不随新叶长出而脱落。见于余姚、镇海、鄞州、奉化、宁海、象山；生于山谷林下。

浙皖虎刺

257 虎刺 绣花针

学名 **Damnacanthus indicus** C.F. Gaertn. 属名 虎刺属

形态特征 常绿小灌木，高可达1m。茎合轴分枝，小枝被糙硬毛，小枝叶柄间逐节对生长1～2cm的针状刺，稀较短。叶对生；叶片卵形至心形，1～2.5cm×0.8～1.5cm，先端急尖，稀短渐尖，基部圆形，略偏斜，全缘，光亮，干后反卷，中脉在上面多少隆起，侧脉2或3(4)对；叶柄短，密被柔毛。花1或2朵生于叶腋；花梗短；花冠白色或带淡紫色。果熟时红色。花期4—5月，果期7—11月。

生境与分布 见于全市各地；生于山谷溪边及路旁林下灌丛中的石缝间。产于杭州、温州、台州、丽水及德清、定海、诸暨；分布于长江以南各地；日本、印度及朝鲜半岛、中南半岛也有。

主要用途 肉质根药用或食用，具清热、利湿、舒筋活血、祛风止痛之功效；也可供栽培观赏。

258 狗骨柴

学名 **Diplospora dubia** (Lindl.) Masam.　　属名 狗骨柴属

形态特征　常绿灌木或小乔木，高2～5m。枝叶无毛；一年生枝灰黄色，顶芽绿色。叶对生；叶片常卵状长圆形、长圆状椭圆形至椭圆形，6～13cm×2～5.5cm，先端急尖至短渐尖，基部楔形，全缘，侧脉7～12对，叶脉在两面均隆起；托叶位于叶柄内，基部合生。花聚合成束或排成伞房状聚伞花序，腋生；花梗极短；花冠绿白色，后变黄白色。果近球状，熟时橙红色。花期5—6月，果期7—10月。

生境与分布　见于慈溪、余姚、北仑、鄞州、宁海、奉化、象山；生于山坡谷地及溪边路旁林下灌丛中。产于杭州、温州、金华、衢州、台州、丽水及普陀等地；分布于我国东南部、南部至西南部。

主要用途　根入药，具消肿散结、解毒排脓之功效。

259 香果树

学名 **Emmenopterys henryi** Oliv.　　属名 香果树属

形态特征 落叶乔木，高30m。小枝红褐色，具皮孔及环状托叶痕；顶芽红色，狭长，先端尖锐。叶对生；叶片稍肉质，宽椭圆形至宽卵形，10～20cm×7～13cm，先端急尖或短渐尖，基部圆形或楔形，全缘，下面沿脉及脉腋内有淡褐色柔毛，中脉在上面略平或凹陷，在下面隆起，上面光亮；叶柄常呈紫红色；托叶大，三角形。聚伞花序组成顶生大型圆锥状花序；花大，芳香；叶状萼裂片白色，果时转淡红色或淡黄色，宿存；花冠白色。果近纺锤形，具纵棱，熟时红色。花期8月，果期9—11月。

生境与分布 见于余姚、北仑、鄞州、奉化、宁海、象山；生于山坡谷地及溪边、路旁林中的阴湿地。产于全省山区、半山区；分布于华东、华中、西南及陕西、甘肃、广西等地。

主要用途 国家Ⅱ级重点保护野生植物。木材可供建筑用；纤维可制蜡纸和人造棉；观赏树种；根、树皮入药，具和胃止呕之功效。

260 四叶葎 细四叶葎

学名 **Galium bungei** Steud.　　属名 猪殃殃属（拉拉藤属）

形态特征　多年生丛生草本，高 20～50cm。茎纤细，具四棱，通常无毛。叶 4 片轮生，等大；茎下部叶片常卵状披针形，上部叶片常条状椭圆形或条状披针形，0.6～1.2cm×2～3mm，先端急尖，基部楔形，边缘和两面中脉及近边缘处有脱落性短刺状毛，具 1 脉；无柄或近无柄。聚伞花序具 3～10 花，顶生或腋生，稠密或稍疏散；花小，花冠淡黄绿色。果由 2 呈半球形分果组成，具鳞片状突起。花期 4—5 月，果期 5—6 月。

生境与分布　见于余姚、北仑、鄞州、奉化、宁海、象山；生于山坡、路边及溪边。产于全省山区、半山区；分布于长江下游和华北；日本及朝鲜半岛也有。

主要用途　全草入药，具清热解毒、利尿、消肿之功效；嫩苗可食。

附种 1　**狭叶四叶葎** var. ***angustifolium***，叶片狭披针形或条状披针形，1～3cm×1～6mm；果常具密疣状突起；花果期 5—7 月。见于余姚、北仑、奉化；生于山地、溪旁林下、灌丛或草地。

附种 2　**阔叶四叶葎** var. ***trachyspermum***，叶片宽椭圆形、卵状椭圆形至长卵形，1～2cm×3～6(8)mm；花序密集成头状。见于余姚、北仑、鄞州、奉化、宁海、象山；生于山地、旷野、溪边林中或草地。

狭叶四叶葎

阔叶四叶葎

六叶葎

学名 **Galium hoffmeisteri** (Klotzsch) Ehrendorfer et Schönbeck-Temesy ex R.R. Mill

属名 猪殃殃属（拉拉藤属）

形态特征 一年生草本，高 30cm。根红色，丝状。茎直立或披散状，近基部分枝，具 4 棱，光滑。茎中部以上叶常 6 片轮生，叶片长圆状倒卵形、倒披针形或椭圆形，1～2.5cm×3～7mm，先端急尖，具短尖头，基部楔形，上面边缘及近边缘具伏毛，干后变黑色，具 1 脉；茎下部叶常 4 或 5 片轮生，叶片倒卵形，较小。聚伞花序顶生，单生或 2、3 个簇生；花冠白色，4 深裂。果球形，分果通常单生，密被钩毛。花期 4—5 月，果期 5—6 月。

生境与分布 见于鄞州、奉化、宁海；生于较高海拔山坡路旁林下阴湿处。产于安吉、临安、磐安、遂昌；分布于华东、华中、西南及黑龙江、河北、山西、陕西、甘肃等地；东北亚、南亚及缅甸也有。

主要用途 全草入药，具清热解毒、止痛、止血之功效；嫩苗可食。

262 猪殃殃 拉拉藤

学名 **Galium spurium** Linn.　　属名 猪殃殃属（拉拉藤属）

形态特征　一年生草本。茎多分枝，蔓生或攀援状，具四棱，棱、叶上面连同叶缘和中脉具倒生小刺毛。叶6～8片轮生；叶片条状倒披针形，1～3cm×2～4mm，先端急尖，有短芒，基部渐狭成长楔形，下面无或疏生倒刺毛，具1脉；无柄。聚伞花序顶生或腋生，单生或2、3个簇生，具3～10花；花冠黄绿色，4深裂。果由2分果组成，分果近球形，密生钩毛；果柄粗，长可达2.5cm，直立。花期4—5月，果期5—6月。

生境与分布　见于全市各地；生于山坡路边、田边及水沟旁草丛中。产于全省各地；分布于西南、华南至东北；东北亚、北美洲也有。

主要用途　全草入药，具清热解毒、消肿止痛之功效；嫩苗可食。

附种1　**山猪殃殃 *G. dahuricum* var. *lasiocarpum***，叶在近基部5或6片、上部4或5片轮生；叶片宽倒披针形、倒卵状长椭圆形，1.5～3cm×0.5～1cm，先端急尖或钝圆而具短尖头；果柄纤细，常叉开。花期7—9月，果期8—9月。见于余姚、鄞州、宁海；生于海拔700～800m的山坡谷地林下。

附种2　**小叶猪殃殃 *G. innocuum***，叶4(5或6)片轮生；叶片长椭圆状披针形，5～8mm×2mm，先端圆钝；花冠3(4)裂；果无毛，分果具稀疏瘤状突起；果柄长0.2～1cm。见于慈溪、余姚、北仑、鄞州、奉化、宁海、象山；生于海拔700m以下的山坡谷地溪边及路旁湿润处。

附种3　**浙江拉拉藤 *G. chekiangense***，茎无毛，直立，自基部分枝；叶4片轮生；叶片宽椭圆形、宽倒卵形或近圆形，2～3cm×0.6～1.7cm，具3脉；聚伞花序常2歧分枝；果具鳞片状突起。见于余姚、鄞州；生于较高海拔山坡林下。《宁波植物研究》记载的三脉猪殃殃 *G. kamtschaticum* 为本种误定。

山猪殃殃

小叶猪殃殃

浙江拉拉藤

263 栀子 黄栀

学名 **Gardenia jasminoides** Ellis　　属名 栀子属

形态特征 常绿灌木，高通常1m以上。小枝绿色，密被垢状毛。叶对生或3叶轮生；叶片倒卵状椭圆形至倒卵状长圆形，4～12cm×1.5～4cm，先端渐尖至急尖，有时略钝，基部楔形，全缘，两面无毛；托叶鞘状。花单生，单瓣，芳香；花冠白色，高脚杯状，直径4～6cm。果卵球形，橙黄色至橙红色，长1.5～2.5cm，有5～8翅状纵棱，顶端具宿存萼裂片。花期5—7月，果期8—11月。

生境与分布 见于全市各地；生于山谷溪边及路旁林下灌丛中或岩石上；市区有栽培。产于全省山区、半山区；分布于华东、华南和华中；日本、越南也有。

主要用途 果实入药，具清热解毒、凉血止血之功效；也可作黄色染料；花可食；可作园林观赏植物。

附种1 玉荷花（大花栀子）**'Fortuniana'**，叶形较大；花大，直径6～8cm，重瓣；果常不发育，瘦长，长3～4cm。全市各地普遍栽培，用于绿化观赏。

镇海、宁海还少量栽培有**花叶栀子**（**'Variegata'**），其叶片边缘呈深浅不一的乳黄色或乳白色。用于绿化观赏。

附种2 水栀子（朝鲜栀子、雀舌栀子）var. ***radicans***，匍匐状小灌木，多分枝，高不达0.6m；叶片倒披针形，1.6～5.4cm×0.8～1.5cm；花较小，重瓣；果长1.5cm。全市各地普遍栽培，用于地被或盆栽观赏。

慈溪、镇海、宁海及市区等地还少量栽培有**花叶水栀子**（**'Aureo-marginata'**），其叶片边缘呈深浅不一的乳黄色或乳白色；花萼裂片及苞片乳黄色或乳白色，中脉上多少具绿色脉纹。主要用于盆栽观赏。

玉荷花

花叶栀子

水栀子

花叶水栀子

264 剑叶耳草

学名 **Hedyotis caudatifolia** Merr. 属名 耳草属

形态特征 半灌木状草本，高可达50cm。茎四棱形，无毛。叶对生；叶片卵状披针形，3～7cm×1～2cm，先端渐尖至长渐尖，基部楔形，边缘及上面沿中脉被柔毛，下面灰黄色，无毛，下面中脉隆起；叶柄几无至长4mm。聚伞花序3歧分枝，顶生及生于上部叶腋；花着生于中央者无梗，两侧者有短梗；花冠白色或淡紫色。蒴果椭球形，具宿存萼裂片，开裂为2果瓣。花期6—7月，果期8—9月。

生境与分布 见于宁海、象山；生于山坡路边草丛中。产于温州、丽水；分布于广东、广西、福建、江西。

主要用途 全株入药，具疏风退热、润肺止咳、消积、止血、止泻之功效。

265 金毛耳草 黄毛耳草 铺地蜈蚣

学名 **Hedyotis chrysotricha** (Palib.) Merr.　　属名 耳草属

形态特征 多年生匍匐草本。茎被金黄色柔毛。叶对生；叶片椭圆形、卵状椭圆形或卵形，先端急尖，1～2.4(2.8)cm×0.6～1.5cm，基部圆形，具缘毛，上面黄褐色，疏生短粗毛，下面黄绿色，被金黄色柔毛，在脉上较密；叶柄长1～3mm。花1～3朵生于叶腋；花冠淡紫色或白色。蒴果球形，被长柔毛，具数条纵棱，不开裂。花期6—8月，果期7—9月。

生境与分布 见于全市各地；生于山坡、谷地、路边草丛中及田边。产于全省各地；分布于长江以南各地；日本也有。

主要用途 全草入药，具清热、利湿之功效。

266 白花蛇舌草 二叶葎

学名 **Hedyotis diffusa** Willd. 属名 耳草属

形态特征 一年生纤细草本，高 20～50cm。茎扁圆柱形，小枝具纵棱。叶对生；老叶片草质；叶片条形，1～4cm×1～3mm，先端急尖至渐尖，基部长楔形，边缘有时略有柔毛，下面有时粗糙，中脉在上面凹陷或略平，下面隆起，无侧脉；无柄。花单生或成对生于叶腋；花梗较粗壮；花冠白色。蒴果扁球形，室背开裂。花期 6—7 月，果期 8—10 月。

生境与分布 见于全市各地；生于山坡溪边草丛、石缝中及田边。产于全省各地；分布于我国东南部、南部至西南部；日本及亚洲热带地区也有。

主要用途 全草入药，具清热解毒、利湿消痈之功效。

附种 1 **伞房花耳草 *H. corymbosa***，茎四棱形；花 2～4(5) 朵排成伞房状花序，稀单生；花序梗及花梗纤细；花冠白色或淡红色。见于北仑、鄞州、奉化；生于山脚溪边、田边及路边。

附种 2 **纤花耳草 *H. tenelliflora***，老叶片革质；花 2 或 3 朵簇生于叶腋内，无梗；蒴果顶部开裂。见于宁海、象山；生于田边、山坡谷地及溪边路旁草丛中。

伞房花耳草

纤花耳草

267 肉叶耳草 厚叶双花耳草

学名 **Hedyotis strigulosa** (Bartl. ex DC.) Fosberg　属名 耳草属

形态特征　多年生肉质草本，高5～20cm。全体无毛；茎多分枝，具纵棱，基部倾卧或斜上。叶对生；叶片椭圆形、卵状椭圆形或倒卵状椭圆形，1～2.5cm×0.7～1.2cm，先端钝圆，基部狭楔形下延，全缘，上面具光泽，边缘多少反卷，中脉两面隆起，侧脉不明显；无柄或近无柄。花数朵组成二歧聚伞花序，顶生或腋生；花冠白色。蒴果倒卵状扁球形，具2～4纵棱。花期8—9月，果期10—11月。

生境与分布　见于象山；生于岩质海岸潮上带的岩石缝中。产于温州、舟山、台州沿海各地；分布于台湾；日本及朝鲜半岛、亚洲热带也有。

主要用途　叶浓绿光亮，花洁白，株型玲珑，可供盆栽观赏。

268 榄绿粗叶木

学名 **Lasianthus japonicus** Miq. var. **lancilimbus** (Merr.) Lo　属名 粗叶木属

形态特征 常绿灌木，高 0.6～1m。嫩枝被毛。叶对生；叶片革质或薄革质，披针形至长圆状披针形，6～11(13)cm×1.5～3.5cm，先端尾状渐尖至长尾状渐尖，基部楔形至圆楔形，边缘浅波状、全缘或先端略成齿状，稍反卷，干后上面通常榄绿色，两面中脉均疏被伏毛，余无毛，叶脉两面均隆起。花数朵生于叶腋，近无梗；花冠白色。核果近球形，蓝色，萼裂片宿存。花期 4—6 月，果期 8—11 月。

生境与分布 见于余姚、北仑、鄞州、奉化、宁海、象山；生于阴湿的山谷、溪边、路旁及林下灌丛中或岩石上。产于杭州、温州、金华、衢州、台州、丽水及诸暨；分布于安徽、江西、湖南、广东、广西。

主要用途 全株入药，具行气活血、祛风利湿之功效；叶色亮绿，果色艳丽，可供栽培观赏。

附种 日本粗叶木（毛脉粗叶木）***L. japonicus***，叶纸质，干后上面褐绿色，仅中脉有毛，下面中脉、侧脉、网脉均被伏毛。见于鄞州；生于阴湿的沟谷、溪边林下灌丛中。

日本粗叶木

269 羊角藤

学名 **Morinda umbellata** Linn.　　属名 巴戟天属

形态特征　常绿攀援灌木。小枝被脱落性粗短柔毛。叶对生；叶片倒卵状长圆形、长圆形、长圆状披针形或椭圆形，(4)5～9(12)cm×(1.5)2～3.5(4)cm，先端急尖或短渐尖，基部楔形或宽楔形，全缘，下面脉腋内有簇毛；托叶鞘状。花序顶生，伞形花序式排列，通常由4～10小头状花序组成，小头状花序具6～12花；花冠白色。聚花果熟时红色或橙红色，具鱼眼状突起。花期6—7月，果期7—10月。

生境与分布　见于全市丘陵山区；生于山坡谷地及溪边路旁林中。产于全省山区、半山区；分布于我国西南部至东南部；东南亚及印度也有。

主要用途　根、根皮入药，具利湿、解毒、祛风止痛、止血之功效，叶可主治蛇伤、外伤出血等症；果橘红色，可供观赏。

270 大叶白纸扇

学名 **Mussaenda shikokiana** Makino　　属名 玉叶金花属

形态特征　落叶直立或攀援状灌木，高1～3m。小枝被黄褐色短柔毛。叶对生；叶宽卵形或宽椭圆形，8～18cm×5～11cm，先端渐尖至短渐尖，基部长楔形，全缘，两面有疏柔毛，下面脉上毛较密；叶柄长1～3.5cm。聚伞花序顶生，疏散，密被柔毛；花具短梗；花瓣状萼裂片白色，扇形；花冠黄色，长1.4cm。果近球形。花期6—7月，果期8—10月。

生境与分布　见于全市丘陵山区；生于山坡、溪边、路旁及林下灌丛中。产于杭州、温州、绍兴、金华、衢州、台州、丽水及安吉等地；分布于长江以南各地。

主要用途　花美，供观赏；入药，根具祛风、降气、化痰、消炎、止痛之功效，茎、叶具清热解毒、消肿排脓之功效。

附种　玉叶金花 *M. pubescens*，缠绕藤本；叶对生或轮生；叶片卵状长圆形或卵状披针形，5～9cm×2～3 cm，下面密被短柔毛；叶柄长3～8mm；聚伞花序密花；花梗极短或无梗；萼裂片狭披针形；花冠筒长约2cm。见于象山；生于山坡路旁。

玉叶金花

271 薄叶新耳草 薄叶假耳草

学名 **Neanotis hirsuta** (Linn. f.) W.H. Lewis　　属名 新耳草属（假耳草属）

形态特征　一年生披散状多分枝草本。茎下部常匍匐，具纵棱，无毛，基部常生不定根。叶对生；叶片卵形或卵状椭圆形，2～4cm×1～2cm，先端急尖至渐尖，基部楔形至宽楔形，下延，边缘具脱落性短柔毛，两面无毛或下面具稀疏短柔毛。花序有花数朵，常集成头状，稀单生，无毛；花小，近无梗；花冠白色。果近球形。花期7—9月，果期10月。

生境与分布　见于余姚、北仑、鄞州、奉化、宁海、象山；生于山坡谷地及溪边路旁草丛中。产于杭州、温州、金华、衢州、丽水及诸暨、天台等地；分布于我国南部、西南部至东部；东南亚及日本、印度也有。

主要用途　全草入药，具清热解毒、利尿退黄、解毒止痛之功效。

附种　卷毛新耳草（黄细心状假耳草）***N. boerhaavioides***，茎密被卷曲柔毛；叶片三角状卵形至卵状椭圆形，上半部常多少缢缩，先端短渐尖，两面均被柔毛；花常组成疏散的聚伞花序，被柔毛。见于北仑、鄞州；生于山坡谷地及溪边路旁草丛中。

卷毛新耳草

272 蛇根草 日本蛇根草

学名 **Ophiorrhiza japonica** Bl. 属名 蛇根草属

形态特征 多年生草本，高可达40cm。茎直立或基部伏卧，褐色，圆柱形，密被锈色曲柔毛，幼枝具棱。叶对生；叶片卵形、椭圆状卵形或椭圆形，2.5～8cm×1.3～3cm，先端急尖或略钝，基部楔形或近圆钝，全缘，上面被稀疏短粗毛，下面红褐色，沿脉被短柔毛。聚伞花序顶生，2歧分枝，密被柔毛，具7～20花；花冠白色。蒴果菱形。花期11月至翌年5月，果期翌年4—6月。

生境与分布 见于全市丘陵山区；生于山坡谷地及溪边路旁的林下阴湿地或岩上。产于杭州、温州、金华、衢州、台州及安吉、诸暨等地；分布于长江以南大部分地区；日本、越南也有。

主要用途 全草入药，具活血散淤、祛痰、调经、止血之功效；花洁白，株型秀丽小巧，可供观赏。

273 鸡屎藤

学名 **Paederia scandens** (Lour.) Merr.　　属名 鸡屎藤属

形态特征　柔弱半木质缠绕藤本。茎叶无毛或近无毛。叶对生；叶片通常卵形、长卵形至卵状披针形，5～11(16)cm×3～7(10)cm，先端急尖至短渐尖，基部心形至圆形，上面无毛或沿脉被柔毛，下面全部或仅沿脉被脱落性柔毛。圆锥状聚伞花序，扩展，被疏柔毛，末次分枝上的花呈蝎尾状排列；花冠浅紫色，被茸毛。果球形，熟时蜡黄色，有光泽，平滑。花期7—8月，果期9—11月。

生境与分布　见于全市各地；生于山坡谷地及溪边路旁林下灌丛中，常攀援于其他植物或岩石上。产于全省各地；分布于长江流域及以南各地；日本、印度及中南半岛也有。

主要用途　入药，全草及根具祛风除湿、消肿解毒、健脾、止痛、止咳之功效，嫩芽、叶、花、果汁具消肿解毒之功效；嫩叶可食；茎皮为造纸及人造棉原料。

附种1　滨海鸡屎藤 var. ***mairei***，茎、叶近无毛；叶片质地较厚，表面具光泽，常呈三角状卵形；花冠筒较粗短。见于慈溪、镇海、北仑、鄞州、象山；生于近海岸的山麓、山坡林缘和岩质海岸潮上带附近，常攀附于岩石、树冠之上。

附种2　毛鸡屎藤 var. ***tomentosa***，茎密被灰白色柔毛；叶上面疏生粗毛，下面密被柔毛，沿脉尤甚；花序密被柔毛。见于余姚、北仑、鄞州、奉化、象山及市区；生于山坡、溪边林下及路旁灌草丛中。

附种3　长序鸡屎藤（耳叶鸡屎藤）***P. cavaleriei***，茎、叶、花序均密被黄褐色或污褐色柔毛；叶片较狭长；腋生圆锥状聚伞花序狭窄而呈总状式伸长，花序末次分枝上的花非蝎尾状排列。见于慈溪、余姚、鄞州、奉化、宁海、象山；生于山坡谷地及溪边路旁林下灌丛中。

滨海鸡屎藤

毛鸡屎藤

长序鸡屎藤

274 五星花 繁星花

学名 **Pentas lanceolata** K. Schum. 属名 五星花属

形态特征 常绿亚灌木状草本，高30～50cm。幼茎、叶两面、蒴果表面密被白色茸毛。叶对生；叶片长椭圆形或披针状长圆形，(3)6～8cm×1～5cm，先端渐尖，基部楔形下延成短柄，上面粗糙，叶脉凹下。聚伞花序密集，顶生；无梗；花冠细长，呈高脚碟状，深红色、淡红色、紫色或白色，5裂成五角星形，疏被长茸毛。果圆筒形，具宿萼。花果期夏、秋季。

地理分布 原产于非洲热带和阿拉伯地区。全市各地城区有栽培。

主要用途 供观赏；也可用作插花材料；蜜源植物。

275 海南槽裂木

学名 **Pertusadina metcalfii** (Merr. ex H.L. Li) Y.F. Deng et C.M. Hu 属名 槽裂木属

形态特征 落叶小乔木，高达 10m。小枝红褐色，具小皮孔。叶对生；叶片常椭圆形至长椭圆形，6～12(15)cm×2～4.5cm，先端渐尖至长渐尖，基部楔形，叶缘常波状皱褶，下面被短茸毛，沿脉被脱落性短柔毛，脉腋内具簇毛；上面叶脉略凹陷，下面隆起。花序单生，有时组成单 2 歧聚伞状；花冠黄色，芳香。蒴果被稀疏短柔毛。花期 5—6 月，果期 7—10 月。

生境与分布 见于鄞州、宁海、象山；生于山坡谷地及溪边路旁林中。产于温州、衢州、丽水及淳安、武义、兰溪、临海、仙居等地；分布于华南及福建、湖南。

主要用途 枝叶秀丽，花芳香，供观赏；木材可供造船、车轴、木桩、枕木等用。

276 东南茜草 茜草

学名 **Rubia argyi** (Lévl. et Vant) Hara ex Lauener et D.K. Ferguson　属名 茜草属

形态特征　多年生攀援草本。茎具4棱，棱上有倒生钩状皮刺。叶常4片轮生；叶片三角状卵形、卵状心形或卵状披针形至近条状披针形，2～7cm×1～4.5cm，先端急尖、渐尖至长渐尖，基部心形、浅心形至圆形，边缘具倒生小刺，上面具短刺毛，下面脉上有倒生小刺。圆锥状聚伞花序；花冠白色，裂片伸展。果球形，熟时黑色。花期7—9月，果期9—11月。

生境与分布　见于余姚、鄞州、奉化、宁海、象山；常生于山坡路边及溪边湿润的林下灌丛中。产于全省丘陵山区；广布于全国绝大部分地区；日本及朝鲜半岛也有。

主要用途　根及根状茎入药，具凉血止血、活血祛淤之功效。

附种　卵叶茜草 ***R. ovatifolia***，茎有或无短皮刺；叶片先端尾状渐尖；花冠裂片明显反折。见于全市丘陵山区；生于山坡疏林或灌丛中。

卵叶茜草

277 白马骨

学名 **Serissa serissoides** (DC.) Druce　属名 六月雪属（白马骨属）

形态特征　常绿小灌木，高 0.3～1m。小枝灰白色，幼枝被短柔毛。叶对生；叶片薄纸质，通常卵形或长圆状卵形，1～3cm×0.5～1.2cm，先端急尖，具短尖头，基部楔形至长楔形；叶柄极短；托叶先端分裂成刺毛状。花数朵簇生，无梗；萼裂片钻状披针形，长 3～4mm；花冠白色，长约 5mm，花冠筒与萼檐裂片等长。果小。花期 7—8 月，果期 10 月。

生境与分布　见于全市丘陵山区；生于海拔 500m 以下的山坡路旁及溪边林下灌丛中或石缝中。产于全省山区、半山区；分布于长江下游以南各地。

主要用途　全株入药，具疏风解表、清热、利湿、舒筋活络之功效。

附种　六月雪 *S. japonica*，叶片薄革质，狭椭圆形或狭椭圆状倒卵形，长 0.6～1.5cm；萼裂片三角形，长 1～1.5mm；花单生或数朵簇生；花冠白色而带红紫色，长 1～1.5cm，花冠筒长于萼檐裂片。全市各地有栽培。

余姚、鄞州、奉化、象山及市区等地还栽培有**金边六月雪**（**'Aureo-marginata'**），其叶片边缘金黄色。常用作地被、绿篱或盆栽观赏。

六月雪

金边六月雪

278 鸡仔木 水冬瓜

学名 **Sinoadina racemosa** (Sieb. et Zucc.) Ridsdale 属名 鸡仔木属

形态特征 落叶乔木，高达10m。小枝红褐色，具皮孔。叶对生；叶片宽卵形或卵状宽椭圆形，6～15cm×4～9cm，先端渐尖至短渐尖，基部圆形、宽楔形或浅心形，有时偏斜，边缘多少浅波状，上面通常无毛，下面脉腋内具簇毛，网脉明显。头状花序（不连花柱）直径1～1.4cm；花冠淡黄色。蒴果倒卵状楔形。花期6—7月，果期8—10月。

生境与分布 见于慈溪、北仑、宁海、象山；生于海拔300m以下的山坡谷地及溪边林中。产于杭州、湖州、衢州、丽水及普陀、磐安、泰顺等地；分布于长江以南大部分地区；日本也有。

主要用途 小枝及叶柄带红色，新叶有时红色，可供绿化观赏；入药，根具清热解毒、止痢、止血之功效，茎皮、枝叶、果序具祛湿、止痛、止血之功效，花序可清热解毒。

279 阔叶丰花草

学名 **Spermacoce alata** Aublet　　属名 丰花草属

形态特征　多年生披散、粗壮草本，长可达1m。茎、叶被毛；茎披散、粗壮，四棱形，棱上具狭翅。叶对生；叶片椭圆形或卵状长圆形，2～7cm×1～4cm，顶端锐尖或钝，基部宽楔形而下延，边缘波浪形。花数朵丛生于托叶鞘内，无梗；花冠浅紫色，稀白色。蒴果椭球形，熟时从顶部纵裂至基部。种子黑褐色，腹面具一纵沟，表面密生微小瘤状突起。花果期5—11月。

地理分布　原产于南美洲热带地区。北仑、鄞州、奉化、宁海、象山有归化；多见于废墟和荒地上。

主要用途　本种在华南地区已成为入侵茶园、桑园、果园、咖啡园、橡胶园及旱地的常见害草，繁殖扩散快，具有较强的入侵危险，需加强防范。

280 白花苦灯笼 密毛乌口树

学名 **Tarenna mollissima** (Hook. et Arn.) Robins.　属名 乌口树属

形态特征 落叶灌木，高1～4m。全体密被灰色或褐色柔毛或短茸毛；小枝近四棱形，后变圆柱形。叶对生；叶片卵状长圆形、卵形或长卵状披针形，8～16cm×2～5.5cm，先端渐尖或长渐尖，基部楔形至宽楔形或略圆钝，全缘。伞房状聚伞花序顶生；花冠白色。浆果球形，黑色。花期7—8月，果期9—11月。

生境与分布 见于余姚、北仑、鄞州、奉化、宁海、象山；生于海拔700m以下的山坡谷地和溪边灌丛中。产于温州、金华、衢州、台州、丽水等地；分布于江西、福建、湖南、广东、广西、贵州等地。

主要用途 根、叶入药，具清热解毒、消肿止痛之功效。

281 钩藤

学名 **Uncaria rhynchophylla** (Miq.) Miq. ex Havil. 属名 钩藤属

形态特征 常绿攀援灌木，长可达10m。小枝四棱形，光滑无毛。叶对生；叶片椭圆形、宽椭圆形或宽卵形，6～12cm×3～6cm，先端渐尖，基部圆形或宽楔形，全缘，上面光亮，下面脉腋内常有簇毛，略呈粉白色；托叶位于叶柄间，2深裂。头状花序单个腋生或几个组成顶生总状花序；花冠黄色；不育花序的花序梗在叶腋上方弯转成钩状刺。蒴果倒圆锥形。花期6—7月，果期8—10月。

生境与分布 见于慈溪、余姚、北仑、鄞州、奉化、宁海、象山；生于海拔150～550m的山谷坡地及溪边、路旁林下灌丛中。产于除浙北外全省山区、半山区；分布于江西、福建、湖南、广东、广西、贵州；日本也有。

主要用途 小枝、钩状刺入药，具清热平肝、息风定惊、降低血压之功效；新叶有时带红色，可供观赏；生长蔓延迅速，有成灾之势。

三十二　忍冬科 Caprifoliaceae*

282 南方六道木

学名 **Abelia dielsii** (Graebn.) Rehd.　　属名 六道木属

形态特征　落叶灌木，高 1.5～3m。幼枝红褐色，老枝灰白色。叶对生；叶片卵状椭圆形、长圆形或披针形，3～8cm×1～3cm，先端渐尖，基部楔形、宽楔形或钝，边缘疏生锯齿或下部全缘，具缘毛，嫩时上面散生柔毛，下面近基部脉间密被短糙毛；叶柄基部膨大。花 2 朵分别生于侧枝顶部叶腋；花冠白色至淡黄色，4 浅裂。果实具数纵棱。花期 4—6 月，果期 8—9 月。

生境与分布　见于奉化；生于海拔约 700m 的山坡林下或灌丛中。产于安吉、临安、淳安、磐安、衢江、椒江、天台、庆元、遂昌、泰顺等地；分布于西北、华东、华中、西南及辽宁、山西等地。

主要用途　干材适于制手杖；供观赏；果入药，具清热、利湿、解毒、止痛之功效。

附种　**大花六道木** ***A. grandiflora***，常绿灌木；叶绿色，入秋后变红褐色；圆锥状聚伞花序，花冠粉白色；花果期 6—11 月。全市各地有栽培。

全市各地绿化中应用较普遍的还有**金叶大花六道木 'Francis Mason'** 和**金边大花六道木 'Aureo-marginata'**。前者嫩叶鲜黄色，后变黄绿色，入秋变红；小枝红色；后者叶片边缘金黄色。

* 本科宁波有 7 属 27 种 3 亚种 4 变种 1 变型 10 品种，其中栽培 6 种 3 变种 10 品种。本图鉴收录 6 属 27 种 3 亚种 3 变种 10 品种，其中栽培 6 种 2 变种 9 品种。

大花六道木

283 浙江七子花

学名 **Heptacodium miconioides** Rehd. subsp. **jasminoides** (Airy Shaw) Z.H. Chen, X.F. Jin et P.L. Chiu　属名 荚蒾属

形态特征　落叶小乔木，高达 7m。树皮灰白色，长片状剥落。幼枝略呈四棱形，红褐色。叶对生；叶片卵形至卵状长圆形，7～16cm×3.5～8.5cm，先端尾尖，基部圆形或微呈心形，全缘或微波状，下面脉上被柔毛，3 出脉近平行，显著。聚伞状圆锥花序顶生，每轮由两侧各有 3 朵花的聚伞花序和 1 朵顶生单花共 7 花组成；花冠白色。瘦果状核果具 10 纵棱，疏被糙毛，顶端具宿存、增大的红色果萼。花期 6—7 月，果期 9—11 月。

生境与分布　见于余姚、北仑、鄞州、奉化、宁海、象山；生于山坡林中或山谷溪边灌丛中。产于绍兴、台州及临安、建德、婺城、磐安、缙云等地；分布于安徽、湖北。模式标本采自宁波。

主要用途　国家Ⅱ级重点保护野生植物。花芳香，果艳丽，可供观赏。

284 郁香忍冬

学名 **Lonicera fragrantissima** Lindl. et Paxt 属名 忍冬属

形态特征 半常绿或落叶灌木，高达2m。幼枝无毛或疏被倒刚毛，间杂短腺毛，毛脱落后留有小瘤点，髓部白色、实心；老枝灰褐色，常条状撕裂。叶对生；叶片倒卵状椭圆形、椭圆形、圆卵形、卵形至卵状长圆形，3～4.5(8)cm×1～3cm，先端短尖或凸尖，基部圆形或宽楔形，无毛或仅下面近基部及中脉疏生刚伏毛；叶柄具刚毛。花成对生于幼枝基部苞腋，芳香；花冠白色或略带红晕，长1～1.5cm；花柱无毛。果实球形，熟时鲜红色。花期2—4月，果期4—5月。

生境与分布 见于余姚、鄞州、奉化；生于山坡路旁向阳处或林中至林缘；江北有栽培。产于杭州及诸暨、普陀、衢江、天台等地；分布于华中及安徽、江西、河北、山西、陕西等地。

主要用途 花芳香，果红色，供观赏；果熟时可食；根、嫩枝、叶入药，具祛风除湿、清热止痛之功效。

附种 苦糖果 subsp. ***lancifolia***，幼枝、花序梗均被倒生刚毛，稀无毛；叶片较狭长，卵状长圆形或卵状披针形，两面多少被平伏细刚毛；花柱下部疏生糙毛。见于余姚、北仑、鄞州、奉化、宁海、象山；生于向阳山坡露岩旁或林下阴湿地。

苦糖果

285 菰腺忍冬

学名 **Lonicera hypoglauca** Miq. **属名** 忍冬属

形态特征 落叶木质藤本；幼枝密被上端弯曲的淡黄褐色短柔毛。叶对生；叶片纸质，卵形至卵状长圆形，3～10cm×2.5～5cm，先端渐尖，基部圆形或近心形，上面中脉被短柔毛，下面被短柔毛且密布橙黄色至橘红色蘑菇形腺；叶柄长5～12mm，密被短糙毛。双花单生或多花簇生于侧生短枝上，或于小枝顶端集成总状；苞片条状披针形，长约2mm；花冠白色，基部稍带红晕，后变黄色，长3.5～4cm，筒略长于唇瓣。果近球形，熟时黑色，稀具白粉。花期4—5月，果期10—11月。

生境与分布 见于余姚、慈溪、北仑、鄞州、奉化、宁海、象山；生于山坡灌丛中或山谷溪边、山脚路旁石缝间阴湿处。产于杭州、温州、湖州、金华、衢州、台州、丽水及诸暨、新昌、普陀等地；分布于华东、华中、西南及广东、广西。

主要用途 花蕾常作"金银花"入药，具清热解毒、疏散风热之功效，嫩枝具清热解毒、通络之功效；花亦可食。

附种 **灰毡毛忍冬** ***L. macranthoides***，幼枝被薄绒状短糙毛；叶片革质，上面无毛，下面密被灰白色或灰黄色毡毛，并散生橘黄色微腺毛，网脉隆起呈明显蜂窝状。见于余姚、北仑、鄞州、奉化、宁海、象山；生于山坡、山麓溪边、灌丛中。

灰毡毛忍冬

286 忍冬 金银花

学名 **Lonicera japonica** Thunb. 属名 忍冬属

形态特征 半常绿木质藤本。茎皮条状剥落；枝中空，幼枝暗红褐色，密被黄褐色开展糙毛及腺毛。叶对生；叶片厚纸质，卵形至长圆状卵形，3～5cm×1.5～3.5cm，先端短渐尖至钝，基部圆形至近心形，幼时两面有柔毛，后上面无毛，具缘毛；叶柄长4～8mm，被毛。花双生，芳香；花序梗单生于上部叶腋；苞片叶状，长2～3cm；花冠白色，后变黄色，长2～6cm。果球形，熟时蓝黑色。花期4—6月，果期10—11月。

生境与分布 见于全市各地；多生于海拔500m以下的丘陵灌丛边缘、山坡岩石上、山麓及沿海山沟中、山涧阴湿处、墙垣边；亦常栽培。产于全省各地；分布于全国；日本及朝鲜半岛也有。

主要用途 花、茎、叶入药，功效同菰腺忍冬；花含芳香油，可配制化妆品香精；花亦可食；枝叶茂密，花清香，可用于绿篱、花架等垂直绿化；老桩可制盆景。

287 金银忍冬

学名 **Lonicera maackii** (Rupr.) Maxim. 属名 忍冬属

形态特征 落叶灌木，高1.5～4m。树皮暗灰色至灰白色，不规则纵裂。幼枝具微毛，小枝髓部黑褐色，后变中空。叶对生；叶片卵状椭圆形至卵状披针形，3～8cm×1.5～4cm，先端渐尖，基部楔形至圆钝，两面疏生柔毛。花序梗腋生，短于叶柄，具腺毛；花冠先白色带紫红色，后变黄色，芳香，长2cm。浆果球形，熟时暗红色，半透明状。花期4—6月，果期8—10月。

生境与分布 见于慈溪、余姚、北仑、鄞州、奉化；生于山谷溪边或路旁林中。产于杭州市区、临安、椒江、仙居、长兴、普陀等地；分布于东北、华北、华东、华中、西北、西南等地；东北亚也有。

主要用途 根、茎叶或花入药，根具解毒截疟之功效，茎叶具祛风解毒、活血祛淤之功效，花具祛风解表、消肿解毒之功效；茎皮可制人造棉；花可提取芳香油；种子榨油可供制肥皂；也可用于绿化观赏。

288 下江忍冬 吉利子

学名 **Lonicera modesta** Rehd.　　属名 忍冬属

形态特征　落叶灌木，高达2m。幼枝、叶背、上面叶脉、叶柄被短柔毛；老枝干皮纤维状纵裂；小枝髓部白色且实心；冬芽具4棱角，内芽鳞在小枝伸长后增大不明显。叶对生；叶片菱状椭圆形、菱状卵形或宽卵形，2～8cm×1.5～5cm，先端钝圆，具短凸尖或凹缺，基部渐狭、圆形或近截形，边缘微波状，有短缘毛，下面网脉明显；叶柄长2～4mm。花成对腋生；花白色，基部微红，后变红色，芳香。相邻两果几全部合生，熟时半透明状，鲜红色。花期4—5月，果期9—10月。

生境与分布　见于余姚、北仑、鄞州、奉化、宁海、象山；生于山坡林下或溪沟边灌丛中。产于全省山区、半山区；分布于湖北、湖南、安徽、江西等地。

主要用途　茎、叶、花蕾入药，具清热解毒、活血止痛之功效；花芳香，果红色，可供观赏。

附种1　**蓝叶忍冬** ***L. korolkowii***，叶片卵形或卵圆形，新叶嫩绿，老叶墨绿色泛蓝色；花淡红色。原产于土耳其。江北、北仑、鄞州及市区有栽培。

附种2　**倒卵叶忍冬** ***L. webbiana*** subsp. ***hemsleyana***，树皮灰白色，片层状剥落；冬芽不具4棱角，内芽鳞在幼枝伸长时增大且常反折；叶片倒卵形、倒卵状长圆形或椭圆形，先端渐尖至尾尖，叶背仅沿中脉疏生硬毛；叶柄长0.6～2 cm；花冠白色或淡黄色。见于余姚、鄞州、奉化；生于山涧林中。

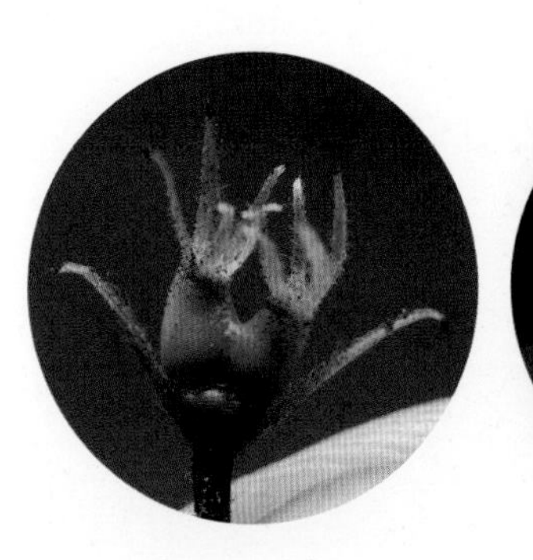

蓝叶忍冬

倒卵叶忍冬

289 匍枝亮绿忍冬

学名 **Lonicera ligustrina** Wall. var. **yunnanensis** (Franch.) Hsu et H.J. Wang **'Maigrun'**　属名 忍冬属

形态特征　常绿灌木，高可达2～3m。分枝密集；小枝细长，横展，密被污褐色短茸毛。叶对生；叶片卵形至卵状椭圆形，1.5～1.8cm×5～7mm，先端圆钝，基部宽楔形或圆形，全缘，上面亮绿色，下面淡绿色。花双生于叶腋，清香；花冠淡黄色。果球形，熟时蓝紫色。花期4—6月，果期9—10月。

地理分布　原产于我国西南部。全市各地城区有栽培。

主要用途　观赏植物，常用作花境、地被灌木栽培，也可作盆景。

附种　**金叶匍枝亮绿忍冬 'Baggesen's Gold'**，新叶金黄色。全市各地城区有栽培。

金叶匍枝亮绿忍冬

290 短柄忍冬 贵州忍冬

学名 **Lonicera pampaninii** Lévl. 属名 忍冬属

形态特征 落叶木质藤本。茎皮紫褐色或灰白色，不规则条状剥落；幼枝密被黄褐色脱落性短糙毛。叶对生；叶片薄革质，长圆状披针形、狭椭圆形至卵状披针形，3～10cm×1.5～2.8cm，先端渐尖，稀急窄成短尖头，基部浅心形，全缘或略带背卷，两面仅中脉有短糙毛；叶柄长仅2～5mm，密被黄褐色卷曲短糙毛。双花多对集生于幼枝顶端或单生于上部叶腋；花序梗极短或几不存在；苞片狭披针形至卵状披针形，稀叶状，长0.5～1.5cm；花冠白色，基部稍带红晕，后变黄色，长1.5～2cm；花柱无毛。果球形，熟时蓝黑色至黑色。花期5—6月，果期10—11月。

生境与分布 见于余姚、北仑、鄞州、奉化、象山；生于山谷、林下、溪边石缝间或灌丛中。产于杭州、衢州、金华、丽水及诸暨、三门等地；分布于江西、福建、广东、广西、贵州、云南。

主要用途 花蕾入药，具清热解毒、舒筋通络、截疟之功效；叶色浓绿，可供观赏。

附种1 京久红忍冬 *L. heckrottii*，嫩枝淡红色；叶片正面蓝绿色，背面粉绿色；无叶柄；花冠外面玫红色，内面黄色；果熟时红色。慈溪、余姚、鄞州及市区有栽培。

附种2 毛萼忍冬 *L. trichosepala*，叶片纸质，卵圆形、三角状卵形或卵状披针形，长2～6cm；花冠淡紫色或白色；花柱密被短糙伏毛。产于余姚、鄞州、宁海；生于山坡林中或灌丛中。

京久红忍冬

毛萼忍冬

291 接骨草

学名 **Sambucus javanica** Reinw. ex Blume subsp. **chinensis** (Lindl.) Fukuoka　属名 接骨木属

形态特征　多年生高大草本或半灌木，高 0.8～3m。茎圆柱形，有紫褐色棱条，髓部白色。奇数羽状复叶对生；小叶 3～9，揉碎后有臭气；侧生小叶片披针形、椭圆状披针形，5～17cm×2.5～6cm，先端渐尖，基部偏斜或宽楔形，边缘具细密锐锯齿，上面散生糠秕状细毛，下面有光泽；顶生小叶片卵形或倒卵形。复伞形花序顶生，大而疏散；总苞片叶状；不孕花变成黄色杯状腺体，不脱落；花冠白色或略带黄色。果熟时橙黄色至红色。花期 4—5 月，果期 8—9 月。

生境与分布　见于全市各地；生于山坡、林下、沟边或宅旁草丛中。产于全省各地；分布于华东、华中、华南、西南、西北等地；东南亚及日本、印度也有。

主要用途　全草入药，具去风湿、通经活血、解毒消炎之功效；嫩茎叶可食。

292 接骨木

学名 **Sambucus williamsii** Hance 属名 接骨木属

形态特征 落叶灌木或小乔木，高2～8m。小枝皮孔粗大，密生，髓部淡黄褐色。奇数羽状复叶对生；小叶3～7(11)，叶揉碎后有臭气；侧生小叶片卵圆形、狭椭圆形至长圆状披针形，3.5～15cm×1.5～4cm，先端渐尖至尾尖，基部宽楔形或圆形，边缘具细锐齿，中下部具1至数枚腺齿，具短柄；顶生小叶片卵形或倒卵形，具柄。圆锥状聚伞花序顶生；花小而密，白色或带淡黄色。果红色。花期4—5月，果期6—7(9)月。

生境与分布 见于全市各地；生于海拔600m以下的山坡疏林下或林缘灌丛中。产于全省山区、半山区；分布于华东、华中、西南、西北、华北、东北；朝鲜半岛及日本也有。

主要用途 入药，枝具祛风、利湿、活血、止痛之功效，根或根皮可主治风湿关节痛、痰饮、水肿、泄泻、黄疸、跌打损伤、烫伤等症，叶可活血、行淤止痛，花具发汗、利尿之功效；嫩茎叶可食；供观赏。

附种 金叶美洲接骨木 *S. canadensis* **'Aurea'**，新叶嫩黄色。市区偶见栽培。

金叶美洲接骨木

293 金腺荚蒾

学名 **Viburnum chunii** Hsu 属名 荚蒾属

形态特征 常绿灌木，高 1～2m。小枝四棱形，基部有环状芽鳞痕；幼枝、叶柄、花序无毛或近无毛。叶对生；叶片卵状菱形或菱形至狭长圆形，5～7cm×2～2.5(3.2)cm，先端渐尖、短渐尖至尾尖，基部楔形，边缘中部以上有 3～5 对疏锯齿，稀全缘，上面亮绿色，中脉隆起，下面散生金黄色及暗褐色腺点，近基部第一对侧脉以下区域内有腺体，最下一对侧脉常呈离基 3 出脉状，无毛或脉腋有簇毛。复伞形聚伞花序顶生；花冠白色，或蕾时带粉红色，后变白色。果球形，鲜红色。花期 6—7 月，果期 10—11 月。

生境与分布 见于鄞州、奉化、宁海；生于海拔 200～450m 的山谷或山坡阴湿处林下。产于温州、台州、丽水及新昌、武义、衢江等地；分布于华东、西南及湖南、广东、广西。

主要用途 叶亮绿色，花果俱美，可供绿化观赏。

294 宜昌荚蒾

学名 **Viburnum erosum** Thunb. 属名 荚蒾属

形态特征 落叶灌木，高达3m。当年小枝基部有环状芽鳞痕，连同芽、叶柄和花序均密被簇状短毛和简单长柔毛。叶对生；叶片常狭卵形、卵形、卵状宽椭圆形，3～7(10)cm×1.5～5cm，先端急尖或渐尖，基部微心形、圆形或宽楔形，边缘有尖齿，上面无毛或疏被叉状或星状毛，下面被毛，有时仅沿脉及脉腋被长伏毛，近基部第一对侧脉以下区域内有腺体，侧脉直达齿端；叶柄长3～5mm，托叶2枚宿存。复伞形聚伞花序顶生；花冠白色。果红色；核具3浅腹沟和2浅背沟。花期4—5月，果期9—10(11)月。

生境与分布 见于全市丘陵山区；生于山坡林下或灌丛中。产于全省山区、半山区；分布于长江以南各地及山东；东北亚也有。

主要用途 花果俱美，可供观赏；根、叶、果入药，具清热、祛风、除湿、止痒之功效；果可食。

附种1 **荚蒾** ***V. dilatatum***，当年生小枝、芽、叶柄、花序及花萼均密被土黄色或黄绿色开展粗毛或星状毛；叶背均匀散生金黄色至无色透亮腺点；叶柄长(0.4)1～1.5(3.5)cm，无托叶。见于慈溪、余姚、北仑、鄞州、奉化、宁海、象山；生于山坡或山谷疏林下、林缘及丘陵山脚灌丛中。

附种2 **黑果荚蒾** ***V. melanocarpum***，当年生小枝、叶柄及花序均疏被黄色簇状短毛，冬芽密被黄白色细短毛；叶片两面无腺点；叶柄长(0.4)1～2(4)cm，托叶早落或无；果实黑色或黑紫色；核多少呈浅勺状，腹面中央有1纵向隆起的脊。见于余姚、北仑、鄞州、宁海、象山；生于海拔500m以上的林中或山谷溪边灌丛中。

荚蒾

黑果荚蒾

295 琼花荚蒾 天目琼花

学名 **Viburnum keteleeri** Carr.　　属名 荚蒾属

形态特征 落叶或半常绿灌木。芽裸露，连同嫩枝、叶面（至少下面）、叶柄及花序均被灰白色或黄白色星状毛。叶对生；叶片卵形至椭圆形或卵状长圆形，5～11cm×2.5～6cm，先端钝或稍尖，基部圆形或微心形，边缘有小齿。花序复伞状圆球形，周围有大型不孕花；具花序梗；花冠白色。果实椭球形，红色而后变黑色；果序上部分枝及果梗具瘤状突起的皮孔；核有2浅背沟和3浅腹沟。花期4—5月，果期9—10月。

地理分布 原产于安吉、临安、淳安、磐安；分布于华东、华中。慈溪、余姚、奉化、宁海、象山及市区有栽培。

主要用途 观赏植物；枝煎水熏洗，可治风湿疥癣、湿烂痒痛。

附种1 绣球荚蒾（木绣球）**'Sterile'**，花序全部由大型不孕花组成，形似绣球。市区有栽培。模式标本采自宁波。

附种2 合轴荚蒾 ***V. sympodiale***，幼枝、叶下面脉上、叶柄及花序均被灰黄褐色星状鳞毛；枝有长枝与短枝；花序仅着生于短枝上；花序无总梗；花冠白色或带微红；果核有1浅背沟和1深腹沟。见于余姚、鄞州、奉化；生于林下或灌丛中。

绣球荚蒾

合轴荚蒾

296 日本珊瑚树 法国冬青 珊瑚树

学名 **Viburnum awabuki** K. Koch　属名 荚蒾属

形态特征 常绿灌木或小乔木，高3～5m。当年生枝粗壮，基部有环状芽鳞痕。叶对生；叶片厚革质，倒卵状长圆形至长圆形，6～12(16)cm×3～5(6)cm，先端钝或钝尖，基部宽楔形，边缘波状或具波状粗钝锯齿，近基部全缘，下面脉腋常有小孔；叶柄棕红色。圆锥花序尖塔形，宽大；花白色，芳香；花冠辐状钟形，筒部长3.5～4mm。果实先红色后变黑色；核常椭球形或倒卵状椭球形。花期5—6月，果期9—11月。

地理分布 原产于普陀；分布于台湾；日本及朝鲜半岛南部也有。全市各地普遍栽培。

主要用途 枝叶浓密，花果俱美，可供绿化观赏；适于作绿篱，生物防火林带，抗煤烟及抗二氧化硫、氯气等有毒气体树种；木材纹理致密，是细工及旋作用材。

附种 **早禾树**（极香荚蒾）***V. odoratissimum***，小枝较细；叶片革质，长达7～20cm，边缘具稀疏小钝齿或全缘；花冠辐状，筒长约2mm；核卵状椭球形。余姚、北仑及市区有栽培。

早禾树

297 蝴蝶荚蒾 蝴蝶戏珠花

学名 **Viburnum thunbergianum** Z.H. Chen et P.L. Chiu　属名 荚蒾属

形态特征　落叶灌木，高达 3m。当年生枝基部有环状芽鳞痕，连同芽、叶两面（至少沿脉）及花序均被星状毛。叶对生；叶片宽卵形或长圆状卵形，4～10cm×(2)3～6cm，先端圆形、急尖，基部楔形或圆形，下面常带绿白色，边缘具不整齐锯齿，侧脉直达齿端，细脉紧密横列平行。复伞形花序，外围有 4～6 朵大型不孕花；花白色至乳白色，稍具香气。果实先红色后变黑色；核有 1 条上宽下窄的腹沟，背面中下部有 1 短脊。花期 4—5 月，果期 8—9 月。

生境与分布　见于余姚、北仑、鄞州、奉化、宁海、象山；生于山坡、山谷混交林内及沟谷旁灌丛中。产于全省山区；分布于长江以南各地；日本及朝鲜半岛南部也有。

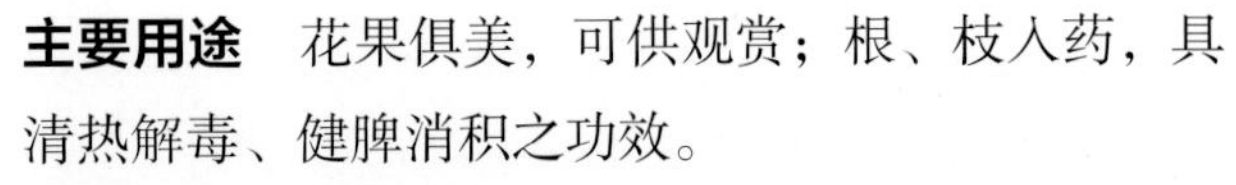

主要用途　花果俱美，可供观赏；根、枝入药，具清热解毒、健脾消积之功效。

附种　**粉团荚蒾 ‘Plenum’**，复伞形花序全部由大型不孕花组成，不结实。慈溪有栽培。

粉团荚蒾

298 具毛常绿荚蒾

学名 **Viburnum sempervirens** K. Koch var. **trichophorum** Hand.-Mazz. 属名 荚蒾属

形态特征 常绿灌木，高2～4m。幼枝、叶柄、花序均密被星状短柔毛；小枝四棱形，基部有环状芽鳞痕。叶对生；叶片椭圆形至椭圆状卵形，4～12cm×3～5cm，先端尖或短渐尖，基部渐狭至钝，全缘或近顶部具少数浅齿，两面无毛，下面有微细的褐色腺点，近基部第一对侧脉以下区域内有腺体，最下方一对常多少呈离基3出脉状。复伞形聚伞花序顶生；花冠白色。果实近球形或卵球形，红色；核背面凸起，腹面近扁平，两端略弯拱，直径6mm。花期5—6月，果期10—12月。

生境与分布 见于北仑、鄞州、奉化、宁海、象山；生于海拔100m以上的山谷林缘、溪边或灌丛中。产于温州、台州、丽水及临安、建德、诸暨、婺城、磐安、衢江、开化等地；分布于长江以南各地。

主要用途 叶色浓绿，果色鲜艳，可供绿化观赏；枝、叶入药，具消肿止痛、活血散淤之功效。

附种 地中海荚蒾（泰尼斯荚蒾）***V. tinus***，幼枝紫红色或多少带淡紫色；叶脉羽状，叶缘具开展柔毛；花蕾粉红色；花冠白色或淡粉红色；果熟时深蓝黑色；花期10月至翌年6月，果期翌年9—10月。原产于欧洲地中海地区。全市各地城区有栽培。

地中海荚蒾

299 茶荚蒾 饭汤子

学名 **Viburnum setigerum** Hance 属名 荚蒾属

形态特征 落叶灌木，高达4m。当年生小枝浅灰黄色，多少具棱，无毛，基部有环状芽鳞痕。叶对生；叶片常卵状长圆形至卵状披针形，7～12cm×2～5.5(7)cm，先端渐尖，基部圆形，边缘多少有锯齿，干后变黑色，上面光亮无毛，下面沿脉疏被长毛，侧脉直达齿端，近基部第一对侧脉以下区域内有腺体，中脉上面凹陷，下面凸起；叶柄常紫红色；无托叶。复伞形花序；花白色，芳香。果序弯垂，果红色；核背腹沟不明显而凹凸不平。花期4—5月，果期9—10月。

生境与分布 见于余姚、北仑、鄞州、奉化、宁海、象山；生于山谷溪边疏林或山坡灌丛中。产于全省山区、半山区；分布于长江以南各地。

主要用途 根、果入药，根具破血、通经及止血之功效，果具健脾之功效；果实榨汁可制酒；叶可代茶；果色艳丽，可供观赏。

300 水马桑 半边月

学名 **Weigela japonica** Thunb. var. **sinica** (Rehder) Bailey 属名 锦带花属

形态特征 落叶灌木或小乔木，高 2.5～6m。幼枝四棱形，全面被柔毛或有 2 列柔毛；叶两面、叶柄及萼筒被开展柔毛。叶对生；叶片长卵形、卵状椭圆形或倒卵形，5～15cm×2.5～6cm，先端渐尖至长渐尖，基部宽楔形或圆形，边缘具细锯齿。聚伞花序生于短枝叶腋或顶端，具 1～3 花；萼筒被柔毛；花冠白色至淡红色，中部以下急收窄，呈管状。蒴果狭长，顶端有短柄状喙，2 瓣裂。花期 4—5 月，果期 8—9 月。

生境与分布 见于奉化、宁海；生于海拔 200m 以上的山坡灌丛中或溪沟边。产于全省山区、半山区；分布于长江以南各地。

主要用途 花大艳丽，供观赏；根、枝、叶入药，根具理气健脾、滋阴补虚之功效，枝、叶具清热解毒之功效。

附种 1 海仙花 ***W. coraeensis***，叶片两面中脉及下面侧脉疏生平贴毛；萼筒无毛；花冠初淡红色或带黄白色，后变深红色，基部 1/3 以下突狭。全市各地有栽培。

附种 2 红王子锦带花 ***W.* 'Red Prince'**，嫩枝淡红色，老枝灰褐色；嫩枝及叶脉具柔毛；花冠鲜红色。原产于美国。全市各地有栽培。

附种 3 花叶锦带花 ***W.* 'Variegata'**，叶缘乳黄色或白色；花淡粉色。原产于美国。镇海、江北、鄞州、宁海、象山及市区有栽培。

海仙花

红王子锦带花

花叶锦带花

三十三　败酱科 Valerianaceae*

301 白花败酱 攀倒甑

学名 **Patrinia villosa** (Thunb.) Juss.　　属名 败酱属

形态特征　多年生草本，高 0.5～1.5m。根状茎细长，横生。茎直立，密被倒生白色粗毛，或仅沿两侧各有 1 列倒生短粗伏毛。基生叶丛生，叶片宽卵形或近圆形，4～10cm×2～5cm，先端渐尖，基部楔形下延，边缘有粗齿，不分裂或大头状深裂，花时枯萎；茎生叶对生，叶片卵形或窄椭圆形，边缘羽状分裂或不分裂，两面疏生粗毛，脉上尤密，上部叶渐近无柄。聚伞花序排成伞房状圆锥花序；花序梗密生或仅被 2 列较长的粗毛；花冠白色，直径 4～5(6)mm。瘦果具宿存翅状苞片。花期 8—10 月，果期 10—12 月。

生境与分布　见于全市各地；生于山坡林下、路边或草坡草丛中。产于全省各地；分布于除海南、西藏、宁夏、青海、新疆外全国各地；东北亚也有。

主要用途　根状茎、带根全草入药，具清热、利湿、解毒排脓、活血祛瘀之功效；嫩茎叶可食。

附种 1　异叶败酱（墓头回）***P. heterophylla***，基生叶不分裂或羽状分裂至全裂；茎下部叶常 2 或 3(～6) 对羽状全裂；中部叶常具 1 或 2 对侧裂片；花序梗被微糙毛或短糙毛；花冠淡黄色，直径 5～6mm。见于北仑、象山；生于海拔 300m 以上的山地岩缝中、草丛中、路边或土坡上。

附种 2　斑花败酱（少蕊败酱）***P. monandra***，叶片常不分裂，稀基部具 1 片或 1、2 对耳状小裂片；花冠直径 2.5～3mm，淡黄色，上有棕色或褐色斑纹和斑点。见于余姚、北仑、鄞州、奉化、宁海、象山；生于海拔 100m 以上的山坡、路边、林中、溪沟两旁草丛中及灌丛中。

附种 3　败酱（黄花败酱）***P. scabiosifolia***，茎节间长，仅一侧被倒生粗毛或近无毛；花序梗仅上方一侧有开展的白色粗糙毛；花冠黄色，直径 2～4mm；瘦果无翅状苞片。见于余姚、北仑、鄞州、奉化、宁海、象山；生于山坡林下、路边或草丛中。

* 本科宁波有 1 属 4 种。本图鉴全部收录。

异叶败酱

斑花败酱

败酱

三十四　川续断科 Dipsacaceae*

302 日本续断 续断

学名 **Dipsacus japonicus** Miq.　　属名 川续断属

形态特征　多年生草本，高 1～1.5m。茎中空，具 4～6 棱；棱、叶脉、叶柄、花序梗疏生粗短硬刺，茎节上密生白色柔毛。基生叶丛生，叶片长椭圆形，不裂或 3 裂，叶柄细长；茎生叶对生，叶片椭圆形至卵形，8～20cm×3～8cm，羽状深裂至全裂，中裂片最大，两侧者甚小，边缘具粗齿，上面被黄白色硬毛，下面疏被毛。头状花序顶生，球形；花冠紫红色，直径 2～3cm；小苞片先端平截而具占全长约 1/2 的硬直喙尖。瘦果长圆楔形，包藏于小总苞内。花期 8—9 月，果期 9—10 月。

生境与分布　见于奉化；生于山坡林下或溪边灌草丛中；产于杭州及安吉、诸暨、衢江、兰溪、磐安；分布于华东及湖北、四川、贵州、河北、山西、辽宁；东北亚也有。

主要用途　瘦果连同宿存的小总苞、花萼入药，具活血化淤、通络定痛之功效；根可食。

附种　拉毛果 *D. sativus*，二年生半灌木状粗壮草本；茎具 6～8 棱；叶片全缘至波状，两面无毛；茎生叶披针形至宽披针形，基部抱茎合生成杯状；头状花序长椭圆状柱形；花冠白色，少数带紫色；花期 4—5 月，果期 6—7 月。慈溪、余姚有栽培。

---

* 本科宁波有 1 属 2 种，其中栽培 1 种。本图鉴全部收录。

拉毛果

三十五 葫芦科 Cucurbitaceae*

303 盒子草 合子草

学名 **Actinostemma tenerum** Griff. 属名 盒子草属

形态特征 一年生柔弱缠绕草本。茎纤细。卷须2歧。叶互生；叶片心状戟形、心状狭卵形或披针状三角形，3～12cm×2～8cm，先端稍钝或渐尖，基部弯曲半圆形、长圆形、深心形，不分裂或茎下部叶3～5裂，边缘波状或有小圆齿或疏齿，两面有疏散疣状突起；叶柄细长。雌雄同株；雄花组成总状或圆锥状花序，花冠黄绿色；雌花单生或双生，花梗具关节。果绿色，下垂，熟时上半部盖裂。花期7—9月，果期9—11月。

生境与分布 见于全市各地；生于水边草丛中。产于全省各地；分布于华东、华中、西南；朝鲜半岛及日本也有。

主要用途 种子或全草入药，具利尿消肿、清热解毒、祛湿之功效。

* 本科宁波有13属24种1亚种3变种1品种，其中栽培12种1亚种2变种1品种。本图鉴收录13属24种1亚种2变种1品种，其中栽培12种1亚种1变种1品种。

304 冬瓜

学名 **Benincasa hispida** (Thunb.) Cogn.　　属名 冬瓜属

形态特征　一年生草质藤本。茎有棱沟，连同叶背、花萼、花序密被黄褐色刚毛或柔毛。卷须常2～3歧。叶互生；叶片肾状近圆形，宽10～30cm，先端急尖，基部深心形，弯曲张开，近圆形，边缘具小齿，5或7浅裂至中裂；叶柄粗壮。雌雄同株；花单生；花萼裂片反折；雄花梗长5～15cm，雌花梗长不达5cm；花冠黄色。果大型，长圆柱状或近球状，常具硬毛和白霜。种子卵形。花果期夏、秋季。

地理分布　原产于亚洲热带、亚热带地区和澳大利亚东部、马达加斯加。全市各地普遍栽培。

主要用途　果除作蔬菜外，亦可浸渍为各种糖果；果皮、种子入药，具消炎、利尿、消肿之功效。

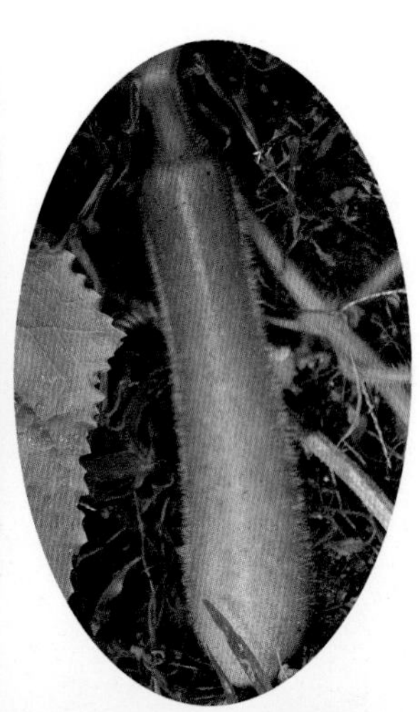

305 西瓜

学名 **Citrullus lanatus** (Thunb.) Matsum. et Nakai　属名 西瓜属

形态特征　一年生蔓生草本。茎有棱沟；茎、卷须、叶柄、花序均被柔毛。卷须2歧。叶互生；叶片轮廓三角状卵形，8～20cm×5～15cm，3深裂，裂片又羽状或二回羽状浅裂至深裂，边缘波状或有疏齿，先端钝圆，基部心形或半圆形弯缺；叶柄粗，密被柔毛。雌雄同株，均单生；花冠淡黄色。果大型，近球形或椭球形，肉质，多汁，表面光滑，颜色因品种而异。种子卵形，两面平滑。花果期夏季。

地理分布　原产于地中海地区。全市各地普遍栽培。

主要用途　果为盛夏水果，果肉味甜，可降温祛暑；种子可食；果皮入药，具清热、利尿、降血压之功效。

306 黄瓜

学名 **Cucumis sativus** Linn. 属名 黄瓜属

形态特征 一年生攀援草本。全体有粗毛。卷须细，不分叉。叶互生；叶片宽卵心形，长、宽均为12～18cm，先端急尖，基部圆形弯缺，有时基部向后靠合，3或5掌状分裂，边缘有锯齿；叶柄粗壮。雌雄同株；雄花常数朵簇生，雌花单生或簇生；花冠黄白色。果长椭球形或圆柱形，熟时黄绿色，表面粗糙，有具刺尖的瘤状突起。种子扁椭球形，白色。花果期6—9月。

地理分布 原产于亚洲南部和非洲。全市各地普遍栽培。

主要用途 果作蔬菜；茎藤入药，具消炎、祛痰、镇痉之功效。

附种1 甜瓜（香瓜）***C. melo***，叶片圆卵形或近肾形，先端常圆钝，3～7浅裂，边缘有微波状锯齿；果颜色、形状因品种而异，常为球形或长椭球形，果皮光滑，有纵沟纹或斑纹，果肉白色、黄色或绿色，有香甜味。原产于非洲和亚洲热带地区。全市各地有栽培。

附种2 菜瓜 ***C. melo*** subsp. ***agrestis***，果长圆柱状或近棒状，直径6～10cm，平滑，淡绿色，间有深色纵长条纹，果肉白色，松脆，无香甜味。原产于我国；东亚、南亚也有。全市各地有栽培。

甜瓜

菜瓜

307 南瓜

学名 **Cucurbita moschata** Duch.　　属名 南瓜属

形态特征　一年生蔓生或攀援草本。茎粗壮，具棱和沟，被短刚毛。卷须3或4歧。叶互生；叶宽卵形或近圆形，长15～30cm，先端急尖，基部深心形，5浅裂或有5角，边缘有细齿，两面被粗毛，上面和沿中脉常有不规则的白色斑纹。雌雄同株，单生；花萼裂片上部扩大成叶状；花冠黄色。果梗粗壮，具棱和槽，顶端扩大成喇叭状；果形状因品种而异，常椭球形、卵球形、扁球形、狭颈状等，有数条纵沟。种子扁卵球形或扁椭球形，灰白色。花期6—8月，果期9—10月。

地理分布　原产于中美洲。全市各地广泛栽培。

主要用途　果、叶、种子可食；根、茎藤、叶、卷须、果实、果瓤、果蒂、种子均可入药。

附种1　**北瓜**（笋瓜）***C. maxima***，叶片无白色斑块；花萼裂片不扩大；果梗不具棱和槽，顶端不膨大或稍扩大，但不成喇叭状。原产于南美洲。鄞州有栽培。

附种2　**西葫芦** ***C. pepo***，叶片三角形或卵状三角形；花萼裂片不扩大；果梗顶端变粗或稍扩大，但不成喇叭状。原产于印度。全市各地有栽培。

北瓜

西葫芦

308 绞股蓝

学名 **Gynostemma pentaphyllum** (Thunb.) Makino　属名 绞股蓝属

形态特征　多年生攀援草本。地下横走根状茎发达，肉质。卷须常2歧，稀不分叉。复叶鸟足状，互生；小叶(3)5～7，中央小叶最大，4～8cm×2～3cm；小叶片狭卵状椭圆形至狭卵形，先端渐尖或钝，基部渐窄，边缘具波状齿或圆齿状牙齿，两面疏被短柔毛。雌雄异株；圆锥花序常呈总状，长8～15cm，雌花序比雄花序短小；花萼裂片三角形；花冠淡绿色或白色，裂片披针形，长约2mm，先端尾状，上表面被短毛，边缘具缘毛状小齿；子房下位。浆果球形，蓝黑色，直径6～8mm，萼筒线位于近顶部，顶端有3小的鳞脐状突起，不开裂。花期7—9月，果期9—10月。

生境与分布　见于余姚、鄞州、奉化、宁海、象山；生于海岛及海拔较高的山坡、山谷疏林、灌丛中或路旁草丛中。产于杭州、丽水及安吉、开化、苍南等地；分布于秦岭以南各地；东南亚及日本、印度也有。

主要用途　全草入药，具消炎解渴、止咳祛痰之功效；嫩茎叶可食。

附种1　**三叶绞股蓝**（光叶绞股蓝）***G. laxum***，植株较强壮；枝叶无毛或近无毛；结果枝上的复叶为3小叶；子房下位；浆果直径约8mm，萼筒线位于近顶部。见于余姚、鄞州、宁海；生于山坡、沟边疏林中。为本次调查发现的浙江分布新记录植物。

附种2　**歙县绞股蓝**（小果绞股蓝）***G. shexianense***，地下根状茎非肉质，极短，根细长；雌花序分枝多，着花密；花萼裂片长圆形、卵状三角形；子房半下位；浆果蓝绿色，直径3.5～5mm，萼筒线位于中部。见于全市各地；生境同绞股蓝。

三叶绞股蓝

歙县绞股蓝

309 毛果喙果藤

学名 **Gynostemma yixingense** (Z.P. Wang et Q.Z. Xie) C.Y. Wu et S.K. Chen var. **trichocarpum** J.N. Ding　属名 绞股蓝属

形态特征　多年生攀援草本。茎具纵棱及槽，近节处被长柔毛。卷须不分叉。复叶鸟足状，互生，小叶5或7，中央小叶片最大，长4～8cm；小叶片椭圆形，先端渐尖或尾尖，基部楔形，边缘具锯齿或重锯齿，上面近边缘处疏被1行微柔毛。雌雄异株；雄花组成圆锥花序；雌花簇生于叶腋，中、下部雌花序为穗形总状花序，稀类似狭窄圆锥形，长7～11cm，向上渐短，上部雌花序呈高度缩短之穗形总状或簇生；花萼裂片椭圆状披针形；花冠淡绿色或白色。蒴果幼时被白色柔毛，熟时中、下部疏具硬毛状短柔毛，上部残留细颗粒状毛基，顶端略平截，具3长喙，熟后沿腹缝线3裂。种子三角锥形，表面瘤饰较明显，边缘沟槽不明显。花期8—9月，果期9—11月。

生境与分布　见于余姚、鄞州、奉化；生于低海拔山坡疏林、灌丛中。产于杭州及长兴等地；分布于安徽。

310 葫芦

学名 **Lagenaria siceraria** (Molina) Standl. 属名 葫芦属

形态特征 一年生攀援草本。茎具沟纹，被脱落性黏质长柔毛。卷须纤细，2歧。叶互生；叶片卵状心形或肾状卵形，长宽均为10～35cm，先端急尖，基部心形，弯缺开张，半圆形或近圆形，不分裂、3或5浅裂，两面微被柔毛；叶柄顶端有2腺体。雌雄同株，花单生；雄花梗长于叶柄，雌花梗比叶柄短或近等长；花冠白色，裂片皱波状。果大，中间缢缩，下部大于上部，成熟后果皮木质化。种子白色，顶端截形或2齿裂。花期夏季，果期秋季。

地理分布 原产于非洲。全市各地普遍栽培。

主要用途 果嫩时作蔬菜；木质化后的果实外壳可作容器；茎、花、果皮、种子均可入药。

附种 **瓠子** var. ***hispida***，子房及果实圆柱状，中间不为葫芦状缢缩，长可达60～80cm。全市各地有栽培。

瓠子

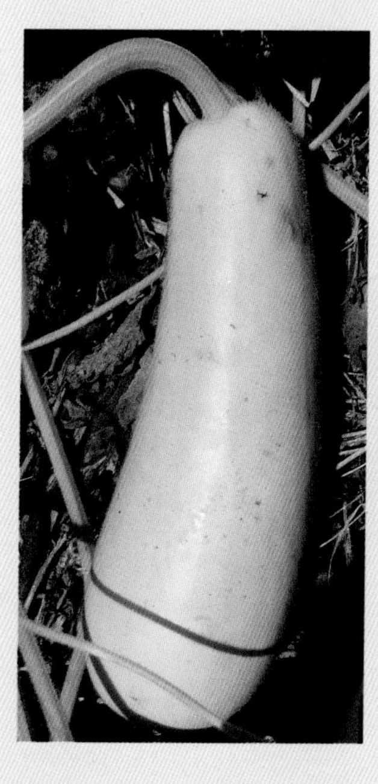

311 丝瓜

学名 **Luffa aegyptiaca** Mill.　　属名 丝瓜属

形态特征　一年生草质藤本。茎粗糙，有棱沟；茎、叶背、花序、果被柔毛。卷须2～4歧。叶互生；叶片三角形或近圆形，长宽均为10～20cm，先端急尖或渐尖，基部深心形，通常掌状5或7裂，边缘有锯齿，上面粗糙，有疣状点，掌状脉；叶柄粗糙。雌雄同株；雄花15～20朵组成总状花序；雌花单生；花冠黄色。果圆柱形，常有深色纵条纹，嫩时肉质，成熟并干燥后，里面具网状纤维，于顶端盖裂。种子边缘狭翼状。花果期夏、秋季。

地理分布　原产于南亚。全市各地普遍栽培。

主要用途　果嫩时作蔬菜；“丝瓜络”（丝瓜成熟果实的维管束）入药，可通经络，也可作洗涤用品。

附种　**棱角丝瓜**（广东丝瓜）***L. acutangula***，果具8～10纵向锐棱和沟；种子有网状纹饰，无狭翼状边缘。原产于热带。全市各地有栽培。

棱角丝瓜

312 苦瓜

学名 **Momordica charantia** Linn. 属名 苦瓜属

形态特征 一年生草质藤本。茎被柔毛。卷须不分叉。叶互生；叶片轮廓肾形或近圆形，长宽均为3～12cm，先端常钝圆或急尖，基部弯缺半圆形，5或7深裂，裂片边缘具粗齿或有不规则小裂片，两面微被毛，脉上较密；叶柄细。雌雄同株；花单生，花冠黄色。果圆柱形，长10～20cm，表面多瘤皱，成熟后灰白色，自顶端3瓣裂。种子具红色假种皮，两面有雕纹。花果期5—9月。

地理分布 可能原产于非洲和亚洲热带、亚热带地区。全市各地常见栽培。

主要用途 果味甘苦，可作蔬菜；根、藤、果实入药，具清热解毒之功效。

附种 锦荔子 **'Abbreviata'**，果纺锤形，具喙，长度不超过15cm，熟后橘红色。慈溪、鄞州、奉化、宁海、象山及市区有栽培。

锦荔子

313 木鳖子 番木鳖

学名 **Momordica cochinchinensis** (Lour.) Spreng　属名 苦瓜属

形态特征　多年生粗壮大藤本，长达 15m。具膨大的块根；茎有纵棱；全株近无毛或稍被短柔毛。卷须不分歧。叶互生；叶片卵状心形或宽卵状圆形，长宽均为 4～12cm，3～5 中裂至深裂，基部近心形，背面密生小乳突，基外 3 出脉；叶柄具纵棱及 2～4 腺体。雌雄异株；花大，常单生；雄花梗顶端生 1 枚绿色大型苞片，雌花苞片小型，生于花梗近中部；花萼紫黑色，筒部具白斑；花冠淡黄色或乳白色，5 深裂至基部，内面 3 片基部有黑斑。果卵球形，密生具刺尖的突起，顶端有 1 短喙，熟时红色。种子边缘有齿，两面稍拱起，具雕纹。花期 7—9 月，果期 8—11 月。

生境与分布　见于鄞州、宁海；生于海拔 200～300m 的山坡灌草丛或毛竹林中。分布于华东、华中、西南及广东、广西等地；中南半岛及印度也有。

主要用途　花大果艳，可供观赏；种子、块根、叶入药，具消肿散结、解毒止痛之功效。

314 佛手瓜

学名 **Sechium edule** (Jacq.) Swartz.　　属名 佛手瓜属

形态特征　多年生攀援草本。根块状。茎具棱沟。卷须粗壮，3～5歧，有棱沟。叶互生；叶片心形或近圆形，浅裂，先端渐尖，基部心形，弯缺较深，近圆形，边缘有小细齿，上面稍粗糙，下面被短柔毛。雌雄同株；雄花10～30朵组成总状花序，雌花单生；花冠黄绿色，深裂至基部。果淡绿色，倒卵球形，上部有5纵沟，具1粒种子。花期7—9月，果期8—10月。

地理分布　原产于南美洲。余姚、北仑、宁海等地偶见栽培。

主要用途　果作蔬菜；叶、果实入药，叶可治疮疡肿毒，果实可治胃脘痛、消化不良。

315 长叶赤瓟

学名 **Thladiantha longifolia** Cogn. ex Oliv.　属名 赤瓟属

形态特征　多年生攀援草本。茎、枝柔弱，有棱沟，无毛或被稀疏短柔毛。卷须单一。叶互生；叶片长卵形或长卵状三角形，7～16cm×4～9cm，先端急尖或短渐尖，基部具深弯缺，上面有短刚毛，脱落后形成白色小疣点，有时具大片白斑，粗糙，基部一对侧脉不靠近边缘，边缘具胼胝质小齿；叶柄纤细。雌雄异株；雄花 3～9(12) 朵组成总状花序，雌花单生或 2、3 朵生于一短的总花梗上；花冠黄色。果卵球形，直径 3～4cm，表面有瘤状突起而成皱褶状，基部稍内凹，顶端有小尖头。种子有网脉，边缘稍隆起成环状。花期 4—7 月，果期 8—10 月。

生境与分布　见于余姚、鄞州、奉化、宁海、象山；生于山坡、沟边林缘或路边。产于杭州、金华、衢州、丽水及安吉、德清、诸暨、仙居、温岭等地；分布于华中及四川、贵州、广西。

主要用途　根、果实入药，具清热解毒、利胆、通乳之功效；嫩叶可食。

附种　台湾赤瓟 ***Th. punctata***，叶片长卵形或长卵状披针形，基部一对侧脉靠近边缘；果基部钝圆，表面平滑。见于余姚、北仑、奉化；生于沟边林下、林缘及路边、山坡草丛中。

台湾赤瓟

316 南赤瓟

学名 **Thladiantha nudiflora** Hemsl. 属名 赤瓟属

形态特征 多年生攀援草本。全体密生开展的黄褐色硬毛；茎有较深棱沟。卷须上部2歧。叶互生；叶片卵状心形、宽卵状心形或近圆心形，5～15cm×4～12cm，先端渐尖或急尖，基部弯曲开放，有时闭合，边缘具胼胝状小尖头的细锯齿。雌雄异株；雄花多数，组成总状花序，雌花单生；花冠黄色。果红色或橙红色，椭球形或近球形，直径3～3.5cm，顶端钝或渐狭，基部钝圆。种子表面具网纹。花期6—8月，果期9—10月。

生境与分布 见于余姚、北仑、鄞州、奉化、宁海、象山；生于山坡、沟边或路边灌丛中。产于杭州、温州、金华、衢州及安吉、诸暨、天台、仙居、缙云、景宁等地；分布于秦岭以南各地。

主要用途 根、果入药，根具通乳、清热利胆之功效，果具理气活血、祛痰利湿之功效；嫩叶可作野菜。

317 王瓜

学名 **Trichosanthes cucumeroides** (Ser.) Maxim. 属名 栝楼属

形态特征 多年生攀援草本。块根纺锤形，肥大；茎细弱，多分枝；全株密被开展柔毛。卷须2歧。叶互生；叶片宽卵形或圆形，5～18cm×5～12cm，先端钝或渐尖，基部深心形，弯缺深2～5cm，常3或5浅裂至深裂，稀不裂，裂片三角形、卵形至倒卵状椭圆形，边缘具细齿或波状齿，上面被短茸毛及稀疏短硬毛，下面密被短茸毛。花单性异株；雄花组成总状花序或1单花与之并生，雌花单生；花萼筒长6~7cm；花冠白色，裂片先端具极长的丝状流苏。果卵球形、卵状椭球形或球形，直径4～5.5cm，熟时橙红色，平滑，两端圆钝，具喙；梗细，长0.5～2cm。种子扁椭圆形，3室，中央室呈凸起的增厚环带，两侧室大，中空。花期5—8月，果期8—11月。

生境与分布 见于全市各地；生于山坡、沟旁疏林或灌草丛中。产于杭州、温州、湖州、绍兴、金华、台州、丽水等地；分布于华东、华中、华南、西南；日本也有。

主要用途 根、果实、种子入药，根具清热解毒、利尿消肿、散淤止痛之功效，果实具清热生津、消淤通乳之功效，种子具清热凉血之功效。

附种1 长萼栝楼（吊瓜）***T. laceribractea***，叶片常3～7浅至深裂，上面密被短硬刺毛，后变成鳞片状白色糙点；雄花花萼筒长约5cm，顶端扩大，直径12～15mm，雌花花萼筒长约4cm，裂片卵形，边缘具狭的锐锯齿；果直径5～8cm，果梗粗壮，长4～11cm；种子长方状扁椭圆形，1室，近边缘处具一圈明显的棱线。原产于华南及江西、湖北、四川。除市区外全市各地有栽培。

附种2 中华栝楼 ***T. rosthornii***，叶基弯缺深1～2cm，叶片3～7深裂，通常5深裂，几达基部，裂片条状披针形、披针形至倒披针形，背面无毛，密生颗粒状突起；雄花花萼筒长2.5～3(3.5)cm，顶端直径约7mm，雌花花萼筒长2～2.5cm，裂片条形，全缘；果直径7～10cm；果梗粗，长4.5～8cm；种子卵状扁椭圆形，1室，距边缘稍远处具一圈明显的棱线。见于奉化；生于山坡灌草丛中。

长萼栝楼

中华栝楼

318 马㼎儿 老鼠拉冬瓜

学名 **Zehneria japonica** (Thunb.) H.Y. Liu　属名 马㼎儿属

形态特征　一年生攀援草本。茎纤细，有棱沟，无毛。卷须丝状，不分歧。叶互生；叶片三角状宽卵形、卵状心形或戟形，2～7cm×2～8cm，先端急尖或渐尖，基部弯缺半圆形，不分裂或3～5浅裂，疏生波状锯齿，稀近全缘，两面具瘤基状毛，脉上尤密。雌雄同株；雄花单生或几朵簇生，稀2或3朵组成总状花序，雌花单生，稀双生；花冠淡黄色。果球形，熟后灰白色。花果期7—10月。

生境与分布　见于慈溪、余姚、鄞州、奉化、宁海、象山及市区；生于水沟旁、山谷溪边及路边草丛中。产于全省各地；分布于长江以南各地。

主要用途　全草入药，具清热、利尿、消肿之功效。

三十六　桔梗科 Campanulaceae*

319 沙参

学名 **Adenophora stricta** Miq.　属名 沙参属

形态特征　多年生草本，高40～90cm。有白色乳汁；根圆柱形。叶互生；基生叶心形，大而具长柄；茎生叶狭卵形、菱状狭卵形或长圆状狭卵形，3～8cm×1～4cm，先端急尖或短渐尖，基部楔形，稀近圆钝，边缘具不整齐锯齿，无柄或仅下部叶有极短而带翅的柄。花序常不分枝而成狭长假总状花序，或有短分枝而成狭圆锥花序；花梗长5mm；花萼裂片钻形；花冠蓝色或紫色。蒴果椭球形，被毛。花果期8—10月。

生境与分布　见于除江北外全市丘陵山区；生于山坡草丛中。产于杭州及安吉、诸暨、嵊州、磐安、武义、开化、松阳、缙云、泰顺等地；分布于华东、华中、西南及广西、陕西；日本也有。

主要用途　根入药，具养阴、清肺、益胃、生津之功效；嫩芽、肉质根可食用；花美丽，可供观赏。

附种1　华东杏叶沙参 ***A. petiolata*** **subsp.** ***huadungensis***，茎生叶基部沿叶柄下延，近无柄或仅茎下部叶有短柄；花序分枝长，组成大而疏散的圆锥花序；花梗粗，长2～3(5)mm；花萼裂片长卵形，基部通常彼此重叠。见于北仑、鄞州、奉化、宁海、象山；生于山坡或林下草丛中。

附种2　轮叶沙参 ***A. tetraphylla***，茎生叶3～6片轮生；花序狭圆锥状，分枝轮生。见于北仑、鄞州、奉化、宁海、象山；生于山坡、林缘草地或灌草丛中。

附种3　荠苨 ***A. trachelioides***，茎稍“之”字形弯曲；茎生叶基部心形或截形，不沿叶柄下延，有长柄；花序分枝平展，组成大或狭圆锥状花序。见于北仑、象山；生于山地草坡或林缘。

* 本科宁波有7属10种2亚种，其中归化1种，栽培1种。本图鉴收录7属9种2亚种，其中归化1种，栽培1种。

华东杏叶沙参

轮叶沙参

荠苨

320 羊乳 山海螺

学名 **Codonopsis lanceolata** (Sied. et Zucc.) Trautv.　属名 党参属

形态特征　多年生缠绕草本。有白色乳汁。根倒卵状纺锤形。全体光滑无毛，稀茎、叶疏生柔毛。叶在主茎上互生，披针形或菱状狭卵形，0.8～1.4cm×3～7mm；在分枝顶端通常2～4叶簇生而近于对生或轮生状，有短柄，菱状卵形、狭卵形或椭圆形，3～10cm×1.5～4cm，先端急尖或钝，基部渐窄，全缘或有疏波状锯齿。花单生或对生于小枝顶端；花冠黄绿色或乳白色，内有紫色斑。蒴果下部半球状，上部具喙，花萼宿存。种子有翅。花果期9—10月。

生境与分布　见于全市丘陵山区；生于山地沟边或林中阴湿处。产于全省各地；分布于东北、华北、华东、华中、华南；日本也有。

主要用途　根入药，具滋补强壮、补虚通乳、排脓解毒、养阴润肺、祛痰之功效；嫩芽、肉质根可食。

321 半边莲

学名 **Lobelia chinensis** Lour.　　属名 半边莲属

形态特征　多年生矮小草本，高 6～15cm。有白色乳汁；全体无毛；茎细弱，常匍匐，节上常生根，分枝直立。叶互生；叶片长圆状披针形或条形，0.8～2cm×3～7mm，先端急尖，基部圆形至宽楔形，全缘或顶部有波状小齿。花单生于叶腋，花梗细，常超出叶外；花冠粉红色或白色，花瓣偏向一侧。蒴果倒圆锥状。花果期 5—11 月。

生境与分布　见于全市各地；生于水田边、河沟边及潮湿的路边或草地上。产于全省各地；长江中下游以南各地广布；印度以东的亚洲其他各国也有。

主要用途　全草入药，具清热解毒、利尿消肿之功效；花美丽，可供观赏。

322 袋果草

学名 **Peracarpa carnosa** (Wall.) Hook. f. et Thoms.　属名 袋果草属

形态特征　多年生矮小草本，高 5～15cm。根状茎细长；茎肉质，基部匍匐状，多分枝，无毛。叶互生；叶片三角形至宽卵形，0.8～2cm × 0.6～1.5cm，先端钝圆或急尖，基部浅心形或宽楔形，边缘波状或有钝齿，齿端有凸尖。花单生于茎顶端叶腋，有细长梗；花冠白色或紫蓝色。果倒卵球状，顶端稍收缩，袋状。花期 3—5 月，果期 4—7 月。

生境与分布　见于余姚、北仑、鄞州、奉化、宁海、象山；生于林下、溪边潮湿岩石上。产于杭州、丽水及安吉、诸暨、武义、磐安、衢江、江山等地；分布于西南及湖北、江苏、台湾；东南亚、南亚及日本、俄罗斯等地也有。

主要用途　全草入药，具祛风除湿、利尿消肿之功效。

323 桔梗

学名 **Platycodon grandiflorus** (Jacq.) A. DC. 属名 桔梗属

形态特征 多年生草本，高20～80cm。植物体有乳汁，通常无毛；根圆柱形，肉质。叶轮生至互生；叶片卵形、卵状椭圆形至披针形，2～7cm×1.5～3cm，先端急尖，基部宽楔形至圆钝，边缘具细锯齿，下面被白粉；叶柄无或极短。花单朵顶生，或数朵集成假总状花序，有时花序分枝而集成圆锥花序；花冠蓝紫色或蓝白色，直径3～5cm。蒴果熟时顶端开裂。花果期5—12月。

生境与分布 见于慈溪、北仑、象山；生于丘陵山区草丛中；余姚、鄞州有栽培。产于杭州、温州、湖州、绍兴、丽水及东阳、磐安、开化、仙居、温岭等地；分布于我国南北各地；东北亚也有。

主要用途 根入药，具宣肺、散寒、祛痰、排脓之功效；花大美丽，供观赏；嫩芽、肉质根可食；种子可榨油。

324 卵叶异檐花

学名 **Triodanis perfoliata** (Linn.) Nieuwland subsp. **biflora** (Ruiz et Pavon) Lam.

属名 异檐花属

形态特征 一年生草本，高30～45cm。根细小，纤维状。茎通常直立，分枝或不分枝，具细纵棱，棱上疏生短柔毛。叶互生；叶片卵形，0.8～1.8cm×0.5～1.2cm，先端急尖，基部圆形，边缘有少数圆齿，下面沿脉疏生短毛；无柄。花顶生或腋生，单生或2、3朵成簇，近无梗；花冠蓝色或紫色，5或6裂达基部。蒴果近圆柱形，具细纵棱，上端侧面2孔裂。花果期4—7月。

地理分布 原产于北美洲。余姚、奉化、象山有归化；生于山坡草丛中。

325 蓝花参 兰花参

学名 **Wahlenbergia marginata** (Thunb.) A. DC. 属名 蓝花参属

形态特征 多年生草本，高20～40cm。根细长，外面白色，胡萝卜状。茎常自基部分枝，有乳汁。叶互生；叶片倒披针形至条状披针形，1～3cm×2～4mm，先端短尖，基部楔形至圆形，全缘或呈波状，或具疏锯齿；无柄。花顶生或腋生，具长花梗，排成圆锥状；花冠蓝色，漏斗状钟形，5深裂。蒴果倒圆锥状，有10不明显的肋。花果期2—5月，有时10—11月也见开花。

生境与分布 见于全市各地；生于田边、路边、荒地及山坡上。产于全省各地；分布于长江以南各地；亚洲热带、亚热带广布。

主要用途 根、全草入药，具益气补虚、祛痰、截疟之功效。

三十七 菊科 Compositae*

（一）管状花亚科 Tubiflorae

326 千叶蓍 蓍

学名 **Achillea millefolium** Linn. 属名 蓍属

形态特征 多年生草本，高 30～80cm。茎通常被白色长柔毛，中下部以上叶腋常有缩短的不育枝。叶互生；叶片披针形、长圆状披针形或近条形，二或三回羽状全裂；基生叶有短柄，茎生叶无柄。头状花序多数，排成复伞房状，直径 5～6mm；总苞椭球形或近球形，疏生柔毛；缘花舌状，白色、粉红色或淡紫红色，5 朵；盘花管状，黄色。瘦果椭球形，淡绿色，有狭长乳白色边肋。花果期 6—10 月。

地理分布 原产于欧洲。鄞州、奉化及市区有栽培。

主要用途 观赏植物。

* 本科宁波有 94 属 187 种 1 杂种 10 变种 4 变型 1 品种，其中归化 23 种 2 变种，栽培 47 种 1 杂种 2 变种 1 品种。本图鉴收录 81 属 168 种 1 杂种 10 变种 4 变型 1 品种，其中归化 20 种 2 变种，栽培 36 种 1 杂种 2 变种。

327 白花金钮扣

学名 **Acmella radicans** (Jacq.) R.K. Jansen var. **debilis** (Kunth) R.K. Jansen 属名 金钮扣属

形态特征 一年生草本，高10～50cm。茎直立或横卧，多分枝，稀节上生根，绿色或紫色。叶对生；叶片狭卵形至卵形，2～10cm×1～6cm，先端钝尖或渐尖，基部楔形或下延，边缘具粗齿或近全缘。花序梗被柔毛；叶柄长5～12mm，具狭翅。花梗长4～7cm；头状花序圆锥形，单生，偶2或3朵，直径6～9mm；总苞片2层；花冠绿白色或淡黄色；盘花白色，长2mm；缘花绿白色，长2～3mm，舌片长0.5～1.5mm。瘦果椭球形，黑褐色至黑色，稍扁平，具毛及显著的橡木质边缘，一端有半月形缺口，顶端有2个近等长的芒刺。花果期7—12月。

地理分布 原产于南美洲和西印度洋群岛。象山有归化；生于林缘荒地或田边、沟边。安徽有归化。为本次调查发现的浙江归化新记录植物。

主要用途 本种产种量大，扩繁迅速，生长旺盛，对本土植物及生态有一定的危害性。

328 下田菊

学名 **Adenostemma lavenia** (Linn.) Kuntze 属名 下田菊属

形态特征 一年生草本，高 0.3～1m。茎直立或基部弯曲，单生，坚硬，通常上部叉状分枝并被白色短柔毛。叶对生；基部叶片较小；中部叶片卵圆形或卵状椭圆形，4～12cm × 2～5cm，先端急尖或钝，基部宽或狭楔形，边缘有圆锯齿；叶柄有狭翼。头状花序小，排成松散的伞房状或伞房圆锥状；花序梗密被白色或锈色短柔毛；总苞半球形；花管状，白色。瘦果倒披针形，被多数乳头状突起及腺点。花果期 7—10 月。

生境与分布 见于慈溪、余姚、北仑、鄞州、奉化、宁海、象山；生于路边、溪边、山坡草丛。产于全省山区、半山区；分布于长江以南各地。日本、菲律宾、澳大利亚及朝鲜半岛、中南半岛也有。

主要用途 全草入药，具清热解毒、祛风消肿之功效；嫩茎叶可食。

附种 **宽叶下田菊** var. ***latifolium***，叶片卵形或宽卵形，基部心形或圆，边缘有缺刻状或犬齿状锯齿或重锯齿，锯齿尖或钝。见于鄞州、奉化、宁海、象山；生于路边、沟边、林下或草丛中。

宽叶下田菊

329 藿香蓟 胜红蓟

学名 **Ageratum conyzoides** Linn. 属名 藿香蓟属

形态特征 一年生草本，高 30～60cm。茎粗壮。叶对生，有时上部互生；叶片卵形或菱状卵形，4～13cm×2～5cm，自中部向上向下渐小，侧枝叶较小，先端急尖，基部圆钝或宽楔形，边缘具圆齿，基出脉 3 或不明显 5。头状花序在茎顶排成伞房状；总苞半球形，总苞片长圆形或披针状长圆形，先端急尖，外面无毛及腺点，边缘撕裂状；花管状，蓝色或白色。瘦果黑褐色，具 5 棱及稀疏白色细柔毛。花果期 6—11 月。

地理分布 原产于墨西哥。全市各地有归化；生于田边、路旁、林缘。

主要用途 花美丽，可供观赏，园林应用的有多个具有不同花色的园艺品种；为鱼苗的重要饲料之一；也可作绿肥或用于提取芳香油；全草入药，具清热解毒、止血、止痛之功效。繁衍扩散较快，在局部地区已成为恶性杂草。

330 杏香兔儿风

学名 **Ainsliaea fragrans** Champ. ex Benth. 属名 兔儿风属

形态特征 多年生草本，高约30cm。根状茎匍匐状；茎、叶密被棕色长毛，不分枝。叶5或6片，基部假轮生；叶片卵状长圆形，3～10cm×2～6cm，先端圆钝，基部心形，全缘，少有疏短细刺状齿，下面有时紫红色；叶柄与叶片近等长，被毛。头状花序多数，具短梗，排成总状；总苞细筒状；花管状，白色，稍有杏仁气味。瘦果倒披针状椭球形，压扁，密被硬毛；冠毛黄棕色。花果期8—10月。

生境与分布 见于慈溪、余姚、北仑、鄞州、奉化、宁海、象山；生于山坡、灌丛下、沟边草丛；产于全省山区、半山区。分布于华东、华中及广东、广西、四川。

主要用途 全草入药，具舒筋活血、消炎解毒之功效。

附种 铁灯兔儿风（灯台兔儿风）***A. kawakamii***，叶聚生于茎中部，呈莲座状或近轮生。见于余姚、北仑、鄞州、奉化、宁海、象山；生于山坡、河谷林下湿处。

铁灯兔儿风

331 太平洋亚菊 金球菊

学名 **Ajania pacifica** (Nakai) Bremer et Humphries 属名 亚菊属

形态特征 常绿亚灌木，高 30～60cm。根状茎粗壮，直立，丛生。叶互生；叶片长椭圆形或菱形，3 深裂或二回羽状分裂，背面灰白色，密被贴伏的叉状茸毛及腺体，边缘银白色，疏被叉状柔毛。头状花序在茎顶集成紧密的伞房状；花黄色，缘花细管状，盘花管状。花期 9 月。

地理分布 原产于亚洲中部和东部。全市各地有栽培。

主要用途 叶色独特，花色艳丽，供观赏。

332 豚草

学名 **Ambrosia artemisiifolia** Linn.　　属名 豚草属

形态特征　一年生草本，高 0.2～1m。茎直立，有棱，被糙毛。下部叶对生，二或三回羽状分裂，裂片狭小，长圆形至倒披针形，全缘，有明显中脉，具短柄；上部叶互生，羽状分裂，无叶柄。雄性头状花序半球形或卵形，具短梗，下垂，在枝顶密集成总状；花冠淡黄色，管状钟形；雌性头状花序于雄性花序下方或在下部叶腋单生，或 2、3 密集成团伞状，无梗，仅 1 朵花。瘦果倒卵球形，包藏于坚硬的总苞内。花果期 8—10 月。

地理分布　原产于北美洲。除市区外全市各地有归化；生于路旁或空旷草丛中。

主要用途　对禾本科、菊科等植物有抑制、排斥作用，已被我国列为第一批外来入侵物种。

333 香青

学名 **Anaphalis sinica** Hance　　属名 香青属

形态特征　多年生草本，高20～40cm。茎疏散丛生，被白色或灰白色绵毛。叶互生；下部叶在花期枯萎；中部叶片长圆形、倒披针状长圆形，5～7cm×0.2～1.5cm，先端渐尖或急尖，基部渐狭，沿茎下延成狭翅或上部节间几无翅，全缘；上部叶片较小，披针状条形或条形；叶两面或下面被薄绵毛，下面杂生腺毛。头状花序密集排成复伞房状；总苞钟状或近倒圆锥状，总苞片被蛛丝状毛；雌株花序有多层雌花，中央有1～4雄花；雄株花序全部为雄花。瘦果椭球形，被小腺点。花果期6—10月。

生境与分布　见于余姚、奉化；生于林下、向阳山坡草丛或岩石缝中。产于杭州、温州、金华、丽水及安吉、诸暨、嵊州、衢江、开化、天台、临海等地；分布于华东、华南、华中、华北；朝鲜半岛及日本也有。

主要用途　全草可提取芳香油；全草入药，具解表祛风、消炎止痛、镇咳平喘之功效。

附种　翅茎香青 form. ***pterocaulon***，叶下延成翅，上部节间也有翅；叶上面被脱落性毛，下面被灰白色密绵毛。见于余姚；生于林下、向阳山坡草丛或岩石缝中。

翅茎香青

334 牛蒡

学名 **Arctium lappa** Linn.　　属名 牛蒡属

形态特征　二年生草本，高1～2m。根粗大，肉质，伸长；茎粗壮，常带紫色。基生叶丛生，叶片宽卵形，具长柄；中部叶互生，宽卵形至心形，40～50cm×30～40cm；上部叶较小，先端钝圆，基部心形，边缘波状或具细锯齿；全部叶片下面密被灰白色蛛丝状茸毛及黄色小腺点；叶脉在上面凹下，下面隆起。头状花序丛生或排成疏松的伞房状，直径3～4cm，具粗梗；总苞卵球形；花管状，紫红色。瘦果略呈三棱状，两侧压扁，具多数细脉纹及深褐色斑点；冠毛褐色。花果期6—9月。

地理分布　原产于我国；欧洲、朝鲜半岛及日本、印度也有。北仑、鄞州、奉化、宁海有栽培。

主要用途　入药，果实称“牛蒡子”，具疏散风热、散结解毒之功效，根具清热解毒、疏风利咽之功效；嫩叶、叶柄、肉质根均可食。

335 黄花蒿

学名 **Artemisia annua** Linn.　属名 蒿属

形态特征　一年生草本，高0.4～1.2m。植株具特殊气味。茎无毛，中部以上多分枝。叶互生；基部及下部叶片在花期枯萎；中部叶片卵形，4～5cm × 2～4cm，二或三回羽状深裂，裂片及小裂片长圆形或卵形，先端尖，基部耳状，两面被短柔毛，叶轴两侧具狭翅，具短柄；上部叶小，常一回羽状细裂，无柄。头状花序排成圆锥状；总苞半球形，直径1.5~2mm，无毛；花管状，黄色。瘦果椭球形，褐色；冠毛无。花果期8—10月。

生境与分布　见于全市各地；生于山坡、路边及荒地。产于全省各地；分布于我国南北各地；亚洲、欧洲、北美洲也有。

主要用途　全草为中药之"青蒿"，含挥发油、青蒿素，具清热解疟、祛风止痒之功效；可作菊花嫁接之砧木。

附种　**青蒿** *A. caruifolia*，中部叶片二回羽状分裂，小裂片条形，两面无毛，叶轴两侧呈栉齿状；总苞球形，直径3.5～4.5mm。见于鄞州、奉化、宁海、象山；生于沟边、路旁向阳处。

青蒿

336 奇蒿 六月霜 刘寄奴

学名 **Artemisia anomala** S. Moore 属名 蒿属

形态特征 多年生草本，高 0.6～1.2m。茎被柔毛。叶互生；下部叶片长圆形或卵状披针形，7～11cm × 3～4cm，先端渐尖，基部渐窄成短柄，边缘有尖锯齿，上面被微糙毛，下面被蛛丝状毛或近无毛；上部叶渐小。头状花序极多数，在茎枝顶及上部叶腋密集排成大型圆锥状，无梗；总苞近钟形，无毛，总苞片边缘白色；花管状，白色。瘦果微小。花果期 6—10 月。

生境与分布 见于全市丘陵山区；生于林缘、山坡灌草丛中。产于全省山区、半山区；分布于长江流域及以南各地。

主要用途 全草为中药之“刘寄奴”，具清热、利湿、活血行淤、通经止痛之功效。

附种 白苞蒿（四季菜）***A. lactiflora***，茎无毛，具条棱；中部叶片一或二回羽状深裂，两面无毛；上部叶片 3 裂或不裂。见于全市丘陵山区；生于山坡、沟边、林下、林缘等地。

白苞蒿

337 茵陈蒿

学名 **Artemisia capillaries** Thunb. 属名 蒿属

形态特征 多年生亚灌木状草本，高0.5～1m。茎黄色或褐色，上部多分枝，嫩枝顶端有叶丛，密被褐色丝状毛。叶互生；叶片一至三回羽状深裂，下部叶裂片较宽短，密被白色短丝状毛，有长柄；中部以上叶裂片细，宽0.3～1mm，近无毛，先端钝；上部叶片羽状分裂、3裂或不裂，无柄。头状花序极多数，在枝顶排成圆锥状；花序分枝与花序轴近无毛；总苞球形；花管状，缘花3～5朵，盘花5～7朵。瘦果椭球形。花果期9—12月。

生境与分布 见于除市区外全市各地；生于岩质海岸石缝、滨海沙滩潮上带及丘陵山坡路旁草丛中。产于舟山、台州、温州沿海各县（市、区）及平湖；分布于东部沿海及台湾；东南亚、东北亚也有。

主要用途 干燥幼嫩的茎叶名“茵陈”，具清热、利湿、退黄疸之功效，也作利尿剂及驱虫剂；基生叶银灰色，可用于绿化观赏；嫩茎叶可作野菜或酿制茵陈酒。

附种 **猪毛蒿 *A. scoparia***，一或二年生草本；茎及小枝红褐色或紫色；茎生叶裂片先端急尖；花序分枝及花序轴均疏被丝状弯曲长柔毛；头状花序的缘花6～8朵，盘花4或5朵。见于余姚、鄞州、奉化、宁海、象山；生于山坡、路旁及林缘。

猪毛蒿

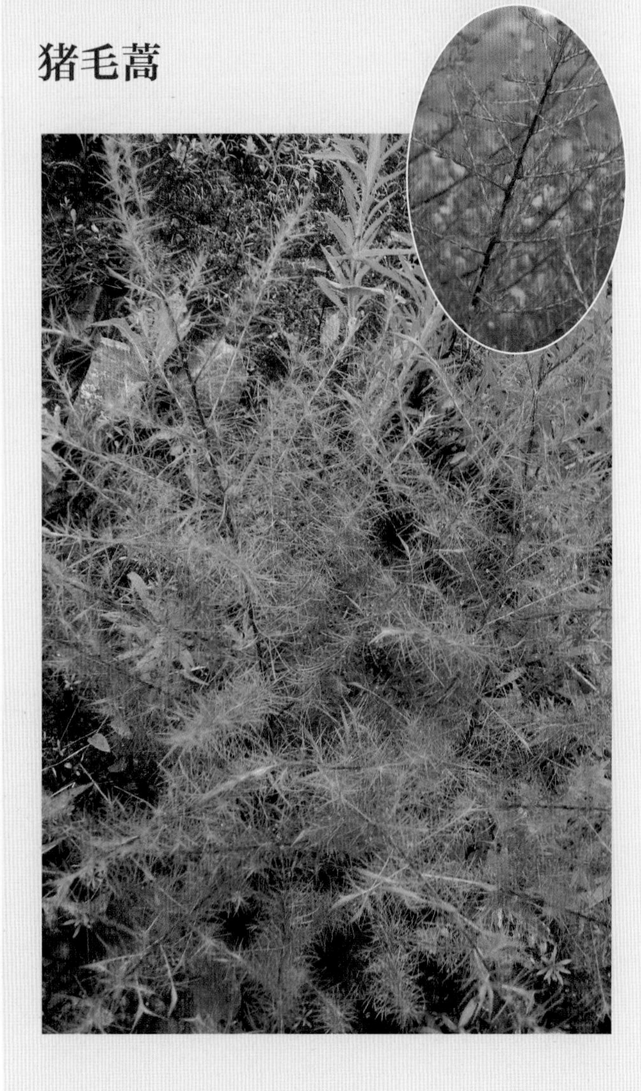

338 牡蒿

学名 **Artemisia japonica** Thunb.　属名 蒿属

形态特征　多年生草本，高 0.3～1.2m。茎直立，被蛛丝状毛或近无毛。叶互生；基部叶片长匙形，4～5cm×2～3cm，3 或 5 深裂，裂片先端圆钝，基部楔形，边缘有不规则牙齿，两面被微柔毛，具长叶柄及假托叶；中部叶片近楔形，先端具齿或近掌状分裂，无柄；上部叶片 3 裂或不裂，卵圆形。头状花序排成圆锥状；梗纤细；总苞卵球形；花管状，黄色，缘花 3 或 4 朵，盘花 5 或 6 朵。瘦果椭球形。花果期 8—11 月。

生境与分布　见于除市区外全市各地；生于路边、荒野、林缘、疏林下、山坡等处。产于全省各地；分布几遍全国；东亚、东南亚、南亚及俄罗斯也有。

主要用途　全草含挥发油；全草入药，具清热、解毒、祛风、祛湿、健胃、止血、消炎之功效；嫩茎叶可食。

附种　南牡蒿 ***A. eriopoda***，叶两面无毛或叶背微有短柔毛；基生与茎下部叶片近圆形、宽卵形或倒卵形，一或二回大头羽状深裂、全裂或不裂，裂片倒卵形、近匙形或宽楔形；中部叶片一或二回羽状深裂或全裂；上部叶片羽状全裂；头状花序的缘花 4～8 朵，盘花 6～10 朵。见于慈溪、镇海、北仑、鄞州、奉化、宁海、象山；生于滨海山坡疏林下、林缘、路旁灌草丛中。

南牡蒿

339 滨蒿 滨艾

学名 **Artemisia fukudo** Makino 属名 蒿属

形态特征 二年生草本，高 20～30cm。茎直立，粗壮，具纵条纹，分枝多而纤细。根出叶密集，莲座状，具长柄，叶片宽扇形，3 或 4 掌状深裂；茎下部叶片 3 或 4 羽状深裂，裂片疏离，条形，宽 2mm，先端圆钝，具长柄；茎上部叶片 3 裂或条形，全缘；叶片被脱落性蛛丝状毛。头状花序圆锥状或倒圆锥状，基部陀螺状，直径 4～5mm；总苞宽倒圆锥形，总苞片 3 或 4 层；花管状。瘦果倒卵状椭球形。花果期 9—12 月。

生境与分布 见于奉化、宁海、象山；生于滨海泥质滩涂潮上带。产于舟山及温岭；分布于台湾；日本及朝鲜半岛也有。

主要用途 嫩茎叶可食。

340 矮蒿

学名 **Artemisia lancea** Van.　　属名 蒿属

形态特征　多年生草本，高达1m。根状茎粗壮、横生。茎具条棱，黄褐色或紫色，密被微毛。叶互生；下部叶片在花期枯萎；中部叶片3～5cm×2～3cm，羽状深裂，裂片1～3对，披针形，先端渐尖，基部下延，上面无毛或被疏毛，下面被灰色短茸毛，全缘，稍反卷；上部叶片小，披针形，基部具1对小裂片。头状花序椭球形，密集排成尖塔状，具短梗，直径约1mm；总苞椭球形，直径约1mm；花管状，紫色，缘花4或5朵，盘花3或4朵。瘦果椭球形。花果期9—11月。

生境与分布　见于除市区外全市各地；生于山坡、荒地及灌草丛中。产于全省各地；分布于华东、西南、华北、东北。

主要用途　嫩茎叶可食。

附种1　**五月艾**（印度蒿）***A. indica***，茎中部叶裂片椭圆形，边缘不反卷；头状花序无总梗；总苞卵球形，直径约3mm；花黄色，盘花6～8朵。见于除市区外全市各地；生于路旁、林缘、坡地及灌丛中。嫩叶可作青粿食用。

附种2　**蒙古蒿** ***A. mongolica***，茎中部叶侧裂片常再作羽状浅裂或不裂，顶端裂片常3裂，裂片披针形至条形，边缘反卷；头状花序钟状，直径1.5～3mm；总苞直径约2mm；花黄色。见于余姚、象山；生于路旁、山坡。

五月艾

蒙古蒿

341 野艾蒿

学名 **Artemisia lavandulifolia** DC.　　属名 蒿属

形态特征　多年生草本，高 30～90cm。茎具纵棱，多分枝；茎、枝、叶两面及总苞片被灰白色蛛丝状短毛。叶互生，叶片具长柄及假托叶；基部叶在花期枯萎；中部叶片长椭圆形，5～8cm×3.5～5cm，一或二回羽状深裂，裂片 1～3 对，条状披针形，先端渐尖，基部下延，边缘反卷，上面具白色腺点；上部叶片小，披针形，全缘。头状花序具短梗，下垂，排成圆锥状；总苞卵球形；花管状，红褐色，缘花 6 或 7 朵，盘花 8～10 朵。瘦果椭球形，无毛。花果期 7—10 月。

生境与分布　见于全市各地；生于山坡、路旁及草地。产于全省各地；分布于西北、华北、东北及江苏、河南；朝鲜半岛及俄罗斯也有。

主要用途　嫩茎叶可食，嫩叶可作青粿。

附种　艾蒿 ***A. argyi***，茎粗壮，连同叶片密被白色茸毛；中下部叶宽 4～8cm，3 或 5 深裂至羽状深裂，裂片椭圆形或披针形；花带紫色，缘花 4～6 朵，盘花 7 或 8 朵。全市各地有栽培。

艾蒿

342 三脉紫菀 三脉叶马兰

学名 **Aster ageratoides** Turcz. 属名 紫菀属

形态特征 多年生草本，高40～80cm。茎光滑或有毛。叶互生；下部叶片在花期枯落，宽卵圆形，基部急狭成长柄；中部叶片长圆状披针形或狭披针形，6～16cm×1～5cm，先端渐尖，中部以下急狭成楔形具宽翅的柄，边缘有粗锯齿；上部叶片渐小，有浅齿或全缘；全部叶片上面密被糙毛，下面疏被短柔毛或仅沿脉有毛，稍有腺点，通常离基3出脉。头状花序排成伞房状或圆锥状；总苞倒圆锥状半球形，总苞片3层，上部绿色或紫褐色，有短缘毛；缘花舌状，紫色、浅红色或白色；盘花管状，黄色。瘦果倒卵状椭球形，有边肋。花果期7—10月。

生境与分布 见于除市区外全市各地；生于路旁、溪边、林缘及疏林下。产于全省各地；分布于西南、西北、华北、东北；朝鲜半岛及日本也有。

主要用途 根、全草入药，具清热解毒、利尿止血之功效；嫩茎叶可作野菜。

附种1 毛枝三脉紫菀 var. ***lasiocladus***，茎密被黄褐色或灰白色茸毛；叶片质厚，长圆状披针形，常较小，4～8cm×1～3cm，先端钝或急尖，背面密被茸毛，沿脉常有粗毛；总苞片密被茸毛；缘花常白色。见于象山；生于滨海山坡、路旁、林缘。

附种2 微糙三脉紫菀 var. ***scaberulus***，茎被柔毛；叶片卵圆形或卵状披针形，上面密被微糙毛，下面密被短柔毛，具较密的腺点；总苞片有柔毛及短缘毛，先端紫红色。见于除市区外全市各地；生于山坡、路旁、林缘。

毛枝三脉紫菀

微糙三脉紫菀

343 琴叶紫菀

学名 **Aster panduratus** Nees ex Walp.　　属名 紫菀属

形态特征 多年生草本，高50～90cm。全体被长粗毛和黏质腺毛。叶互生；基部叶片匙状长圆形，下部渐狭成长柄；中部叶片倒卵状披针形，4～9cm×1.5～2.5cm，先端急尖或钝，有小尖头，基部圆耳形，半抱茎，全缘或有波状疏齿；上部叶片渐小，卵状长圆形，基部心形抱茎，常全缘；全部叶片稍厚质，中脉在下面凸起。头状花序直径2～2.5cm，单生或排成疏散的伞房状；总苞半球形；缘花舌状，白色或淡紫色；盘花管状，顶端裂片外卷。瘦果倒卵球状椭球形，两面有肋；冠毛白色或稍红色，约与管状花等长。花果期7—10月。

生境与分布 见于除江北及市区外全市各地；生于山坡草丛中、路旁、溪边。产于杭州、温州、舟山、金华、台州、丽水及嵊州、开化、江山等地；分布于华东、华中及四川。

主要用途 全草入药，具温中散寒、止咳、止痛之功效；嫩茎叶可食。

附种 **高茎紫菀** ***A. prorerus***，下部叶片大头羽状分裂；中部叶片7～11cm×3～5.5cm，基部楔形，渐狭成短柄；头状花序直径3～4cm；缘花白色；冠毛与管状花管部等长或几达花冠裂片基部。见于余姚、鄞州；生于林缘及山地。

高茎紫菀

344 陀螺紫菀

学名 **Aster turbinatus** S. Moore　属名 紫菀属

形态特征　多年生草本，高 0.6～1m。茎单生。叶互生；下部叶在花期常枯落，叶片倒卵圆状披针形，4～10cm×3～7cm，先端尖，基部截形或圆形，渐狭成柄，边缘具疏齿，柄具宽翅；中部叶片无柄，长圆形或椭圆状披针形，先端尖或渐尖，基部有抱茎的小耳，边缘具浅齿；上部叶片渐小，狭卵形或披针形。头状花序直径 2～4 cm，单生或 2、3 簇生于上部叶腋；总苞倒圆锥形；缘花舌状，蓝紫色或白色；盘花管状。瘦果倒卵状椭球形，两面有肋；冠毛白色。花果期 8—11 月。

生境与分布　见于全市丘陵山区；生于低山山坡、林下阴地。产于全省山区、半山区；分布于华东地区。模式标本采集宁波。

主要用途　根、全草入药，具清热解毒、健胃、止痢、止痒之功效；嫩茎叶可食；花大艳丽，可供观赏。

附种　仙百草 *A. chekiangensis*，茎上部多分枝；下部叶之中部以下作柄状收缩，基部深耳状抱茎；头状花序直径较小；缘花小，白色。见于奉化、宁海、象山；生于山坡疏林下、灌草丛中。

仙百草

345 白术

学名 **Atractylodes macrocephala** Koidz.　　属名 苍术属

形态特征　多年生草本，高 20～40cm。根状茎结节状，肥大；全体无毛。叶互生；叶片羽状全裂，裂片 3～5，稀不裂，顶裂片倒长卵形或椭圆形，侧裂片倒披针形或长椭圆形，叶柄长 3～6cm；茎生叶自中部向上向下渐小，紧接花序下部的叶片不裂，椭圆形，无柄；全部叶片或裂片边缘有刺状缘毛或刺齿。头状花序顶生，直径约 3.5cm；叶状苞片针刺状，羽状全裂；总苞宽钟形；花管状，紫红色，顶端 5 深裂。瘦果倒圆锥形，被稠密白色长柔毛；冠毛污白色。花果期 8—10 月。

地理分布　原产于华东、华中及四川等地。慈溪、余姚、鄞州、宁海有栽培。

主要用途　根状茎入药，具健脾燥湿、祛风辟秽之功效；幼苗可食。

346 雏菊

学名 **Bellis perennis** Linn. 属名 雏菊属

形态特征 多年生或一年生草本，高10cm。叶基生；叶片匙形，先端圆钝，基部渐狭成柄，上半部边缘有疏钝齿或波状齿。头状花序单生，直径2.5～3.5cm；花梗被毛；总苞半球形或宽钟形；缘花舌状或管状，白色、粉色、红色或紫色；盘花管状，通常黄色。瘦果倒卵球形，扁平，有边脉，具细毛；无冠毛。花期3—6月。

地理分布 原产于西亚、欧洲、北非。全市各地有栽培。

主要用途 优良花坛观赏植物；叶入药，具止血消肿之功效。

347 鬼针草

学名 **Bidens pilosa** Linn. 属名 鬼针草属

形态特征 一年生草本，高 30～60cm。茎钝四棱形。叶对生；下部叶片常在花前枯萎；中部叶片 3 全裂，稀羽状全裂，裂片 5，顶生裂片长椭圆形或卵状长圆形，长 3.5～7cm，先端渐尖，基部渐狭或近圆形，边缘有锯齿，两侧裂片椭圆形或卵状椭圆形，2～4.5cm × 1.5～2.5cm，先端急尖，基部近圆形或宽楔形，有时偏斜，边缘具锯齿，具短柄；下部及上部叶片较小，3 裂或不分裂。头状花序直径 8～9mm；总苞近半球形，总苞片条状匙形，先端增宽；缘花无；盘花管状，黄褐色，顶端 5 齿裂。瘦果条状披针形，上部具稀疏瘤状突起及刚毛，顶端渐尖，芒刺 3 或 4，有倒刺毛。花果期 8—11 月。

生境与分布 见于全市各地；生于路边、村旁及荒地上。产于全省各地；分布于华东、华中、华南、西南；亚洲与美洲的热带和亚热带也有。

主要用途 全草入药，具清热解毒、散淤活血之功效；嫩茎叶可食。

附种 1 小白花鬼针草 var. ***minor***，白色缘花 5～8 片，盘花花冠 4 裂；瘦果顶端芒刺 2 或 3。原产于世界热带至亚热带地区。慈溪、鄞州、奉化、宁海、象山有归化；生于路旁、村旁及荒地上。

附种 2 婆婆针 ***B. bipinnata***，叶片二回羽状深裂，顶生裂片狭窄，先端渐尖，边缘有不规则粗齿；总苞片外层条状长椭圆形，先端不增宽；缘花黄色，常 1～4 朵。见于余姚、鄞州、奉化、宁海；生于路边荒地、山坡、田间、溪滩边。

附种 3 金盏银盘 ***B. biternata***，叶片一回羽状全裂，顶生裂片卵形至卵状披针形，边缘具稍密且整齐的锯齿；总苞片外层条形，先端不增宽；缘花淡黄色，常 3～5 朵或缺；盘花黄色。见于全市各地；生于路边、村旁及荒地上。

小白花鬼针草

婆婆针

金盏银盘

348 狼杷草 狼把草

学名 **Bidens tripartita** Linn. 属名 鬼针草属

形态特征 一生年草本，高 20～90cm。茎下部圆柱形，上部四棱形，无毛，绿色或带紫色。叶对生；茎下部叶片较小，不分裂，常于花期枯萎；中部叶片常 3 或 5 深裂，稀不裂或近基部具 1 对小裂片，顶生裂片较大，披针形或长圆状披针形，5～11cm×1.5～3cm，两端渐窄，两侧裂片披针形至狭披针形，3～7cm×0.8～1.2cm，所有裂片边缘疏具圆锯齿，具柄；上部叶片较小，披针形，3 裂或不裂。头状花序直径 1～3cm；总苞盘状，外层总苞片通常 5～9 片，具缘毛，叶状；缘花无，盘花黄色，顶端 4 裂。瘦果楔形或倒卵状楔形，边缘有倒钩刺，顶端截平，芒刺常 2。花果期 8—10 月。

生境与分布 见于余姚、北仑、鄞州、奉化、宁海、象山；生于路边、荒野。产于温州、丽水及杭州市区、临安、磐安等地；分布几遍全国。亚洲、欧洲和非洲北部也有。

主要用途 全草入药，具清热解毒、养阴敛汗之功效；嫩茎叶可食。

附种 大狼杷草 ***B. frondosa***，茎中部叶片一回羽状全裂，至少顶生裂片具明显柄，裂片边缘具直锯齿；盘花花冠 5 裂；瘦果边缘无倒钩刺。原产于北美洲。全市各地有归化；生于路边林下、池塘边草丛。

大狼杷草

349 台湾艾纳香

学名 **Blumea formosana** Kitam.　　属名 艾纳香属

形态特征 多年生草本，高40～80cm。茎圆柱形，有条棱，上部分枝，被白色长柔毛。叶互生；基部叶片较小；茎中部叶片倒卵状长圆形，12～20cm×4～6.5cm，先端急尖或钝，基部楔形渐狭，边缘疏生点状细齿或小尖头，侧脉9～11对，近无柄；上部叶片渐小，长圆形或长圆状披针形，先端急尖或渐尖，基部渐狭；最上部叶苞片状。头状花序顶生，排成圆锥状；总苞球状钟形；花序托平，蜂窝状，无毛；花管状，黄色。瘦果圆柱形，有10棱；冠毛红褐色或棕红色。花果期8—11月。

生境与分布 见于余姚、鄞州、奉化、宁海、象山；生于低山山坡、草丛、疏林下、山地路旁。产于温州、衢州、台州、丽水及建德、武义；分布于华东及广东、广西、湖南。

主要用途 全草入药，具清热解毒、利尿消肿之功效。

附种 **长圆叶艾纳香** ***B. oblongifolia***，茎中部叶片长圆形或狭椭圆状长圆形，边缘具重锯齿，向下反卷，侧脉5～7对；头状花序排成开展的疏圆锥状；冠毛白色。见于鄞州、奉化、象山；生于路旁、田边、山坡草丛。

长圆叶艾纳香

350 金盏菊

学名 **Calendula officinalis** Linn.　**属名** 金盏菊属

形态特征　一年生草本，高 30～60cm。茎被柔毛和腺毛，常上部分枝。叶互生；下部叶片匙形，长 15～20cm，全缘，无柄；上部叶片长椭圆形或长椭圆状倒卵形，5～15cm×1～3cm，先端钝尖，基部稍成耳状抱茎。头状花序单生于枝顶，直径 3～5cm；总苞宽钟形；花黄色或橙黄色；缘花舌状，顶端 3 齿裂；盘花管状，顶端 5 齿裂。瘦果显著内弯，顶端及基部延伸成钩状，两侧具翅，背部具不规则横褶皱。花果期 3—9 月。

地理分布　原产于西班牙。全市各地普遍栽培。

主要用途　花美丽，花期长，供观赏；嫩叶可食；头状花序可作食品或烹调时作调色、香料用，也可药用。

351 翠菊

学名 **Callistephus chinensis** (Linn.) Nees　属名 翠菊属

形态特征　一年生草本，高 25～100cm。茎单生，被白色糙毛。叶互生；中部叶片卵形、菱状卵形、匙形或近圆形，2.5～6cm×2～4cm，先端渐尖，基部截形、楔形或圆形，边缘有不规则粗齿，叶柄被白色短硬毛，具狭翅；上部叶片渐小，菱状披针形、长椭圆形或倒披针形。头状花序单生于枝顶，直径 6～8cm；总苞半球形；缘花舌状，红色、淡红色、蓝色或淡蓝色等；盘花管状，黄色。瘦果长椭圆状倒披针形。花果期 7—9 月。

地理分布　原产于东北、华北、西南、西北；日本及朝鲜半岛也有。全市各地有栽培。

主要用途　花美丽，供观赏。

352 天名精

学名 **Carpesium abrotanoides** Linn.　属名 天名精属

形态特征　多年生粗壮草本，高30～90cm。茎下部木质，近无毛，上部多二叉状分枝，具明显纵条纹，连同叶背、叶柄密被短柔毛。叶互生；基生叶花前凋萎；茎下部叶片宽椭圆形或长圆形，8～16cm×4～7cm，先端钝或锐尖，基部楔形，边缘具不规则锯齿，齿端有腺状胼胝体，具柄；茎上部叶片长椭圆形或椭圆状披针形，先端渐尖或急尖，基部宽楔形，无柄或具短柄。头状花序直径5～10mm，近无梗，生于茎顶及茎、枝一侧叶腋；总苞钟形或半球形，总苞片3层，外层卵圆形；花管状，黄色。瘦果顶端具短喙。花果期6—10月。

生境与分布　见于全市各地；生于路旁荒地、村旁空旷地、溪边及林缘。产于全省各地；分布于长江以南及河北；朝鲜半岛及日本、越南、缅甸、伊朗也有。

主要用途　果实、全草入药，果实具杀虫消积之功效（有小毒，须慎用），全草具清热解毒、祛痰止血、杀虫之功效。

附种1　**烟管头草** ***C. cernuum***，茎下部叶片基部渐狭下延成有翅的长叶柄；头状花序生于分枝顶端，直径15～18mm，有梗；总苞片4层，外层条形。见于余姚、北仑、鄞州、奉化、宁海、象山；生于路旁荒地及山坡、沟边、林缘处。

附种2　**金挖耳** ***C. divaricatum***，头状花序生于分枝顶端，直径6～8mm，有梗；总苞片4层，外层宽卵形。见于慈溪、余姚、北仑、鄞州、奉化、宁海、象山；生于路旁及山坡草地。

烟管头草

金挖耳

353 石胡荽

学名 **Centipeda minima** (Linn.) A. Br. et Aschers. 属名 石胡荽属

形态特征 一年生小草本，高 5～20cm。全株揉碎有臭味。茎匍匐状，多分枝；茎、叶背微被蛛丝状毛或无。叶互生；叶片楔状倒披针形，0.7～2cm×3～5mm，先端钝，基部楔形，边缘有锯齿，下面有腺点。头状花序扁球形，直径 3～4mm，单生于叶腋；总苞半球形；缘花细管状，淡黄绿色；盘花管状，淡紫红色，顶端 4 深裂。瘦果圆柱形，具 4 棱，棱上有长毛；冠毛鳞片状或缺。花果期 6—11 月。

生境与分布 见于全市各地；生于路边及田野阴湿处。产于全省各地；分布于全国各地。大洋洲、朝鲜半岛及日本、马来西亚、印度也有。

主要用途 中药名“鹅不食草”，具通窍散寒、祛风利湿、散淤消肿之功效；嫩茎叶可食。

354 菊花

学名 **Chrysanthemum × grandiflorum** (Ramat.) Brous. 属名 菊属

形态特征 多年生草本，高 0.6～1.2m。茎基部木质化，上部多分枝，被灰色柔毛或茸毛。叶互生；叶片卵圆形至宽披针形，5～15cm × 2～8cm，先端急尖，基部楔形或圆形，边缘有粗大锯齿或深裂达叶片的 1/3～1/2，裂片再分裂，下面有白色柔毛；具短柄。头状花序直径 2.5～20cm，常数个聚生；缘花舌状，颜色及形态因品种而异，有的品种全为舌状花；盘花管状，黄色，有的品种管状花特别显著。瘦果不发育。花期 9—11 月。

地理分布 原产于我国。全市各地有栽培。

主要用途 花形多态，花色艳丽，供观赏，为中国传统十大名花之一，园艺品种极多；有的品种可药用或作消暑清凉饮料；嫩茎叶、花可食。

355 野菊

学名 **Chrysanthemum indicum** Linn.　属名 菊属

形态特征　多年生草本，高 25～90cm。茎基部常匍匐，上部多分枝，有棱角，被细毛。叶互生；基生叶花期脱落；茎中部叶片卵形或长圆状卵形，3～9cm × 1.5～3cm，羽状深裂，顶裂片大，侧裂片常 2 对，卵形或长圆形，边缘浅裂或有锯齿；上部叶片渐小；全部叶片上面有腺体及疏柔毛，下面毛较多，基部渐狭成有翅的叶柄，假托叶有锯齿。头状花序直径 1.5～2.5cm，在枝顶排成伞房状圆锥花序或不规则伞房状；总苞半球形；缘花舌状，黄色；盘花管状。瘦果倒卵球形，有光泽，具数条细纵肋。花果期 9—11 月。

生境与分布　见于除市区外全市各地；生于旷野、山坡。产于全省各地；分布于全国各地；东北亚及印度也有。

主要用途　全草入药，具清热解毒、清肝明目、疏风散热、凉血降压、散淤之功效；嫩茎叶、花可食；花美丽，可供观赏。

附种　甘菊 *C. lavandulifolium*，叶片二回羽状分裂；假托叶分裂或无；头状花序直径 1～2cm。见于除市区外全市各地；生于山坡、路旁、荒地。

甘菊

356 刺儿菜 小蓟

学名 **Cirsium arvense** (Linn.) Scop. var. **integrifolium** Wimmer et Grabowski　属名 蓟属

形态特征 多年生草本，高30～60cm。幼茎及叶被白色蛛丝状毛，上部分枝。叶互生；基生叶和茎中部叶片椭圆形或椭圆状倒披针形，7～10cm×1.5～2.5cm，先端钝或圆，基部楔形，近全缘或有疏锯齿，齿端尖锐；无柄。头状花序直立，雌雄异株，花序单生于茎顶或排成伞房状；总苞卵球形，中层以内总苞片先端长尖，有刺；花管状，紫红色，雄花花冠长1.8cm，雌花花冠长2.4cm。瘦果椭球形或卵状椭球形，略扁平；冠毛污白色。花果期5—10月。

生境与分布 见于除市区外全市各地；生于山坡、河旁或荒地、田间。分布于全省各地；全国除广东、广西、云南、西藏外均有分布；欧洲、东北亚也有。

主要用途 全草入药，具凉血止血、散淤、解毒消痈之功效。

357 大蓟 蓟

学名 **Cirsium japonicum** Fisch. ex DC.　　属名 蓟属

形态特征　多年生草本，高 30～80cm。根纺锤状或萝卜状。全体被多节长毛。叶互生，两面绿色，疏被多节长毛；基生叶卵形、长倒卵状椭圆形或长椭圆形，8～22cm × 2.5～10cm，羽状深裂或几全裂，裂片 5 或 6 对，边缘有大小不等小锯齿，齿端有针刺，基部下延成翼柄；中部叶片长圆形，羽状深裂，裂片或裂齿顶端均有针刺，基部抱茎；上部叶较小。头状花序球形，顶生和腋生，直立，稀下垂；总苞钟状，直径 3cm，总苞片约 6 层；花管状，紫色或玫瑰色。瘦果具不明显 5 棱，顶端斜截形。花果期 6—9 月。

生境与分布　见于全市各地；生于田边、旷野、林缘或溪边。产于全省各地；分布于我国南北各地；朝鲜半岛及日本也有。

主要用途　嫩茎叶可食；根、叶入药，具散淤消肿、凉血止血之功效；外用治恶疮；花大，可供观赏。

附种 1　**白花大蓟** form. ***albiflorum***，花白色。见于奉化、宁海；生于田边或荒地、旷野。

附种 2　**野蓟 *C. maackii***，叶片两面异色，上面绿色，沿脉疏被多节毛，下面灰白色或浅灰色，密被茸毛；基生叶羽状浅裂，头状花序伞房状。产于奉化；生于山坡草地、林缘。

附种 3　**浙江垂头蓟 *C. zhejiangensis***，叶上面深绿色，下面淡绿色，基生叶羽状浅裂至中裂，叶片锯齿齿端针刺稍短；头状花序下垂。产于鄞州、奉化、宁海；生于山坡阔叶林下。为本次调查发现的植物新种。

白花大蓟

野蓟

浙江垂头蓟

358 苏门白酒草

学名 **Conyza sumatrensis** Retz.　属名 白酒草属

形态特征 一年生草本，高 0.8～1.2m。茎粗壮，中部以上有分枝，被较密灰白色上弯糙短毛及开展疏柔毛。叶互生，密集；基部叶花期凋落；下部叶片倒披针形或披针形，6～10cm×1～3cm，先端急尖或渐尖，基部渐窄成柄，边缘上部有粗齿；中部和上部叶片渐小，狭披针形或近条形，具齿或全缘，两面被密糙短毛，下面尤密。头状花序直径 5～8mm，排成大型圆锥状；总苞卵状长圆柱状；缘花细管状，淡黄色或淡紫色；盘花管状，淡黄色。瘦果条状披针形；冠毛白色后变黄褐色。花果期 5—11 月。

地理分布 原产于南美洲。全市各地普遍归化；生于山坡草地、路旁、田野。

主要用途 嫩茎叶可食。

附种 1 野塘蒿（香丝草）***C. bonariensis***，茎下部叶片常具粗齿或羽状浅裂；头状花序直径 8～10mm，排成总状或狭圆锥形；缘花白色；冠毛淡红褐色。原产于南美洲。全市各地有归化；生于路边、田野等地。

附种 2 小飞蓬（加拿大蓬、小蓬草）***C. canadensis***，茎被脱落性开展粗糙毛；叶缘有睫毛；头状花序直径 3～4mm，排成圆锥状或伞房圆锥状；缘花白色；冠毛污白色。原产于北美洲。全市各地有归化；生于旷野、荒地、田边、路边。

野塘蒿

小飞蓬

359 大花金鸡菊

学名 **Coreopsis grandiflora** Hogg.　　**属名** 金鸡菊属

形态特征　多年生草本，高 20～90cm。茎下部常有疏糙毛，上部分枝。叶对生；基部叶片披针形或匙形，具长柄；下部叶片羽状全裂，裂片长圆形；中部及上部叶片 3 或 5 深裂，裂片条形或披针形，中裂片较大，两面及边缘有细毛。头状花序单生于枝顶，直径 4～5cm，具长梗；总苞半球形；缘花舌状，6～10 朵，黄色；盘花管状，黄色。瘦果宽椭球形或近球形，边缘具膜质宽翅；冠毛 2，鳞片状。花果期 5—9 月。

地理分布　原产于美洲。全市各地有栽培。

主要用途　花美丽，为常见观赏植物。

附种　**两色金鸡菊** ***C. tinctoria***，茎无毛；下部叶片二回羽状全裂，裂片披针形或条状披针形；头状花序多数，直径 3cm，排成伞房状或疏散圆锥状；缘花上部黄色，基部紫红色，盘花上部棕红色，下部黄色；瘦果无翅。原产于北美洲。全市各地有栽培。

两色金鸡菊

360 秋英 波斯菊

学名 **Cosmos bipinnatus** Cav.　　**属名** 秋英属

形态特征　一或多年生草本，高 1～2m。全体无毛或稍被柔毛。叶对生；叶片二回羽状深裂，裂片条形或丝状条形。头状花序单生，直径 3～6cm，具长梗；总苞半球形，总苞片具深紫色条纹；托片平展，与瘦果近等长；缘花舌状，紫红色、粉白色或白色；盘花管状，黄色。瘦果黑紫色，无毛，顶端具长喙，有 2 或 3 尖刺。花果期 6—10 月。

地理分布　原产于墨西哥。全市各地常见栽培。

主要用途　花美丽，为常见花坛花卉，供观赏。

附种　**硫黄菊**（黄秋英）***C. sulphureus***，叶片二或三回羽状深裂，裂片披针形至椭圆形；缘花橘黄色或金黄色，盘花黄色；瘦果被短粗毛。原产于墨西哥至巴西。全市各地常见栽培。

硫黄菊

361 野茼蒿

学名 **Crassocephalum crepidioides** (Benth.) S. Moore 属名 野茼蒿属

形态特征 一年生草本，高 30～80cm。茎少分枝或不分枝。叶互生；叶片卵形或长圆状倒卵形，5～15cm × 3～9cm，先端尖或渐尖，基部楔形或渐狭下延至叶柄，边缘有不规则锯齿或基部羽状分裂，侧裂片 1 或 2 对，叶柄有极狭的翅；上部叶片较小。头状花序排成伞房状；总苞钟形；花管状，橙红色。瘦果狭圆柱状，具纵肋，间有白色短毛；冠毛白色。花果期 7—11 月。

地理分布 原产于非洲。全市各地有归化；生于路边、草丛、林缘或新荒地。

主要用途 嫩茎叶可作野菜，也可作绿肥。

362 芙蓉菊 蕲艾

学名 **Crossostephium chinense** (A. Gray ex Linn.) Makino　属名 芙蓉菊属

形态特征　常绿亚灌木，高10～30cm。茎上部多分枝，连同叶片密被灰色短柔毛。叶聚生于枝顶；叶片狭匙形或狭倒披针形，2～4cm×4～5mm，先端钝，基部渐狭，全缘，有时3或5裂，质厚。头状花序生于枝顶叶腋，排成具叶的总状花序，直径约7mm；总苞半球形，总苞片3层；缘花管状，具腺点；盘花管状，黄色，外面密生腺点。瘦果椭球形，常有5肋；冠毛撕裂状。花果期11—12月。

生境与分布　见于宁海、象山；生于岩质海岸潮上带悬岩石缝中，尤以外海岛屿常见。产于舟山、台州、温州沿海各县（市、区）；分布于福建、广东、台湾、云南。

主要用途　枝叶密集，叶色靓丽，可供绿化观赏；全草入药，具祛风湿之功效。

363 矢车菊 蓝花矢车菊

学名 **Cyanus segetum** Hill　　属名 矢车菊属

形态特征 一或二年生草本，高 30～60cm。茎上部多分枝，幼时被薄蛛丝状绢毛。叶互生；基生叶长椭圆状倒披针形，6～10cm×5～7mm，先端急尖，基部渐狭成柄，全缘或提琴状羽裂，两面或仅下面被蛛丝状毛；中上部叶片条形，全缘或有锯齿，无柄。头状花序单生于枝顶，直径 2～4cm；总苞钟形，总苞片边缘篦齿状；缘花近舌状，偏漏斗状，6 裂，紫色、蓝色、淡红色或白色；盘花管状。瘦果椭球形，有毛。花果期 4—5 月。

地理分布 原产于欧洲。全市各地有栽培。

主要用途 花美丽，供观赏。

364 大丽菊 大丽花

学名 **Dahlia pinnata** Cav. 属名 大丽菊属

形态特征 多年生草本，高1.5～2m。棒状块根肥大。茎粗壮，多分枝。叶对生；叶片一至三回羽状全裂，上部叶片有时不分裂，裂片卵形或长圆状卵形，下面灰绿色，两面无毛。头状花序直径6～12cm，有长梗，常下垂；缘花舌状，白色、红色或紫色；盘花管状，黄色，或缺。瘦果椭球形，扁平，顶端有2不明显的齿。花果期6—12月。

地理分布 原产于墨西哥。全市各地有栽培。

主要用途 花大而美丽，供观赏；根入药，具清热解毒、消肿之功效。

365 东风菜

学名 **Doellingeria scabra** (Thunb.) Nees　属名 东风菜属

形态特征　多年生草本，高20～90cm。根状茎粗壮；茎上部分枝，微被毛。叶互生；叶片质地厚，两面被微糙毛，网脉明显；基部叶花期枯萎，心形，9～15cm×6～15cm，先端尖，基部急窄成柄，边缘有具小尖头的齿；中部叶片卵状三角形，基部圆形或稍截形，有短翅柄；上部叶片长圆状披针形或条形。头状花序少数，直径1.8～2.4cm；总苞半球形，总苞片不等长；缘花舌状，白色；盘花管状。瘦果具5肋，无毛；冠毛污黄白色，长3.5～4mm。花果期6—10月。

生境与分布　见于余姚、北仑、鄞州、奉化、宁海、象山；生于山谷坡地、草地和灌丛中。产于杭州、温州、金华、丽水及安吉、嵊州、开化、天台、临海等地；分布于华东、华中、华南、华北、东北；东北亚也有。

主要用途　根状茎或全草入药，根状茎具祛风行气、活血止痛之功效，全草具清热解毒、祛风止痛、行气活血之功效；嫩叶可作野菜。

附种　**短冠东风菜 *D. marchandii***，茎中部以上叶柄常不具翅；头状花序直径2.5～4cm；总苞片近等长；瘦果被粗伏毛；冠毛褐色，长0.5～1.5mm，少数，不超过花冠筒部。见于鄞州；生于山坡谷地、水边、田边、路旁。

短冠东风菜

366 松果菊

学名 **Echinacea purpurea** (Linn.) Moench　属名 松果菊属

形态特征 多年生草本，高0.6～1.5m。全株密被刚毛。基生叶卵形或三角形；茎生叶对生；叶片卵状披针形；叶柄基部稍抱茎。头状花序直径达10cm，单生于枝顶，或多数聚生；缘花舌状，红、紫红、粉红、白等色或复色，稍下垂；盘花管状，黑紫色，盛开时橙黄色，突出呈松果状。花期6—10月。

地理分布 原产于北美洲。鄞州及市区有栽培。

主要用途 花大美丽，花期长，可供栽培观赏，亦作切花。

367 鳢肠 墨旱莲

学名 **Eclipta prostrata** (Linn.) Linn.　属名 鳢肠属

形态特征　一年生草本，高达50cm。茎匍匐状或近直立，常自基部分枝，连同叶两面被硬糙毛；全株干后常变黑色。叶对生；叶片长圆状披针形或条状披针形，3～10cm×0.5～1.5cm，先端渐尖，基部楔形，基出脉3；无叶柄。头状花序1或2个腋生或顶生，直径5～8mm，有梗；总苞球状钟形；花白色，缘花舌状，盘花管状。雌花的瘦果三棱形，两性花的瘦果扁四棱形。花果期6—10月。

生境与分布　见于全市各地；生于路旁、田埂、沟边草地。产于全省各地；分布于我国南北各地；全球热带至亚热带地区也有。

主要用途　全草入药，具补益肝肾、凉血止血、清热解毒之功效；嫩茎叶可食。

368 一点红

学名 **Emilia sonchifolia** (Linn.) DC. 属名 一点红属

形态特征 一年生草本，高10～40cm。茎多分枝，无毛或疏被柔毛。叶带肉质，互生；下部叶片通常卵形，长5～10cm，琴状分裂或具钝齿；上部叶片较小，卵状披针形，抱茎，无柄，下面常带紫红色。头状花序直径1～1.2cm，具长梗；总苞圆筒状，基部稍膨大；总苞片1层，约与小花等长；花管状，紫红色。瘦果圆柱形，有5纵肋，肋间被微毛；冠毛白色，细软。花果期7—11月。

生境与分布 见于全市丘陵山区；生于山坡、路边、茶园、菜园。产于全省山区、半山区；分布于长江以南各地；亚洲、非洲也有。

主要用途 全草入药，具清热解毒、散淤消肿、凉血之功效；嫩茎叶可作野菜。

附种 小一点红 ***E. prenanthoidea***，下部叶片不分裂；总苞片短于小花；瘦果无毛。见于奉化、宁海；生于山坡路边、溪边草地上。

小一点红

369 一年蓬

学名 **Erigeron annuus** (Linn.) Pers.　　属名 飞蓬属

形态特征　一或二年生草本，高 30～90cm。茎粗壮，上部分枝，茎、叶被硬毛。叶互生；基部叶花期枯萎，叶片长圆形或宽卵形，4～17cm × 1.5～4cm，先端急尖或钝，基部渐狭成具翅长柄，边缘具粗齿；下部叶片与基部叶片同形，叶柄较短；中部和上部叶片较小，长圆状披针形或披针形，1～9cm × 0.5～2cm，先端急尖，边缘有不规则齿或近全缘，具短柄或无柄。头状花序排成疏圆锥状；总苞半球形；缘花白色或淡天蓝色，花瓣较宽，稍稀疏；盘花黄色。瘦果披针形，压扁；冠毛异形。花果期 5—10 月。

地理分布　原产于北美洲。全市各地均有归化；生于路边、旷野、山坡荒地。

主要用途　全草入药，可治疟疾；嫩茎叶可食。

附种 1　**费城飞蓬** ***E. philadelphicus***，植株密被显著开展的长硬毛和短硬毛；茎生叶基部半抱茎；花期 4 月；缘花多而细，白色略带粉红色。原产于北美洲。全市各地均有归化；生于林下、路边草丛、滨海林带及城区绿地内，表现出了很强的入侵性。

附种 2　**粗糙飞蓬** ***E. strigosus***，茎上毛被稀疏；花期基生叶不枯萎，茎生叶逐渐减少；叶片倒披针形；叶缘具粗锯齿或深圆齿。原产于北美洲。余姚（四明山）有归化；生于海拔 800m 的山坡林缘草丛中。为本次调查发现的浙江归化新记录植物。

费城飞蓬

粗糙飞蓬

370 泽兰 白头婆

学名 **Eupatorium japonicum** Thunb. 属名 泽兰属

形态特征 多年生草本，高 0.5～1.5m。茎不分枝或上部分枝，被白色皱波状短柔毛。叶对生；基部叶片花期枯萎；中部叶片椭圆形、长椭圆形至披针形，7～16cm × 2～8cm，先端渐尖，基部宽或狭楔形，边缘有深浅大小不等的裂齿，两面有毛和腺点，至少下面有腺点，羽状脉；叶柄长 1～2cm。头状花序排成紧密的伞房状；总苞钟状；每头状花序具花 5 朵，花管状，白色或带紫色或粉红色。瘦果具 5 棱，被多数黄色腺点；冠毛白色。花果期 8—10 月。

生境与分布 见于全市丘陵山区；生于山坡、林下或灌草丛中。产于全省山区、半山区；分布于华东、西南、东北、华北及湖南、广东、陕西；日本及朝鲜半岛也有。

主要用途 根入药，具发表散寒、透疹之功效。

附种 1 裂叶泽兰 var. ***tripartitum***，叶片 3 全裂，中裂片大，椭圆形或椭圆状披针形。见于余姚、北仑、鄞州、奉化、宁海、象山；生于山坡草丛、路边。

附种 2 华泽兰（多须公）***E. chinense***，叶片基部圆形或心形，无柄或具长 2～4mm 短柄；头状花序排成大型疏散的复伞房状；花果期 5—8 月。见于全市丘陵山区；生于山坡草地、林缘、林下灌丛。

裂叶泽兰

华泽兰

371 林泽兰

学名 **Eupatorium lindleyanum** DC.　　属名 泽兰属

形态特征　多年生草本，高 0.3～1.5m。茎下部及中部红色或紫红色，分枝或不分枝，被脱落性细柔毛。叶对生或上部者互生；基生叶花期脱落；中部茎生叶长圆形、狭椭圆形或条状披针形，5～7cm × 0.5～1.5cm，先端尖，基部楔形，不分裂或 3 全裂，基出脉 3，边缘近基部有尖锐疏锯齿，两面粗糙，下面有黄色腺点，无柄或几无柄，被短柔毛；自中部向上向下叶渐小。头状花序排成伞房状或复伞房状；总苞钟形；每头状花序有花 5 朵，花管状，淡红色，稀白色。瘦果圆柱形，有 5 纵棱及多数腺体。花果期 8—11 月。

生境与分布　见于余姚、鄞州、奉化、宁海、象山；生于山坡、荒地、草丛中。产于杭州、丽水及嵊州、嵊泗、开化、天台、临海、泰顺等地；除新疆外遍布全国；东亚、东南亚及印度也有。

主要用途　全草入药，具化痰止咳、清热解毒、利尿消肿、降压之功效。

附种　**大麻叶泽兰** ***E. cannabinum***，茎全部或下部淡紫红色；叶片为羽状脉，茎中下部叶片 3 全裂，具长约 0.5cm 短柄；花果期 5—7 月。见于余姚、象山；生于山坡草丛或村旁竹林内。

大麻叶泽兰

372 梳黄菊

学名 **Euryops pectinatus** Cass.　　属名 梳黄菊属

形态特征　常绿亚灌木或灌木，高达1m。全株密被灰白色蛛丝状茸毛。叶互生；叶片羽状深裂，呈栉齿状，裂片条状披针形，先端尖，自叶中部向上向下渐短，顶裂片常呈鹿角状，基部裂片狭小，呈钻形，或无裂片而呈翅柄状，两面银灰色。头状花序单生于枝顶，花梗细长，远超枝顶；总苞扁球形；花金黄色，缘花舌状，先端凹缺，盘花管状，先端5裂。花期11月至翌年春季。

地理分布　原产于南非。江北及市区有栽培。

主要用途　花色金黄艳丽，花期长，供观赏。

附种　**黄金菊 'Viridis'**，全株亮绿色，无蛛丝状茸毛。全市各地普遍栽培。

黄金菊

373 大吴风草 山荷叶

学名 **Farfugium japonicum** (Linn.) Kitam. 属名 大吴风草属

形态特征 多年生草本，高30～70cm。根状茎粗壮。茎花亭状，密被脱落性淡黄色柔毛。基生叶莲座状，叶片肾形，4～15cm×6～30cm，先端圆形，基部心形，边缘有尖头细齿或全缘，两面被灰色脱落性柔毛；叶柄基部扩大，呈短鞘，鞘内被密毛；茎生叶1～3，长1～2cm，苞叶状，无柄，抱茎。头状花序排成疏散伞房状；总苞钟形或宽陀螺形；缘花舌状，盘花管状，均为黄色。瘦果圆柱形，有纵肋，被成行的短毛；冠毛棕褐色。花果期7—10月，栽培者可延至12月。

生境与分布 见于慈溪、镇海、江北、北仑、鄞州、奉化、宁海、象山；生于低海拔林下、山谷、滨海草丛；余姚及市区有栽培。产于舟山、台州、温州沿海各县（市、区）；分布于华东；日本及朝鲜半岛也有。

主要用途 叶大花美，耐阴，可用于疏林地被观赏；全草入药，具清热解毒、活血止血、散结消肿之功效；嫩叶、叶柄可食。

374 宿根天人菊

学名 **Gaillardia aristata** Pursh. 属名 天人菊属

形态特征 多年生草本，高 60～90cm。全株被粗节毛。叶互生；基生叶和下部茎生叶长椭圆形或匙形，3～6cm × 1～2cm，全缘或羽状分裂，两面被柔毛，具长柄；中部茎生叶披针形、长椭圆形或匙形，长 4～8cm，基部无柄或心形抱茎。头状花序单生于枝顶，直径 5～7cm；总苞片披针形，外面有腺点及密柔毛；缘花舌状，黄色，顶端 3 裂，基部稍带紫色；盘花管状，外面有腺点。瘦果长 2mm。花果期 7—8 月。

地理分布 原产于北美洲。全市城镇绿地有栽培。

主要用途 花美丽，供观赏。

附种 天人菊 ***G. pulchella***，一年生草本；茎下部叶近无柄；缘花紫红色，先端带黄色。原产于美洲。全市城镇绿地有栽培。

天人菊

375 睫毛牛膝菊 粗毛牛膝菊

学名 **Galinsoga quadriradiata** Ruiz et Pavon　属名 牛膝菊属

形态特征　一年生草本，高 10～40cm。全部茎枝和花梗被开展短柔毛和腺毛。叶对生；叶片卵形或长椭圆状卵形，2～6cm × 1～3.5cm，先端渐尖，基部圆形或宽楔形，边缘有锯齿，基出脉 3 或不明显 5，两面被白色短柔毛，脉上尤密；向上叶片渐小，通常披针形。头状花序半球形或宽钟状；缘花舌状，白色；盘花管状，黄色。瘦果具 3～5 棱，常压扁；冠毛白色，边缘流苏状。花果期 7—11 月。

地理分布　原产于美洲热带。全市各地均有归化；生于地边、房屋旁、路边草丛。

主要用途　嫩茎叶可食；扩散蔓延较快，需注意防范。

376 南茼蒿 蒿菜

学名 **Glebionis segetum** (Linn.) Four. 属名 茼蒿属

形态特征 一或二年生草本，高 20～60 cm。茎光滑无毛，富肉质。叶互生；叶片椭圆形、倒卵状披针形或倒卵状椭圆形，长 4～6cm，先端钝或圆，基部楔形，耳状抱茎，边缘有不规则深齿裂或羽状浅裂；无柄。头状花序单生于枝顶，直径 4～6cm；缘花舌状，黄色或中部以下黄色、中部以上白色；盘花管状，黄色。缘花瘦果有肋 2 条；盘花瘦果有肋约 10 条。花果期 3—6 月。

地理分布 原产于地中海地区。全市各地普遍栽培。

主要用途 常见蔬菜，嫩茎叶可蔬食；花美丽，可供观赏。

377 宽叶鼠麹草

学名 **Gnaphalium adnatum** (Wall. ex DC.) Kitam. 属名 鼠麹草属

形态特征 多年生草本，高 30～50cm。茎粗壮，基部木质，上部有伞房状分枝，连同叶两面密被紧贴的白色绵毛，下部不分枝。基生叶花期凋落；茎中部及下部叶互生，叶片倒披针状长圆形或倒卵状长圆形，4～9cm × 1～2.5cm，先端急尖，基部长渐狭，抱茎，全缘，脉 3 条，中脉在两面均隆起；无柄。头状花序少数，在枝顶密集成球状，再排成大型伞房状；总苞近球形，总苞片淡黄色或黄白色；花管状。瘦果圆柱形，具乳头状突起；冠毛白色。花果期 7—10 月。

生境与分布 见于北仑、奉化、宁海、象山；生于山坡、路旁。产于温州、金华、丽水及临安、淳安、开化、普陀等地；分布于华东、华南、西南；东南亚及印度也有。

主要用途 嫩茎叶可食；全草或叶入药．具清热解毒、消肿止血之功效。

378 鼠麴草

学名 **Gnaphalium affine** D. Don　属名 鼠麴草属

形态特征　二年生草本，高10～40cm。茎常自基部分枝并匍匐，丛生状；全体密被白色绵毛。基部叶片花后凋落；下部和中部叶互生，叶片匙状倒披针形或倒卵状匙形，2～6cm×0.3～1cm，先端圆，具短尖，基部下延，全缘，脉1条；无柄。头状花序多数，近无梗，在枝顶密集成伞房状；总苞钟形，总苞片2或3层，金黄色或柠檬黄色；花序托中央稍凹入；花柱内藏；花管状。瘦果有乳头状突起；冠毛污白色，基部联合成2束。花果期4—5月。

生境与分布　见于全市各地；生于田埂、荒地、路旁草地。产于全省各地；分布于华东、华中、华南、西南、西北、华北；东亚、东南亚及印度也有。

主要用途　嫩茎叶可食，用于制作青粿、青饼；全草入药，具化痰止咳、祛风除湿之功效。

附种1　秋鼠麴草 *G. hypoleucum*，一年生草本；茎基部不分枝，上部多分枝；下部叶片条形或宽条形，上面绿色；总苞球状钟形，总苞片4或5层；花柱伸出；冠毛基部分离；花果期9—10月。见于慈溪、余姚、北仑、鄞州、奉化、宁海、象山；生于路边草丛、疏林下及林缘。

附种2　匙叶鼠麴草 *G. pensylvanicum*，一年生草本；叶片匙形或匙状长圆形，侧脉2或3对；头状花序在枝顶或叶腋排成紧密的穗状；花序托干时除边缘外全部凹陷；总苞卵球形，总苞片2层，污黄色或麦秆黄色；冠毛基部联合成环。见于慈溪、余姚、北仑、鄞州、奉化、宁海、象山；生于路边、耕地、林缘草地。

附种3　多茎鼠麴草 *G. polycaulon*，一年生草本；茎下部叶倒披针形，侧脉不明显；头状花序在茎枝顶密集成穗状；花序托干时扁平或仅中央微凹入；总苞卵形，总苞片2层，麦秆黄色或污黄色；冠毛基部分离。见于余姚、北仑、鄞州、奉化、宁海、象山；生于山坡路旁或路边草地。

秋鼠麹草

匙叶鼠麹草

多茎鼠麹草

379 白背鼠麴草 天青地白 细叶鼠麴草

学名 **Gnaphalium japonicum** Thunb.　属名 鼠麴草属

形态特征　多年生草本，花时高8～25cm。茎纤细，不分枝或自基部发出数条匍匐的小枝，密被白色绵毛。基生叶在花期宿存，呈莲座状，叶片条状披针形或条状倒披针形，3～10cm×3～7mm，先端具短尖头，基部渐窄下延，边缘多少反卷，上面绿色或稍有白色绵毛，下面厚被白色绵毛，叶脉1条；茎生叶向上渐小，互生，叶片条形。头状花序无梗，在枝顶密集成球状；总苞近钟形，总苞片3层，红褐色；花管状。瘦果密被棒状腺体；冠毛白色。花果期4—7月。

生境与分布　见于除市区外全市各地；生于路旁、山坡、草地或耕地上，性喜阳。产于全省各地；分布于秦岭以南各地；朝鲜半岛及日本、澳大利亚、新西兰也有。

主要用途　嫩茎叶可食，用于制作青粿、青饼；全草入药，具润肺止咳、解毒消肿、清肝明目、利尿之功效。

380 两色三七草 红凤菜

学名 **Gynura bicolor** (Roxb. ex Willd.) DC.　属名 三七草属（菊三七属）

形态特征　多年生草本，高 90cm。全体无毛；茎基部稍带木质，上部稍分枝。叶互生；叶片倒卵形、椭圆形或倒披针形，5～15cm×3～6cm，先端尖，基部渐狭下延至叶柄，边缘有不规则波状齿或似琴状分裂，裂片上斜，三角形，有少数小尖齿，上面深绿色，下面带紫色。头状花序排成伞房状；总苞狭钟形；缘花橙黄色；盘花橙红色。瘦果圆柱状，有数条纵肋；冠毛白色。花果期 10 月。

地理分布　原产于华南、西南及福建。全市各地有栽培。

主要用途　嫩茎叶可食；全株入药，具消肿止痛之功效。

附种 1　**白背三七草**（白子菜）***G. divaricate***，叶下面粉绿色。全市各地有栽培。

附种 2　**菊叶三七**（菊三七）***G. japonica***，基部叶簇生，不裂或羽状深裂，花期凋落；茎生叶羽状深裂；叶背面紫绿色。余姚、鄞州、象山偶见栽培。

白背三七草

菊叶三七

381 向日葵

学名 **Helianthus annuus** Linn. 属名 向日葵属

形态特征 一年生高大草本，高1～3m。茎直立，粗壮，有粗毛，髓部极发达。叶互生；叶片心状卵圆形或卵圆形，10～30cm×8～25cm，先端急尖或渐尖，基部截形或心形，边缘有锯齿，两面被糙毛，基出脉3；有长柄。头状花序直径10～30cm，单生于茎、枝顶，常下倾；总苞片多层，叶质；缘花舌状，黄色；盘花管状，棕色或紫色。瘦果稍压扁，有细肋。花期7—9月，果期8—10月。

地理分布 原产于北美洲。全市各地有栽培。

主要用途 种子含油量高，供食用；头状花序、果皮及茎秆可作饲料及工业原料；种子、根、茎髓、叶、花序、花托、果壳均可入药；花大美丽，可供观赏，园艺品种较多。

附种 **菊芋**（洋姜）***H. tuberosus***，多年生草本，有块状地下茎；茎上部叶片叶柄具翅；头状花序较小，直径5～9cm，直立；管状花黄色。原产于北美洲。全市各地有栽培。

菊芋

382 泥胡菜

学名 **Hemisteptia lyrata** (Bunge) Fisch. et Mey.　属名 泥胡菜属

形态特征　一年生草本，高 30～80cm。茎有纵条纹，上部分枝，光滑或有蛛丝状毛。叶互生；基生叶莲座状，叶片倒披针形或倒披针状椭圆形，7～21cm × 2～6cm，羽状深裂或琴状分裂，顶裂片最大，卵状菱形或三角形，侧裂片 7 或 8 对，下面密被白色蛛丝状毛，有柄；中部叶片椭圆形，先端渐尖，羽状分裂，无柄；上部叶片小，条状披针形至条形，全缘或浅裂。头状花序排成疏松伞房状；总苞倒圆锥状钟形；花管状，紫红色。瘦果有纵肋；冠毛异形。花果期 5—8 月。

生境与分布　见于全市各地；生于山坡、溪边、田野、路旁。产于全省各地；分布于我国南北各地；朝鲜半岛及日本、越南、印度、澳大利亚也有。

主要用途　嫩茎叶在开花前经漂洗等处理，可作野菜、青粿或饲料；全草入药，具散寒止痛、消肿生肌、清热解毒之功效。

383 普陀狗哇花

学名 **Heteropappus arenarius** Kitam. 属名 狗哇花属

形态特征 多年生草本。主根粗壮，木质化；茎平卧或斜升，自基部分枝，近无毛。叶互生；叶具缘毛；基生叶匙形，3～6cm × 1～1.5cm，先端圆形或稍尖，基部渐窄，全缘，有时疏生粗大齿；中部及上部叶片匙形或匙状长圆形，1～2.5cm × 2～6mm。头状花序直径 2.5～3cm；总苞半球形；缘花舌状，淡蓝色或白色；盘花管状，黄色。瘦果扁平，被绢状柔毛；缘花冠毛短鳞片状，下部合生，盘花冠毛刚毛状。花果期 8 月至翌年 1 月。

生境与分布 见于除市区外全市各地；生于岛屿岩质海岸潮上带岩缝、沙滩潮上带和滨海山坡林缘灌草丛中。产于舟山、台州、温州沿海各县（市、区）；日本也有。

主要用途 枝叶稠密，花大形美，可用于绿化观赏。

附种 **狗哇花** ***H. hispidus***，茎直立，上部分枝；基生叶及下部叶倒卵形，中部叶片长圆状披针形至条形；头状花序直径 3～5cm。见于北仑、奉化；生于山坡、路旁空旷地及林缘草地。

狗哇花

三角叶须弥菊 三角叶风毛菊

学名 **Himalaiella deltoidea** (DC.) Raab-Straube 属名 须弥菊属

形态特征 二年生草本，高 0.6～2(3)m。茎单一或具分枝，连同叶背、总苞片被蛛丝状绵毛。叶互生；茎中部及下部叶片卵状椭圆形，羽状分裂，侧裂片 1 或 2 对，狭椭圆状三角形，先端急尖，基部三角状戟形，正面粗糙，背面灰白色，有腺点及棕色有节长毛，边缘有锯齿，具柄；茎上部叶片卵状椭圆形，边缘浅裂或有锯齿，具短柄或无柄。头状花序排成宽圆锥状，下垂，具长梗；总苞宽钟状，直径 (2)3～4cm，总苞片外层及中层先端有三角状卵形、具缘毛的附属物。花管状，紫色或白色，长 (1.2)1.5～2.1cm。瘦果黑色，倒圆锥形，具 4 棱，顶端有具齿小冠；冠毛白色。花果期 8—12 月。

生境与分布 见于北仑、鄞州、象山；生于山坡、路旁草丛及林缘。产于温州、丽水及临安、淳安、开化、常山、天台等地；分布于华东、华中、西南及陕西、广东、广西；东南亚、南亚也有。

385 旋覆花

学名 **Inula japonica** Thunb. **属名** 旋覆花属

形态特征 多年生草本，高20～60cm。根状茎横走或斜升。茎直立，单生或2、3条簇生，不分枝。叶互生；基部和下部叶片花期枯萎；中部叶片长圆形、长圆状披针形或披针形，5～10cm×1.5～3cm，先端急尖，基部狭窄，全缘或有小尖头状疏齿，无柄或半抱茎；上部叶片渐狭小，条状披针形。头状花序直径3～4cm，排成疏散的伞房状；总苞半球形；缘花舌状，黄色；盘花管状。瘦果圆柱形，有10沟；冠毛灰白色，与管状花近等长。花果期7—10月。

生境与分布 见于慈溪、北仑、鄞州、奉化、宁海、象山；生于山坡路旁、湿润草地、河岸和田埂上。产于杭州、温州及绍兴市区、诸暨、普陀、衢江、开化、浦江、磐安、天台、椒江等地；分布于华东、华中、华北、东北及广东、贵州、四川；东北亚也有。

主要用途 嫩茎叶可作野菜；花美丽，可供观赏；花序或全草入药，具消痰、下气、软坚、行水之功效。

附种 线叶旋覆花 ***I. lineariifolia***，叶片条状披针形，基部不抱茎，边缘反卷；头状花序直径1.5～2.5cm。见于余姚、象山；生于山坡草地、荒地、路旁、田埂。

线叶旋覆花

386 马兰

学名 **Kalimeris indica** (Linn.) Sch.-Bip.　属名 马兰属

形态特征　多年生草本，高 30～50cm。根状茎有匍匐枝。茎直立，有分枝，被短毛。叶互生；基部叶片花期枯萎；茎生叶披针形至倒卵状长圆形，3～7cm×1～2.5cm，先端钝或尖，基部渐狭，边缘从中部以上具 2～4 对齿，具长柄；上部叶片渐小，全缘，两面有疏微毛或近无毛，无柄。头状花序单生于枝顶并排成疏伞房状；总苞半球形；缘花舌状，浅紫色；盘花管状。瘦果倒卵状椭球形，极扁，长 1.5～2mm。花果期 5—10 月。

生境与分布　见于全市各地；生于山坡、沟边、湿地、路旁。产于全省各地；广布于全国；亚洲东部及南部也有。

主要用途　嫩茎叶可作野菜；全草入药，具清热解毒、利尿、散淤、消食之功效。

附种 1　**全缘叶马兰 *K. integrifolia***，叶片条状披针形、倒披针形或长圆形，全缘，两面密被粉状短柔毛；中部叶边缘稍反卷，无柄。见于余姚、江北、北仑、鄞州、奉化、象山；生于山坡、林缘、路旁和灌丛中。

附种 2　**毡毛马兰 *K. shimadai***，全株密被短粗毛；中部叶片边缘有 1～3 对粗齿或全缘，近无柄；全部叶质厚，两面被疣基短糙毛，下面沿脉及边缘尤密；瘦果长 2.5～2.7mm。见于北仑、象山；生于田埂、路旁草丛及林缘。

附种 3　**羽裂毡毛马兰 *K. shimadai* form. *pinnatifida***，下部及中部叶片通常有 2～4 对深裂片，裂片条形。见于除市区外全市各地；生于滨海山坡疏林下、林缘、沟边及泥质海岸和滨海平原的河岸、路旁草丛中。

全缘叶马兰

毡毛马兰

羽裂毡毛马兰

387 大丁草

学名 **Leibnitzia anandria** (Linn.) Nakai　属名 大丁草属

形态特征　多年生草本。植株分春型和秋型。叶全部基生。春型植株高 8～19cm，叶片宽卵状或椭圆状宽卵形，2～6cm × 1.5～5cm，先端钝，基部心形，有时羽裂，边缘有波状圆齿或小牙齿，两面被白色绵毛；秋型植株高 30～60cm，叶片倒披针状长椭圆形或椭圆状宽卵形，5～6cm × 3～3.5cm，常提琴状羽裂，基部常狭窄下延成柄，两面疏被绵毛。花茎 1～3，密被白色脱落性绵毛；头状花序单生；春型植株缘花舌状，紫色，盘花管状；秋型植株花管状，紫红色。瘦果纺锤形，具纵肋。春型花果期 4—5 月，秋型花果期 8—11 月。

生境与分布　见于余姚、鄞州、宁海；生于山坡路旁、林缘草地。产于杭州、温州、金华、丽水及安吉、诸暨、普陀、临海、开化、江山等地；分布于我国南北各地；日本及朝鲜半岛也有。

主要用途　全草入药，具清热、利湿、解毒、消肿、止咳、止血之功效；嫩叶可食。

388 大滨菊

学名 **Leucanthemum maximum** (Ramood) DC. 属名 滨菊属

形态特征 多年生草本，高 0.4～1.1m。全株无毛。基生叶簇生，花期生存，叶片长椭圆形、倒卵形或卵形，基部楔形，渐狭成长柄，柄长于叶片；茎生叶长椭圆形或条状长椭圆形，基部耳状或近耳状扩大半抱茎，有时羽状浅裂；上部叶片渐小，有时羽状全裂；叶边缘具细尖锯齿。头状花序单生于茎顶，直径达 7cm，有长花梗；缘花舌状，白色；盘花管状，黄色。瘦果长 2～3mm。花果期 5—10 月。

地理分布 原产于欧洲。北仑、鄞州有栽培。

主要用途 花大而鲜艳，供观赏。

389 蹄叶橐吾

学名 **Ligularia fischeri** (Ledeb.) Turcz. 属名 橐吾属

形态特征 多年生草本，高 50～70cm。茎上部及花序被黄褐色有节短柔毛。叶互生；下部叶片肾形或宽心形，6～15cm×10～20cm，先端圆钝，有时具尖头，基部深心形，边缘有整齐锯齿，下方不外展，两面无毛，叶脉近掌状；叶柄长，基部鞘状抱茎；中上部叶片较小，具短柄。头状花序排成总状；花序梗细长；苞片卵形或卵状披针形；总苞宽钟形；缘花舌状，黄色，5 或 6(～9) 朵，舌片长 1.5～2.5cm；盘花管状，约 20 朵。瘦果圆柱形；冠毛红褐色，短于花冠筒部。花果期 6—9 月。

生境与分布 见于鄞州、奉化、宁海、象山；生于山坡林下、溪边。产于温州、台州及安吉、临安、磐安、景宁、庆元等地；分布于华中、西南、东北、华北及安徽、陕西、甘肃等地；东亚、南亚及俄罗斯也有。

主要用途 根、根状茎入药，具理气活血、止痛、止咳、祛痰之功效；花序高大艳丽，可用于林下、湿地绿化。

附种 **窄头橐吾 *L. stenocephala***，叶片通常心状戟形，基部宽心形，边缘具不整齐锯齿，下方外展，具数个大齿；苞片卵状披针形至条形；缘花 1～4(5) 朵，舌片长 1～1.7cm；盘花 5～10 朵；冠毛白色、黄白色或褐色。见于奉化；生于沟边草丛、山坡及林下。

窄头橐吾

390 大头橐吾

学名 **Ligularia japonica** (Thunb.) Less. 属名 橐吾属

形态特征 多年生草本，高达1m。茎无毛或被蛛丝状毛。叶互生；下部叶片长、宽达30cm以上，基部稍心形，掌状3～5全裂，裂片再掌状浅裂，小裂片羽状浅裂或具锯齿，稀全缘，叶柄基部常扩大而抱茎；中部以上叶片渐小，掌状深裂，具扩大抱茎的短柄。头状花序2～8，排成伞房状；总苞半球形；缘花舌状，1～3朵，黄色；盘花管状，2～7朵。瘦果细圆柱形，具纵肋；冠毛红褐色，与花冠筒部等长。花果期6—8月。

生境与分布 见于慈溪、北仑、鄞州、奉化、宁海、象山；生于阴湿山坡草丛、路旁灌丛、林下及溪沟边。产于丽水及长兴、安吉、临安、磐安、临海、普陀、文成、泰顺等地；分布于华东、华中及广东；朝鲜半岛及日本、印度也有。

主要用途 叶大，耐阴，花色艳丽，可用于地被观赏；嫩叶、叶柄可食；根或全草入药，具润肺、化痰、止咳之功效。

391 白晶菊

学名 **Mauranthemum paludosum** (Poir.) Vogt et Oberpr. 属名 白舌菊属

形态特征 一或二年生草本，高 15～25cm。叶互生；叶片长椭圆状披针形至条状披针形，一或二回羽状浅裂或深裂，裂片三角形，先端具尖头，向上渐小。头状花序单生于枝顶，直径 3～5cm；缘花舌状，白色；盘花管状，金黄色。瘦果。花期从冬末至夏初，果期 5 月。

地理分布 原产于欧洲。全市各地有栽培。

主要用途 花朵繁茂，供观赏。

392 皇帝菊

学名 **Melampodium divaricatum** (Rich.) DC. 属名 美兰菊属（蜡菊属）

形态特征 多年生草本，常作一或二年生栽培，高30～50cm。茎多分枝；全株被硬糙毛。叶对生；叶片宽披针形至长卵形，先端渐尖，基部渐窄，下延至柄，有时偏斜，边缘波状或具疏锯齿，两面粗糙。头状花序顶生，直径约2.5cm；缘花舌状，金黄色；盘花管状，黄褐色。瘦果。花期春季至秋季。

地理分布 原产于中美洲。全市各地有栽培。

主要用途 枝叶繁茂，花朵密集，花色艳丽，供观赏。

393 卤地菊

学名 **Melanthera prostrata** W.L. Wagner et H. Robinson　属名 卤地菊属（墨药菊属）

形态特征　多年生草本。茎匍匐、分枝，全体密被疣基短糙毛。叶对生；叶片卵形或披针状卵形，1～1.5cm×4～8mm，先端钝，基部稍狭，边缘有1～3对不规则糙齿，稀全缘，中脉和基部发出的1对侧脉均不明显；具短柄。头状花序少数，直径约1cm，单生于具叶小枝顶或上部叶腋，无梗或具短梗；总苞近球形；托片长于总苞片；缘花舌状，盘花管状，均为黄色。瘦果倒卵状三棱形，顶端截平；无冠毛环。花果期6—10月。

生境与分布　见于象山（北渔山）；生于岩质海岸潮上带的草丛或岩缝中及滨海沙滩潮上带、沙堤。产于温州沿海各县（市、区）及定海、普陀、温岭；分布于福建、台湾、广东；东南亚、朝鲜半岛及日本、印度也有。

主要用途　全草入药，具清热解毒、祛痰止咳之功效；花色美丽，耐盐碱及干旱瘠薄，可用于滨海地区绿化。

附种　**蟛蜞菊**（蟛蜞菊属）***Sphagneticola calendulacea***，茎有沟纹；叶片倒披针形、椭圆形或狭披针形，2～6cm×6～12mm，基部一对侧脉较显著，无柄；头状花序直径1.5～2cm，梗长3～10cm；总苞片长于托片；瘦果顶端圆；具细齿状的冠毛环。见于象山；生于滨海沙滩潮上带附近的水沟边潮湿处。

蟛蜞菊

394 蓝目菊 非洲万寿菊

学名 **Osteospermum ecklonis** (DC.) Norl.　属名 蓝目菊属

形态特征　多年生草本，常作一年生栽培，高40～60cm。茎直立，多分枝，具白色长柔毛。基生叶丛生，叶片肉质，椭圆形、长椭圆形至倒卵状椭圆形，先端突尖，基部楔形下延，半抱茎，边缘向下反卷，有稀疏锯齿；茎生叶互生，叶片长椭圆形、倒卵状长椭圆形至宽披针形，先端突尖，基部楔形下延，边缘具疏锯齿，无柄。头状花序单生，花冠直径约7.5cm；缘花舌状，颜色因品种而异，多呈粉、紫、白、黄等色；盘花管状，蓝色、紫色及黄色。花期夏、秋季。

地理分布　原产于南非。全市各地有栽培。

主要用途　花色艳丽，花期长，供观赏。

395 天目山蟹甲草 蝙蝠草

学名 **Parasenecio matsudae** (Kitam) Y.L. Chen　属名 蟹甲草属

形态特征 多年生草本，高 50～90cm。茎粗壮，绿色或上部紫色，具明显条纹；全体无毛。叶互生；下部叶片宽五角形或矢形，15～20(30)cm × 18～25cm，花期凋落；中部叶片宽三角形，有 3～5 片三角形裂片，先端急尖，基部近截形，边缘有尖细齿；最上部叶片卵状披针形，较小；叶柄长 10cm。头状花序直径 1～2cm，排成宽圆锥状，每头状花序具 15～20 花；花序梗长 2.5～5cm；总苞宽钟状，总苞片 12；花管状，黄色。瘦果圆柱形；冠毛污红褐色。花果期 7—9 月。

生境与分布 见于余姚；生于海拔约 600m 的阴湿山沟毛竹林下。产于杭州及安吉、德清、磐安、武义、开化、天台、临海、景宁等地；分布于安徽（歙县）。

主要用途 嫩茎叶可作野菜。

附种 **黄山蟹甲草** ***P. hwangshanicus***，茎细弱，被脱落性蛛丝状毛；叶片宽圆状肾形或卵状心形，基部心形，圆耳状，上面散生和沿脉密被糠秕状毛，下面及叶柄被蛛丝状毛；叶柄具极狭翅，基部半抱茎；头状花序直径 6mm，具短梗，每头状花序具 8 花；总苞狭钟状，总苞片 5；冠毛白色。见于宁海；生于山坡林下。

黄山蟹甲草

396 蜂斗菜

学名 **Petasites japonicus** (Sieb. et Zucc.) Maxim. 属名 蜂斗菜属

形态特征 多年生草本。根状茎粗壮。花茎高10～60cm，中空；全株被白色茸毛或蛛丝状绵毛。茎生叶苞叶状，叶片披针形，3～8cm×0.8～1.5cm，先端钝尖，基部抱茎；基生叶后出，叶片圆肾形，直径8～15cm，先端圆形，基部耳状深心形，边缘具不整齐牙齿，两面常被蛛丝状白绵毛，掌状脉，叶柄长10～30cm。头状花序多数，密集成密伞房状，有同形小花；总苞筒状；花管状，白色或黄白色。瘦果圆柱形，无毛；冠毛白色。花果期3—5月。

生境与分布 见于慈溪、余姚、北仑、鄞州、奉化、宁海、象山；生于山坡、山脚阴湿地。产于温州、丽水及杭州市区、临安、嵊州、衢江、开化、磐安、仙居等地；分布于华东及湖北、四川、陕西。

主要用途 全草或花蕾入药，全草具清热解毒、活血行淤之功效，花蕾具润肺止咳、化痰之功效；叶柄、花序梗可作野菜；可作园林地被植物。

397 黑心菊

学名 **Rudbeckia hirta** Linn.　　属名 金光菊属

形态特征　一或二年生草本，高达 0.6～1m。全体被粗刺毛；茎稍分枝。叶互生；下部叶片长卵圆形、长圆形或匙形，长 10～15cm，先端急尖至渐尖，基部楔状下延，边缘有细锯齿，3 出脉，叶柄具翅；上部叶片长圆状披针形，先端渐尖至长渐尖，基部楔形，边缘有锯齿或全缘。头状花序直径 8～9cm；总苞半球形；花序托圆锥形；缘花舌状，金黄色，有时中下部棕黄色；盘花管状，暗褐色或暗紫色，密集成半球形；冠毛无。瘦果四棱形。花果期 5—9 月。

地理分布　原产于北美洲。全市各地有栽培。

主要用途　花大美丽，花期长，供观赏。

附种　**金光菊** ***R. laciniata***，多年生草本或亚灌木，高可达 2m；茎无毛或稍被短毛，多分枝；下部叶片不分裂或羽状 3～7 深裂，中部叶片 3 或 5 深裂；管状花黄色或黄绿色；冠毛短冠状。原产于北美洲。象山有栽培。

金光菊

398 银香菊

学名 **Santolina chamaecyparissus** Linn. **属名** 银香菊属

形态特征 多年生常绿草本，高 50cm。枝叶密集成半球形，全体被灰白色柔毛，具芳香。叶互生；叶片狭窄，羽状全裂，裂片略呈细柱状或稍扁，短小，呈互生状排列；叶柄下部渐宽，微抱茎。头状花序纽扣状，单生于枝顶；花序梗细长，显著高出株丛；花管状，黄色，密集成圆球形。花期 6—7 月。

地理分布 原产于地中海地区。慈溪、余姚、北仑、鄞州及市区有栽培。

主要用途 枝叶颜色独特，花美丽，供观赏；花与叶煎水可治疗肠道寄生虫；芳香植物，可提取香精。

399 庐山风毛菊

学名 **Saussurea bullockii** Dunn　　属名 风毛菊属

形态特征　多年生草本，高 40～90cm；茎上部分枝，被薄绵毛或蛛丝状毛。叶互生，叶片近革质；茎下部叶片三角形，10～13cm × 8～10cm，先端渐尖，基部心形，圆耳状，边缘具波状锐齿，上面被短粗毛，下面被薄蛛丝状绵毛或后无毛，叶柄长 16～17cm，基部半抱茎；上部叶片渐小，卵形或卵状三角形，具短柄。头状花序直径 1～1.2cm，在茎枝顶排成伞房状圆锥花序；总苞倒圆锥形或狭钟形，总苞片 5 或 6 层，上部及边缘常紫色，外层卵形，先端具小刺尖；花管状，紫色。瘦果具纵肋，上部具小冠；冠毛 2 层，白色，外层短而粗糙，内层长羽毛状。花果期 7—10 月。

生境与分布　见于余姚、北仑、奉化、宁海、象山；生于海拔 700m 以上的山坡、路旁林下及山顶草丛中。产于温州、丽水及安吉、临安、桐庐、嵊州、诸暨、江山、天台、临海等地；分布于华东、华中及广东、陕西。

主要用途　嫩叶可作野菜。

附种 1　心叶风毛菊 *S. cordifolia*，茎无毛；茎中部及下部叶片心形，基部深心形，叶柄长 8～10cm；总苞钟状，总苞片 4～6 层，中部以上有草质短附属物。见于奉化、宁海；生于林缘、山谷、山坡、灌木林中及石崖下。

附种 2　黄山风毛菊 *S. hwangshanensis*，总苞宽钟形，总苞片 7 层，外层披针状条形，先端渐尖，外展或外弯。见于余姚、北仑、奉化、宁海；生于高海拔草丛中。

附种 3　风毛菊 *S. japonica*，茎具翅；基部和茎下部叶片羽状深裂，基部下延成具翅的柄；总苞片先端具扩大的膜质附片。产于宁海、象山；生于山坡草丛、沟边路旁。

心叶风毛菊

黄山风毛菊

风毛菊

400 银叶菊

学名 **Senecio cineraria** DC.　　属名 千里光属

形态特征　多年生草本，高 50～80cm。茎多分枝；全株均被银白色绵毛。叶互生；叶片椭圆形，一或二回羽状深裂，具柄。头状花序单生于枝顶，排成紧密的伞房状，具长总梗；总苞钟形；花金黄色，缘花舌状，少数，盘花管状。冠毛棕褐色。花期 6—9 月。

地理分布　原产于地中海地区。全市各地有栽培。

主要用途　茎叶色泽独特，花色艳丽，供观赏。

401 千里光

学名 **Senecio scandens** Buch.-Ham. ex D. Don　属名 千里光属

形态特征 多年生草本。茎常攀援状倾斜，曲折，多分枝，具棱，疏被脱落性短柔毛。叶互生；叶片卵状披针形至长三角形，3～7cm×1.5～4cm，先端长渐尖，基部楔形至截形，边缘具不规则钝齿、波状齿或近全缘，有时下部具1或2对裂片，两面疏被短柔毛或上面无毛，具柄；上部叶片渐尖，条状披针形。头状花序排成开展的复伞房状或圆锥状聚伞花序式；花序梗常反折或开展；总苞杯状；花黄色，缘花舌状，少数，盘花管状。瘦果圆柱形，被短毛；冠毛白色或污白色。花果期9—11月。

生境与分布 见于全市丘陵山区；生于山坡、山沟、林中灌丛中。产于全省各地；分布于华东、华中、华南、西南及陕西、甘肃；日本、菲律宾、印度也有。

主要用途 全草入药，具清热解毒、明目、利湿之功效；嫩茎叶可食；开花繁茂，花色艳丽，可供观赏。

附种1 裂叶千里光（缺裂千里光）var. ***incisus***，叶片羽状浅裂，具大顶生裂片，基部常有1～6小侧裂片。见于余姚、北仑、鄞州、奉化、宁海、象山；攀援于灌丛、岩石上或溪边。

附种2 欧洲千里光*S. vulgaris*，一年生草本；茎直立；叶片倒披针状匙形或长圆形，羽状浅裂至深裂，先端钝，侧生裂片3或4对，无柄；头状花序全为管状花，排成顶生密集伞房花序；总苞钟状。原产于欧洲。鄞州有归化；生于海拔60m的路边草丛中。为本次调查发现的浙江归化新记录植物。

附种3 岩生千里光*S. wightii*，茎直立或斜升，无毛或近无毛；下部叶片椭圆形至条形，中、上部叶片狭长圆形或长圆状披针形至条形，不分裂，基部稍扩大，半抱茎，边缘具锯齿或齿；头状花序排成顶生疏伞房花序；瘦果无毛。原产于南亚及我国西南地区。市区有归化；长于引种的银海枣树上。为本次调查发现的华东归化新记录植物。

裂叶千里光

欧洲千里光

岩生千里光

402 豨莶

学名 **Siegesbeckia orientalis** Linn. 属名 豨莶属

形态特征 一年生草本，高0.5～1.5m。茎上部分枝常呈复2歧状，分枝连同花梗密被灰白色开展短柔毛。叶对生；叶片三角状宽卵形或菱状卵形至披针形，4～18cm×4～12cm，先端急尖而钝，基部通常宽楔形或近截平，边缘有不规则的钝齿至浅裂，两面被毛，基出脉3。头状花序直径1.6～2.1cm，常排成二歧分枝式具叶的伞房状，有长柔毛；总苞宽钟形，总苞片具腺毛；花黄色，缘花舌状，盘花管状。瘦果倒卵球形，有4或5棱。花果期夏、秋季。

生境与分布 见于全市各地；生于旷野草地上。产于全省各地；分布于全国各地；热带、亚热带和温带广布。

主要用途 全草入药，具祛风湿、利关节、解毒之功效；嫩茎叶可食。

附种1 **毛梗豨莶 *S. glabrescens***，茎上部分枝及花梗疏被平伏短柔毛；叶片边缘具规则锯齿；头状花序直径1～1.2cm，在枝顶排成疏散的圆锥状。见于全市各地；生于路边、旷野荒草地和山坡灌丛中。

附种2 **腺梗豨莶 *S. pubescens***，叶片边缘有大小不等的尖齿，下面沿脉有白色长柔毛；头状花序直径2～3cm，在枝顶排成伞房状；花序梗密生紫褐色头状具柄腺毛和长柔毛。见于全市各地；生于路旁荒地、林下、沟边。

附种3 **无腺腺梗豨莶 *S. pubescens* form. *eglandulosa***，与腺梗豨莶相近，但花序梗不具紫褐色头状具柄的腺毛。见于余姚、北仑、象山；生于路旁荒地、林下、沟边。

毛梗豨莶

腺梗豨莶

无腺腺梗豨莶

403 蒲儿根

学名 **Sinosenecio oldhamianus** (Maxim.) B. Nord.　属名 蒲儿根属

形态特征　一或二年生草本，高30～50cm。茎单生，上部多分枝，下部叶与叶背密被白色蛛丝状绵毛。叶互生；下部叶片心状圆形，长、宽各2～4cm，先端尖，基部心形，边缘具不规则三角状牙齿，掌状脉，侧脉在近缘处网结；中部叶片与下部叶片同形或宽卵状心形，3～7cm×3～5cm，具柄；上部叶片渐小，三角状卵形，具短柄。头状花序直径1～1.5cm，排成复伞房状；总苞宽钟形；缘花舌状，黄色；盘花管状。瘦果倒卵状圆柱形。花果期4—8月。

生境与分布　见于全市各地；生于山沟、山坡、水边、荒地、路旁林下及墙脚等处。产于全省各地；分布于华东、华中、华南、西南及陕西、甘肃；越南、缅甸也有。模式标本采自宁波。

主要用途　全草入药，具解毒、活血之功效，但有小毒，须慎用；嫩叶可食；花色鲜艳，可供观赏。

加拿大一枝黄花

学名 **Solidago canadensis** Linn. 属名 一枝黄花属

形态特征 多年生草本，高达 3m。根状茎长；茎密生短硬毛。叶互生；叶片披针形或条状披针形，长 5～12cm，先端渐尖，基部楔形，边缘具锯齿，两面具短糙毛；叶脉于中部呈 3 出平行脉。头状花序长 4～6mm，在花序分枝上排成蝎尾状，再组成开展的圆锥花序；总苞片条状披针形；缘花舌状，黄色，很短，盘花管状。瘦果有细柔毛。花期 9—11 月，果期 11—12 月。

地理分布 原产于北美洲。全市各地普遍归化；生长于路边、林缘、疏林下、农田、宅旁。

主要用途 花美丽，供观赏或作切花；生长旺盛，蔓延扩散快，常与农作物争夺生长空间，已被列为有害植物。

405 一枝黄花

学名 **Solidago decurrens** Lour.　属名 一枝黄花属

形态特征 多年生草本，高 20～70cm。茎分枝少，基部略带紫红色。叶互生；叶片卵圆形、长圆形或披针形，4～10cm×1.5～4cm，先端急尖、渐尖或钝，基部楔形渐窄，边缘具锐锯齿，上面光滑，向上渐变小至近全缘；羽状脉。头状花序直径 5～8mm，单 1 或 2～4 个聚生于一腋生的短枝上，再排成总状或圆锥状；花黄色，缘花舌状，盘花管状。瘦果圆筒形，具棱；冠毛粗糙，白色。花果期 9—11 月。

生境与分布 见于全市丘陵山区；生于山坡、草地、路旁。产于全省山区、半山区；广布于华东、华中、西南及陕西、广东、广西；日本及朝鲜半岛也有。

主要用途 全草入药，具疏风解表、清热解毒之功效；全草含皂苷、有机酸酯类，家畜误食后易中毒引起麻痹及运动障碍。

406 裸柱菊

学名 **Soliva anthemifolia** (Juss.) R. Br.　　属名 裸柱菊属

形态特征　一年生矮小草本。茎极短，平卧。叶互生；叶片长 5～10cm，二或三回羽状分裂，裂片条形，全缘或 3 裂，被长柔毛或近无毛；具柄。头状花序近球形，无梗，生于茎基部；总苞片 2 层；缘花无花冠，多数；盘花管状，少数。瘦果倒披针形，扁平，有厚翅，花柱宿存，下部翅上有横皱纹。花果期全年。

地理分布　原产于南美洲。全市各地均有归化；生于田边、路旁。

主要用途　幼苗可作野菜。

407 钻形紫菀 钻叶紫菀

学名 **Symphyotrichum subulatum** (Michx.) G.L. Nesom 属名 联毛紫菀属

形态特征 一年生草本，高20～80cm。全株无毛；茎稍肉质，基部常略紫红色。叶互生；基部叶片倒披针形，中上部最宽，花时凋落；中部叶片条状披针形，6～10cm×0.5～1cm，先端急尖，基部楔形，全缘，边缘常波皱，无柄，基部近抱茎；上部叶片渐狭窄至条形。头状花序直径5～6mm，排成圆锥状；总苞钟形；缘花舌状，白色或淡红色；盘花管状，黄色。瘦果具5纵肋；冠毛白色，长于管状花花冠。花果期9—11月。

地理分布 原产于北美洲。全市各地均有归化；生于田野、山坡、路旁、宅边，尤喜生于滨海潮湿的盐土上。

主要用途 嫩茎叶可作野菜。

附种 **夏威夷紫菀** ***S. squamatum***，基生叶6～18cm×0.8～2.5cm，中部最宽，先端渐尖，边缘平整，具明显叶柄；头状花序直径7～10mm；缘花淡紫色；冠毛淡褐色，不长于管状花花冠。原产于美国夏威夷。奉化、象山及市区有归化；生于路边荒地、草丛中。

夏威夷紫菀

408 南方兔儿伞

学名 **Syneilesis australis** Y. Ling　　属名 兔儿伞属

形态特征　多年生草本，高达1m。根状茎粗壮；茎单一，坚硬，具沟槽，基部疏生脱落性长柔毛。叶互生，干时近膜质；下部叶片圆形，直径30～40cm，基部宽盾形，掌状深裂，裂片长圆状披针形，宽2～3cm，再一或二回分裂或不裂，边缘具疏锯齿，叶柄长，基部半抱茎；上部叶片掌状深裂或2浅裂；最上部叶苞片状。头状花序盘状，排成复伞房状，分枝开展；总苞圆柱形；花管状，淡红色。瘦果圆柱形；冠毛白色或变红色。花果期2—8月。

生境与分布　见于余姚、北仑、鄞州、奉化、宁海、象山；生于山坡阔叶林或竹林下、林缘灌草丛。产于全省山区、半山区；分布于安徽。

主要用途　嫩叶可作野菜。

409 山牛蒡

学名 **Synurus deltoides** (Ait.) Nakai　　属名 山牛蒡属

形态特征　多年生草本，高达1.5m。根状茎粗大；茎粗壮，具纵棱，密被灰白色厚茸毛或下部毛渐脱净。叶互生；基生叶片与下部茎生叶片心形、卵形、宽卵形、卵状三角形或戟形，10～25cm×12～20cm，先端急尖，基部心形、戟形或平截，边缘具不规则三角形粗大锯齿，叶柄长达30cm，有狭翅；上部叶片渐小，边缘有锯齿或针刺，具短柄至无柄；全部叶片上面粗糙，具多节毛，下面灰白色，密被厚茸毛。头状花序单生于茎顶，下垂，直径3～5cm；总苞球形；花管状，紫红色。瘦果有具细锯齿的棱；冠毛褐色，基部联合成环，整体脱落。花果期6—11月。

生境与分布　见于余姚、北仑、鄞州、奉化、宁海、象山；生于海拔600～1000m的林缘、林下及路边草丛中。产于杭州、温州、金华、丽水及安吉、诸暨、衢江、开化、临海等地；分布于华北、东北及安徽、江西、湖北、四川；东北亚也有。

主要用途　果实入药，用于瘰疬；嫩叶可食。

410 万寿菊

学名 **Tagetes erecta** Linn.　　**属名** 万寿菊属

形态特征　一年生草本，高30～50cm。茎粗壮，具纵细条棱，分枝向上平展。叶对生，稀互生；叶片羽状分裂，5～10cm×4～8cm，裂片长椭圆形或披针形，边缘具锐齿，上部裂片齿端有长细芒，沿叶缘有少数腺体。头状花序单生，直径5～6cm，花序梗顶端棒状膨大；总苞杯状；缘花舌状，黄色或暗橙色，基部收缩成长爪，顶端微凹；盘花管状，黄色。瘦果条形；冠毛为1或2刚毛和2或3短而钝的鳞片。花果期6—9月。

地理分布　原产于墨西哥。全市各地有栽培。

主要用途　花色艳丽，花期长，供观赏。

附种　**孔雀草** ***T. patula***，叶片2～9cm×1.5～3cm，裂片条状披针形；头状花序直径4cm，梗顶端稍增粗；缘花金黄色或橙黄色，带红色斑，栽培者盘花多向舌状花演变而呈现重瓣。原产于墨西哥。全市各地有栽培。

孔雀草

411 碱菀

学名 **Tripolium pannonicum** (Jacq.) Dobrocz.　　属名 碱菀属

形态特征　一年生草本，高30～50cm。茎下部常带紫色，无毛，上部分枝。叶互生，无毛，肉质；基部叶花期枯萎，下部叶片条形或长圆状披针形，5～10cm×0.5～1.2cm，先端急尖，基部渐狭，全缘或有具小尖头的疏锯齿，无柄；上部叶片渐小，苞叶状。头状花序直径2～2.5cm；总苞近管状，花后钟状；缘花舌状，蓝紫色、淡紫色或近白色；盘花管状，黄色或红色。瘦果有边肋，被疏毛；冠毛花后增长达1.4～1.6cm。花果期8—12月。

生境与分布　见于除市区外全市各地；生于滨海围垦区低湿的盐碱地、堤岸、路旁。产于全省滨海地区；分布于西北、华北、东北及江苏、山东；东北亚、中亚、亚洲西南部、欧洲、非洲北部也有。

主要用途　花大美丽，可供绿化观赏；嫩茎叶可作蔬菜。

412 夜香牛

学名 **Vernonia cinerea** (Linn.) Less.　**属名** 斑鸠菊属

形态特征　一或多年生草本，高 20～50cm。茎、叶、花、果均具腺点。茎直立或铺散状，具条纹。叶互生；下部和中部叶片菱状卵形、菱状长圆形或卵形，3～6.5cm × 1.5～3cm，先端急尖或稍钝，基部楔形渐狭成具翅的柄，边缘有稀疏或波状齿，两面被短毛，具柄；上部叶片渐小，长圆状披针形或条形，具短柄或无柄。头状花序在茎顶排成伞房状圆锥形；总苞钟形；花管状，淡红紫色。瘦果圆柱形；冠毛白色。花果期 7—10 月。

生境与分布　见于北仑、鄞州、奉化、宁海、象山；生于路边、田边、山坡旷野。产于杭州、温州、衢州、台州、丽水及诸暨、武义、普陀等地；分布于华东、华中、华南、西南；日本、印度尼西亚、印度至中南半岛及非洲也有。

主要用途　全草入药，具疏风散热、拔毒消肿、安神镇静、消积化滞之功效。

413 苍耳

学名 **Xanthium strumarium** Linn.　　属名 苍耳属

形态特征　一年生草本，高30～60cm。茎被灰白色粗伏毛。叶互生；叶片三角状卵形或心形，4～9cm×5～10cm，先端钝或略尖，基部两耳间楔形，边缘有不规则粗锯齿或3～5不明显浅裂，基出脉3，下面苍白色，被糙伏毛；叶柄长3～11cm。雄性头状花序球形；雌性头状花序椭球形，总苞片在瘦果熟时变坚硬，外面疏生具钩的刺，刺长1.5～2.5mm，喙坚硬，圆锥形，上端镰刀状。瘦果2，倒卵球形。花果期8—9月。

生境与分布　见于全市各地；生于山坡、草地、路旁、田边。产于全省各地；分布于我国南北各地；东北亚及伊朗、印度也有。

主要用途　纤维植物；苍耳子油可供制作高级香料、油漆、油墨、肥料、硬化油及润滑油；入药，果实（苍耳子）具祛风止痛、发散解表、通鼻窍之功效，全草具祛风化湿、清热解毒、消淤止痛、杀虫之功效，叶具祛风除湿、止痹痛之功效，根具清热解毒、宣肺平喘之功效，但有小毒，须慎用；茎、叶捣烂外敷可治疥癣。

414 百日菊

学名 **Zinnia elegans** Jacq.　属名 百日菊属

形态特征　一年生草本，高30～90cm。茎直立，被糙毛或长硬毛。叶互生；叶片宽卵圆形或长圆状椭圆形，4～10cm×2～5cm，先端急尖或钝圆，基部稍心形抱茎，两面粗糙，下面密被短糙毛，基出脉3。头状花序单生于枝顶，直径5～6cm；花序梗花后不膨大；总苞宽钟形，托片上端有延长的紫红色流苏状三角形附片；缘花舌状，深红色、玫瑰色、紫堇色或白色；盘花管状，黄色或橙色。缘花瘦果倒卵形，扁平，腹面正中和两侧边缘各有1棱；盘花瘦果倒卵状楔形，极扁，顶端有短齿。花果期6—10月。

地理分布　原产于墨西哥。全市各地有栽培。

主要用途　花大美丽，花期长，供观赏。

（二）舌状花亚科 Liguliflorae

415 沙苦荬 匍匐苦荬菜

学名 **Chorisis repens** (Linn.) DC. 属名 沙苦荬属

形态特征 多年生草本。全体无毛，有乳汁；具根状茎；茎匍匐。叶互生；叶片4～12cm×2.5～5cm，掌状3或5中裂、深裂或3全裂，裂片宽椭圆形，先端圆钝，边缘具不明显牙齿，2或3浅裂或全裂；叶柄长达8cm。头状花序具长梗，直径约3cm，2或3个生于花茎上；总苞狭钟形，总苞片6～8，披针状长圆形；花舌状，黄色，先端5齿裂。瘦果纺锤形，具10纵棱及细长喙；冠毛白色。花期4—9(11)月，果期5—10月。

生境与分布 见于象山；生于滨海沙滩潮上带附近。产于舟山群岛及杭州市区、苍南；分布于华东、华南、华北、东北；东北亚及越南也有。

主要用途 叶形奇特，花色艳丽，可用于沙滩绿化；嫩茎叶可食。

416 假还阳参 滨海假还阳参

学名 **Crepidiastrum lanceolatum** (Houtt.) Nakai　属名 假还阳参属

形态特征　多年生亚灌木状草本，高 5～20cm。全体无毛，具乳汁；茎短，自基部丛生平卧分枝，长 10～40cm。基生叶莲座状，匙形、倒卵状披针形或椭圆形，先端钝圆，基部渐狭成翅柄，全缘至羽状中裂；茎生叶疏离，下部叶片匙状长圆形至条状披针形，中部叶片长圆形至披针形，上部叶片卵形至卵状长圆形，先端钝，基部抱茎。头状花序在枝顶排成伞房状，直径约 1.5cm；总苞圆筒形，总苞片 1 层；花舌状，黄色。瘦果椭球形；冠毛白色。花果期 9—11 月。

生境与分布　见于慈溪、镇海、北仑、鄞州、宁海、象山；生于岩质海岸潮上带岩石缝中及滨海山坡林缘、灌草丛中。产于舟山、台州、温州沿海各县（市、区）及平湖；分布于华东；日本也有。

主要用途　花色艳丽，抗逆性强，可供观赏。

417 小苦荬 齿缘苦荬菜

学名 **Ixeridium dentatum** (Thunb.) Tzvel.　　属名 小苦荬属

形态特征 多年生草本，高20～50cm；具乳汁。茎无毛，上部多分枝。基生叶倒披针形或倒披针状长圆形，5～13cm×0.5～3cm，先端急尖，基部下延成柄，边缘具钻状锯齿或稍羽状分裂，稀全缘；茎生叶2或3对，叶片披针形或长圆状披针形，先端渐尖，基部略呈耳状抱茎，耳郭圆，无柄。头状花序具梗，排成伞房状，直径约1.5cm；总苞长6～9mm。花舌状，黄色，5～7朵，顶端5齿裂。瘦果纺锤形，具10等长纵肋，常成翼翅，喙长0.5mm；冠毛浅棕色。花果期4—6月。

生境与分布 见于全市各地；生于林下溪沟边、路旁、稻田边。产于全省各地；分布于华东、西南、华北、东北。

主要用途 全草入药，具活血止血、排脓祛淤之功效。嫩茎叶可食；花量大，花色艳丽，可供观赏。

附种1　中华小苦荬 ***I. chinensis***，茎基部多分枝；头状花序直径2～2.5cm，总苞长7～11mm；舌状花白色或带紫色；瘦果狭披针形，喙长约3mm；冠毛白色。见于余姚、北仑、象山；生于山坡、荒野、田间、路旁。

附种2　褐冠小苦荬（平滑苦荬菜）***I. laevigatum***，基生叶边缘具尖头状细锯齿或全缘；茎生叶基部渐狭成短柄；舌状花10或11朵；冠毛褐色。见于慈溪、余姚、北仑、鄞州、奉化、宁海、象山；生于路边阴湿地或山麓林下。

附种3　抱茎小苦荬 ***I. sonchifolium***，基生叶长圆形，边缘具齿或不整齐羽状深裂；茎生叶基部最宽，成耳形抱茎；头状花序直径约1cm，总苞长5～6mm；瘦果具10不等长纵棱，喙长0.6～1mm；冠毛白色。见于余姚、北仑、鄞州、奉化、宁海、象山；生于荒野、路旁及山坡。

中华小苦荬

褐冠小苦荬

抱茎小苦荬

418 剪刀股

学名 **Ixeris japonica** (Burm. f.) Nakai　　属名 苦荬菜属

形态特征 多年生草本，高10～30cm。植株具长匍茎，无毛，具乳汁。基生叶莲座状，叶片匙状倒披针形至倒卵形，5～15cm×1～3cm，先端钝圆，基部下延成柄，全缘、具疏锯齿或下部浅羽状分裂；茎生叶1、2片或无，全缘，无柄。头状花序直径1.5～2cm，1～6朵排成伞房花序；总苞长12～14mm，总苞片约8，内层花后增厚成龙骨状；花舌状，黄色。瘦果纺锤形，长7～8mm，具长2～3mm的喙，肋间有深沟，肋翼锐。花果期4—6月。

生境与分布 见于北仑、鄞州、奉化、宁海、象山；生于滨海围垦区盐碱地、路边低湿地及田边。产于全省沿海平原地区；分布于东北及福建、河南、广东；朝鲜半岛及日本也有。

主要用途 全草入药，具清热凉血、利尿消肿之功效；嫩茎叶可食；花色艳丽，可供观赏。

附种　圆叶苦荬菜（小剪刀股）***I. stolonifera***，叶片卵圆形、宽卵形或宽椭圆形，全缘；头状花序直径2～2.5cm；总苞长8～10mm，总苞片通常9或10；瘦果狭长纺锤形，长4～6mm，喙与瘦果等长，肋间沟较浅。见于余姚、奉化、宁海；生于路边、荒地潮湿处。

圆叶苦荬菜

419 苦荬菜 多头苦荬菜

学名 **Ixeris polycephala** Cass. 属名 苦荬菜属

形态特征 一年生草本，高10～80cm；具乳汁。茎无毛，多分枝。基生叶花期存在，叶片条形或条状披针形，7～12cm×5～8mm（连柄），先端渐尖，先端急尖，基部渐窄成柄，全缘；茎生叶宽披针形或披针形，先端急尖，基部箭形半抱茎，向上渐小，全缘。头状花序小，排成伞房状；总苞果期扩大成卵球形；花舌状，黄色，10～25朵。瘦果具10翼棱，喙长1.5mm；冠毛白色。花果期4—7月。

生境与分布 见于全市各地；生于田野、路边或山坡草地。产于全省各地；分布于长江以南各地；东北亚及印度也有。

主要用途 全草入药，具清热解毒、止血之功效；嫩茎叶可食。

420 莴苣

学名 **Lactuca sativa** Linn.　　属名 莴苣属

形态特征 一或二年生草本，高 1m。茎粗壮，无毛，含白色乳汁。基生叶丛生，叶片长圆形、倒卵圆形或椭圆状倒披针形，10～30cm×2.5～4.5cm，先端圆钝或急尖，全缘或分裂，平滑或有皱纹，无柄；中部叶片长圆形或三角状卵形，长 3～6cm，先端急尖，基部心形，耳状抱茎。头状花序排成伞房状圆锥花序式；总苞卵形；花舌状，黄色。瘦果纺锤形或长圆状倒卵球形，每面有 5～7 纵肋，喙细，与果等长或稍短；冠毛白色。花果期 6—10 月。

地理分布 原产地不详。全市各地有栽培。

主要用途 茎、叶作蔬菜，叶也或作饲料。

附种 1 **莴笋** var. ***anqustata***，茎特别粗壮，肉质。全市各地有栽培。

附种 2 **生菜** var. ***romana***，叶片长倒卵形，密集成甘蓝状叶球。全市各地有栽培。

生菜

莴笋

421 毒莴苣 野莴苣

学名 **Lactuca serriola** Linn. 属名 莴苣属

形态特征 一年生草本，高0.5～1m；具乳汁。茎单生，无毛，有时有白色茎刺。茎生叶倒披针形或长椭圆形，3～7.5cm×1～4.5cm，倒向羽状分裂或不裂，无柄，基部箭头状抱茎，边缘有细齿、刺齿或全缘，下面沿中脉有黄色刺毛。头状花序排成圆锥状花序；总苞卵球形；苞片淡紫色；舌状花黄色，15～25朵。瘦果倒披针形，压扁，每面有8～10细肋，喙长5mm；冠毛白色。花果期7—10月。

地理分布 原产于欧洲地中海地区及西亚。全市各地均有归化；生于海边荒坡、荒滩、草地及平原绿地、路旁。

主要用途 全株有毒，扩散较快，有蔓延成灾之势。

422 稻槎菜

学名 **Lapsana apogonoides** (Maxim.) Pak et K. Bremer 属名 稻槎菜属

形态特征 一或二年生草本，高10～25cm；具乳汁。茎纤细，疏被细毛。基部叶丛生，叶片羽状分裂，4～10cm×1～3cm，顶端裂片最大，先端钝圆或急尖，侧裂片向下逐渐变小，两面无毛，具柄；中部叶片较小，通常1或2片；叶柄长1～1.5cm。头状花序排成伞房状圆锥花序式；总苞圆筒状钟形；花舌状，黄色。瘦果椭球形，稍扁，每面有5～7肋，顶端两侧各有1钩刺；无冠毛。花果期4—5月。

生境与分布 见于全市各地；生于田野、荒地、路旁、宅边。产于全省各地；分布于江苏、江西、湖北、广东、云南、陕西；日本及朝鲜半岛也有。

主要用途 全草入药，具清热凉血、消痈解毒之功效；嫩叶可食；也可作饲料。

423 黄瓜菜

学名 **Paraixeris denticulata** (Houtt.) Nakai 属名 黄瓜菜属

形态特征 一或二年生草本，高 0.3～1.2m。茎上部多分枝；茎、叶无毛；具乳汁。基生叶花时枯萎，叶片卵形至披针形，3～10cm × 1～5cm，先端急尖，基部渐狭成柄，边缘波状齿裂或羽状分裂，裂片具细锯齿；茎生叶狭卵形，先端急尖，基部耳状扩大，抱茎，边缘具不规则锯齿，向上渐小。头状花序排成伞房状；总苞圆筒形；花舌状，黄色。瘦果纺锤形，具 10 或 11 细钝棱，喙长 0.4mm；冠毛白色。花果期 9—11 月。

生境与分布 见于全市各地；生于路边荒地、田野、山坡。产于全省各地；分布于我国南北各地；东亚及俄罗斯、越南也有。

主要用途 全草入药，具清热解毒之功效；嫩茎叶可作野菜。

假福王草

学名 **Paraprenanthes sororia** (Miq.) Shih 属名 假福王草属

形态特征 多年生草本，高达1.5m。茎上部分枝；茎、叶及花序无毛；具乳汁。下部叶早落，叶片三角状戟形、卵形至披针形，8～18cm×5～11cm，大头羽状全裂或深裂，顶裂片宽三角状戟形、三角状心形、三角形或宽卵状三角形，侧裂片通常2对，边缘具短芒状齿，叶柄具翅；茎中、上部叶片不分裂，三角状戟形、卵形或长椭圆形，叶柄较宽。头状花序排成圆锥状；总苞圆筒形；花舌状，淡紫红色。瘦果披针形，每面有4～6细肋，无喙；冠毛白色。花果期6—9月。

生境与分布 见于余姚、北仑、鄞州、奉化、宁海、象山；生于荒地、山坡林下或草丛中。产于全省山区、半山区；分布于华东、华中及广东、四川、云南；日本也有。

主要用途 全草入药，具清热解毒、止泻、润肺止咳之功效；嫩茎叶可食。

附种 节毛假福王草（毛枝假福王草）***P. pilipes***，茎不分枝；茎上部及花序分枝被稠密多节毛；叶片顶裂片卵形、椭圆形、宽三角状戟形、椭圆形或长菱形。见于慈溪；生于疏林下、沟谷边及山坡草丛中。

节毛假福王草

425 高大翅果菊

学名 **Pterocypsela elata** (Hemsl.) Shih 属名 翅果菊属

形态特征 一或二年生草本，高 60～100cm。具乳汁。茎直立，不分枝，常有紫斑及多节长糙毛。叶片卵形、卵状三角形或上部为菱状披针形，5～13cm × 2～6cm，先裂急尖，基部近截形，常下延成长翼柄而稍抱茎，边缘齿裂或下部叶片羽裂，下面粉绿色，沿脉有长糙毛。头状花序排成狭圆锥状；总苞圆柱形；舌状花黄色。瘦果棕褐色，有紫红色斑点，扁平，每面有 3 纵肋；喙粗短，长约 0.5mm；冠毛白色。花果期 4—9 月。

生境与分布 见于慈溪、余姚、鄞州、奉化、宁海、象山；生于山坡林下、溪边、路旁灌草丛中。产于全省山区、半山区；分布于华东、华中、西南及吉林、陕西、甘肃、广东、广西；东北亚也有。模式标本采自宁波。

主要用途 嫩茎叶可作野菜；根或全草入药，根具止咳化痰、祛风之功效，全草具清热解毒、祛风除湿、镇痛之功效。

翅果菊

学名 **Pterocypsela indica** (Linn.) Shih　　属名 翅果菊属

形态特征　二年生草本，高1.5m。具乳汁。茎直立，单一或上部分枝，无毛。叶多变异，下部叶早落；中部叶片条形或条状披针形，10～25cm×0.8～3cm，先端渐尖，基部半抱茎，全缘或具微波状齿，无毛或下面中脉稍有毛，无柄；上部叶渐小。头状花序排成圆锥状；总苞钟状，内层总苞片上缘带紫色；花舌状，淡黄色或白色。瘦果每面具1纵肋，顶端喙粗短，长约1mm；冠毛白色。花果期9—11月。

生境与分布　见于全市各地；生于路边、荒野、林缘。产于全省各地；分布于华东、华中、西南及广东、河北、陕西、吉林；东北亚也有。

主要用途　嫩茎叶可作野菜；全草或根入药，全草具清热解毒、活血祛淤之功效，根具清热凉血、消肿解毒之功效，但有小毒，须慎用。

附种1　台湾翅果菊 ***P. formosana***，叶片羽状深裂或全裂，或倒向羽状深裂或全裂，下面沿中脉有小刺毛；喙细，长2mm。见于全市各地；生于山坡路旁、荒野、林缘坡地上。

附种2　多裂翅果菊 ***P. laciniata***，叶片二回羽状或倒向羽状分裂，茎上部叶羽状分裂或全缘；喙粗短，长约0.5mm。见于全市各地；生于林下、山坡和路旁草丛。

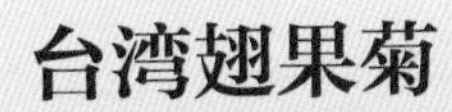

台湾翅果菊

多裂翅果菊

427 续断菊 花叶滇苦菜

学名 **Sonchus asper** (Linn.) Hill　　属名 苦苣菜属

形态特征　一年生草本，高30～50cm。具乳汁。茎直立，分枝或不分枝，无毛或上部被腺毛。下部叶片长椭圆形或倒卵形，5～13cm×1～5cm，先端渐尖，基部下延呈翅柄，边缘不规则羽状分裂或具密而不等长的刺状齿；中上部叶片无柄，基部具扩大圆耳，抱茎。头状花序密集排成伞房状；总苞钟状；花舌状，黄色。瘦果倒长卵球形，压扁，两面各具3肋，肋间无横皱纹；冠毛白色。花果期3—10月。

生境与分布　见于全市各地；生于山坡、路边荒野、溪沟边。产于全省各地；分布于江苏、湖北、四川；亚洲、欧洲、美洲及澳大利亚也有。

主要用途　全草入药，具消肿止痛、祛淤解表之功效；嫩茎叶可食。

附种　**羽裂续断菊** ***S. oleraceo-asper***，叶片羽状全裂。原产于日本。象山有归化。为本次调查发现的中国归化新记录植物。

羽裂续断菊

428 苦苣菜

学名 **Sonchus oleraceus** Linn.　属名 苦苣菜属

形态特征　一或二年生草本，高50～90cm；具乳汁。茎直立，中空，具棱，不分枝或上部分枝，中上部与花梗有腺毛。叶片长圆形至倒披针形，15～20cm×3～8cm，羽状深裂，顶裂片大，侧裂片基部扩大抱茎，边缘具刺状尖齿；中上部叶片渐狭，无柄，顶生裂片狭披针形或条形，基部急狭，耳状抱茎，边缘具不规则锯齿。头状花序直径2cm，排成伞房状；总苞圆筒形，总苞片外面无毛，或者外层或中、内层上部沿中脉有少数头状具柄的腺毛；花舌状，黄色。瘦果稍扁，两面各具3肋，肋间有横皱纹；冠毛白色。花果期3—11月。

生境与分布　见于全市各地；生于路旁、田野、荒地、山脚坑边。产于全省各地；广布于全国。

主要用途　全草入药，具祛湿、降压、清热解毒之功效，但有小毒，须慎用；嫩茎叶可作野菜或青饲料。

附种1　匍茎苦菜（长裂苦苣菜）***S. brachyotus***，多年生草本；具匍匐根状茎；叶片边缘有稀疏缺刻或浅裂，裂片边缘有小微齿；头状花序直径3～5cm；总苞片外面光滑无毛；瘦果两面各具3或4肋。见于全市各地；生于山坡、路边、田野，滨海围垦区低湿地及堤岸。

附种2　苣荬菜 ***S. wightianus***，叶片羽状或倒向羽状深裂、半裂或浅裂，边缘有小锯齿或小尖头；全部总苞片外面沿中脉有1行头状具柄的腺毛；瘦果两面各具5肋。见于全市各地；生于山坡荒地、林下、林缘、灌丛中或田边。

匍茎苦菜

苣荬菜

429 蒲公英 蒙古蒲公英

学名 **Taraxacum mongolicum** Hand.-Mazz.　　属名 蒲公英属

形态特征　多年生草本；具乳汁。叶上面、叶柄、花葶均被蛛丝状柔毛。叶基生；叶片倒狭卵形或倒卵状披针形，5～12cm × 1～2.5cm，先端钝或急尖，基部渐狭，边缘具细齿、波状齿、羽状浅裂或倒向羽状深裂，顶生裂片较大，三角状戟形，近全缘，侧生裂片宽三角形，具细齿，中脉极显著；叶柄具翅。花葶与叶等长或稍长，上部紫黑色。头状花序单生于枝顶，直径约 3.5cm；总苞钟形，外层苞片较平直；花舌状，鲜黄色。瘦果暗褐色，有纵棱与横瘤。花果期 4—6(10) 月。

生境与分布　见于全市各地；生于路边、田野、山坡上。产于全省各地；分布于华东、华中、西南、华北、西北、东北。

主要用途　全草入药，具清热解毒、消肿散结、利尿通淋之功效；嫩叶可食。

附种　**西洋蒲公英**（药用蒲公英）***T. officinale***，花葶长于叶；苞片外层向外强烈反折；瘦果浅黄褐色。原产于欧洲及北美洲。余姚、象山及市区有归化；生于山坡路旁、林缘草丛中或庭园草坪中。为本次调查发现的浙江归化新记录植物。

西洋蒲公英

430 黄鹌菜

学名 **Youngia japonica** (Linn.) DC. 属名 黄鹌菜属

形态特征 一年生草本，高 20～60cm；具乳汁。基部叶片长圆形、倒卵形或倒披针形，8.5～13cm×0.5～2cm，琴状或羽状浅裂至深裂，顶端裂片较大，椭圆形，先端渐尖，基部楔形，侧生裂片向下渐小，边缘深波状齿裂。花茎上无叶或有 1 至数片退化至羽状分裂叶片。头状花序小，排成聚伞状圆锥花序式；总苞开花前圆筒形，果时钟状，外苞片三角形或卵形；花舌状，黄色。瘦果纺锤形，褐色或红褐色，具纵肋；冠毛白色。花果期 4—10 月。

生境与分布 见于全市各地；生于山坡、路边、林下和荒野。产于全省各地；分布几遍全国；日本、朝鲜半岛、东南亚也有。

主要用途 嫩茎叶食用或可作饲料；全草入药，具清热解毒、消肿止痛之功效。

附种 1 红果黄鹌菜 *Y. erythrocarpa*，叶片顶裂片三角形，基部截形；外苞片条状披针形；瘦果红色。见于余姚、北仑、鄞州、奉化、象山；生于路边、林下、山坡草丛。

附种 2 异叶黄鹌菜 *Y. heterophylla*，植株叶形多变：基生叶椭圆形或倒披针状长椭圆形，不裂、大头羽状深裂或几全裂；茎中下部叶片与基生叶同形并等样分裂或戟形、不裂；茎上部叶片通常大头羽状三全裂或戟形、不裂；最上部叶片披针形或狭披针形，不分裂；花序梗下部及花序分枝枝杈上的叶小，钻形；全部叶或仅基生叶下面常紫红色。见于鄞州、宁海；生于山坡林缘、林下及荒地。

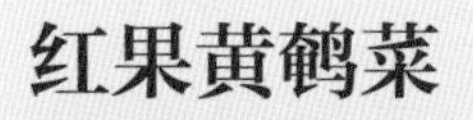

红果黄鹌菜

异叶黄鹌菜

中文名索引

E

F

G

H

J

K

L

M

R

S

T

W

X

Y

Z

学名索引

M

T

U

V

W

X

Y

Z